초능력 쌤과
비주얼씽킹 동영상으로 과학 개념을 쉽게! 빠르게!

현직 초등학교 선생님이 직접 설명해 줘요.

무료 스마트 러닝

낮과 밤이 생기는 까닭 알아보기

실험 과정

② 지구의에서 우리나라를 찾아 그곳에 관측자 모형을 붙인다.

지구와 달의 차이점

공기 ×

바다

교과서 실험 강의

개념을 쉽게 이해했다면 교과서 실험 동영상으로 개념을 확장하고 실생활에 적용해 볼 수 있습니다. 과학 실험 동영상으로 초등 과학 개념을 확실하게 정리하세요.

비주얼씽킹 개념 강의

글만으로는 이해하기 어려운 과학 개념! 손으로 쓱! 쓱! 그려서 그림으로 설명하면 과학 개념이 더이상 어렵지 않습니다. 비주얼씽킹 과학 동영상 강의로 과학 개념을 쉽게 이해하고 그림으로 생각하는 힘을 키우세요.

초능력 쌤과 키우자, 공부힘!

국어 독해

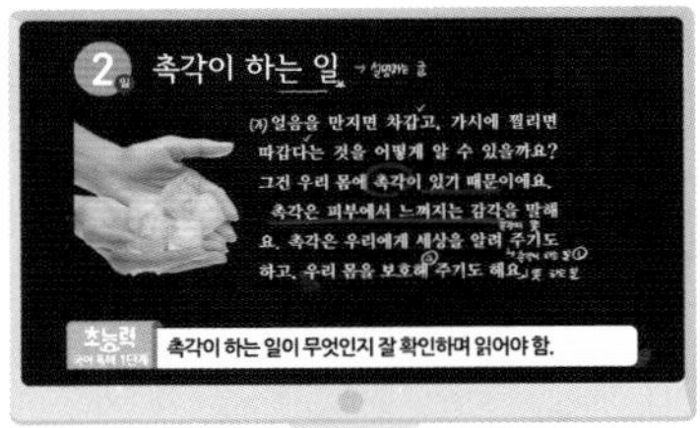

- 30개의 지문을 글의 종류와 구조에 따라 분석
- 지문 내용과 관련된 어휘와 배경 지식도 탄탄하게 정리

수학 연산

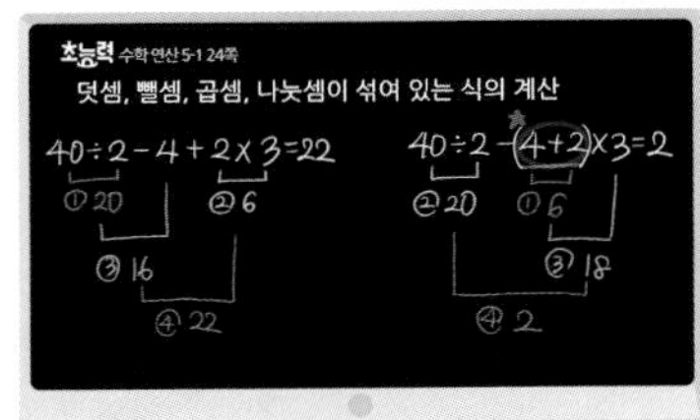

- 연산에 필요한 원리를 쉽고 짧게 설명
- 문제 풀이에 바로 적용할 수 있는 원리 강의

맞춤법+받아쓰기

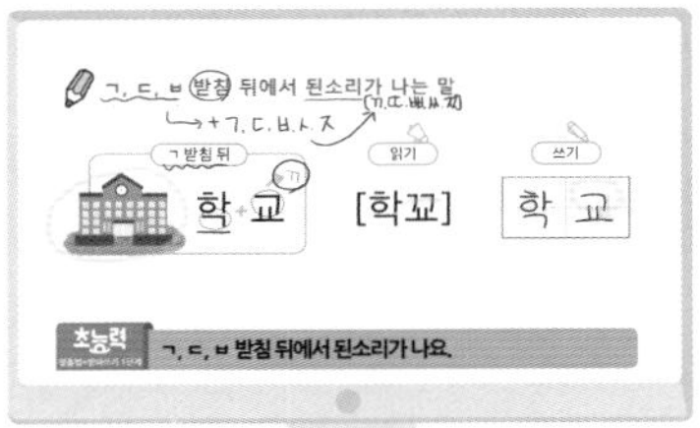

- 맞춤법의 기본 원리를 이해하기 쉽게 설명
- 맞춤법 문제도 재미있는 풀이 강의로 해결

구구단

- 노래로 재미있게 암기
- 바로 부르기, 거꾸로 부르기를 통해 구구단의 원리 이해

비주얼씽킹 과학

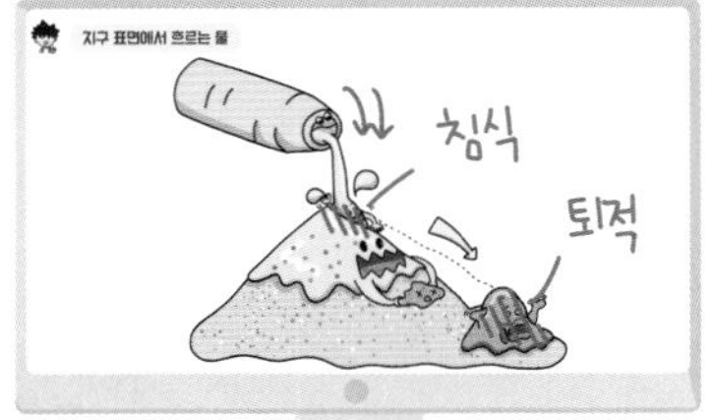

- 과학 개념을 재미있게 그림으로 설명
- 비주얼씽킹 문제로 완벽한 개념 이해

분수

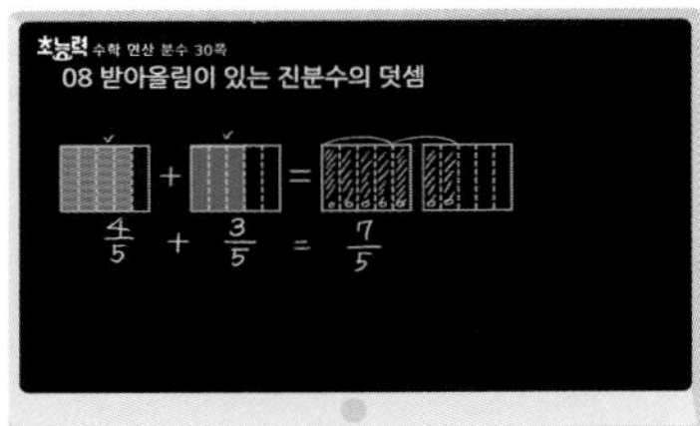

- 분수 개념을 쉽고 친절하게 설명
- 분수의 연산까지 적용할 수 있는 강의

비주얼씽킹 초등 한국사

- 사회 교과서에 맞춘 한국사 개념 강의
- 비주얼씽킹으로 쉽게 이해하는 한국사

급수 한자

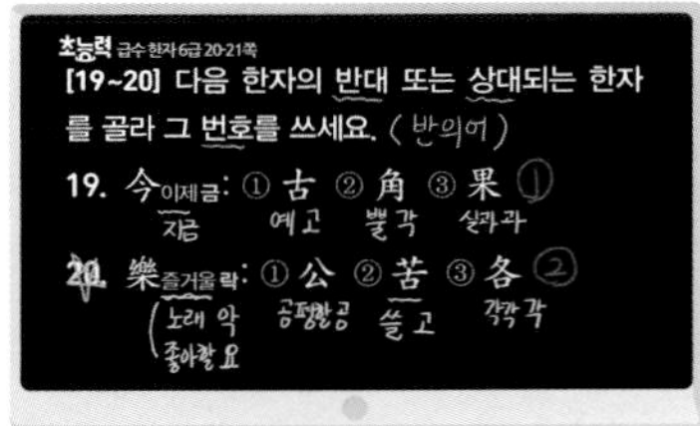

- 급수 한자 8급, 7급, 6급 기출문제 완벽 분석
- 혼자서도 한자능력검정시험 완벽 대비

초능력

비주얼씽킹 과학

비주얼씽킹
과학

비주얼씽킹 과학을 시작하는 여러분께

여러분, 안녕하세요?

이 책은 비주얼씽킹(Visual Thinking)이라는 공부 방법을 바탕으로 만들었어요. 영어로 쓰여 있으니 뭔가 대단한 것처럼 생각되지만 사실은 아주 간단한 공부 방법이에요.

글과 그림을 함께 활용하는 **비주얼씽킹 학습법**은 바로 **그림으로 생각하는 힘**을 키우는 공부 방법이에요.

이 책은 그림을 좋아하는 초등학교 선생님들이 어려운 과학 내용을 여러분들이 쉽고 재미있게 이해할 수 있도록 글과 그림으로 표현하여 만들었어요. 스마트폰으로 QR코드를 찍어서 책에 나오는 그림으로 만든 동영상 강의를 함께 보면 책의 내용을 이해하는 데 훨씬 좋을 거예요.

이 책을 만드신
쌤들!

김차명 선생님 (경기도 교육청)

이인지 선생님 (서울 지향초)

강윤민 선생님 (서울 수명초)

김두섭 선생님 (서울 개봉초)

김보미 선생님 (경남 곤양초)

김지원 선생님 (서울 용마초)

변준석 선생님 (부산 송수초)

송가람 선생님 (경남 호암초)

정다운 선생님 (인천 석천초)

조하나 선생님 (청주 새터초)

최유라 선생님 (충북 청원초)

최지현 선생님 (여수 여천초)

최희준 선생님 (서울 숭인초)

하지수 선생님 (경기 배곧초)

그럼, 비주얼씽킹은 어떻게 공부하는 것인지 살펴볼까요?

'화산의 종류에는 지금도 활동하고 있는 활화산, 지금은 활동을 멈추고 있는 휴화산, 완전히 활동을 멈춰 버린 사화산이 있다.'라는 과학 내용이 있어요.

이 내용을 그림으로 나타내 볼까요?

어때요? 지금도 활발하게 용암을 뿜어내고 있는 활화산, 활동을 잠시 멈추고 쉬고 있는 휴화산, 완전히 활동을 멈춰버린 사화산을 간단한 그림과 표정을 사용하였는데 그림으로 보니 훨씬 이해가 잘 되네요.

글은 논리적이고 체계적이에요. 그리고 그림은 직관적이고요. 이해하기 어려운 내용을 그림과 함께 봤을 때 '아!' 하며 이해되었던 경험이 있을 거예요. 그게 바로 직관이에요.

다음 그림도 볼까요?

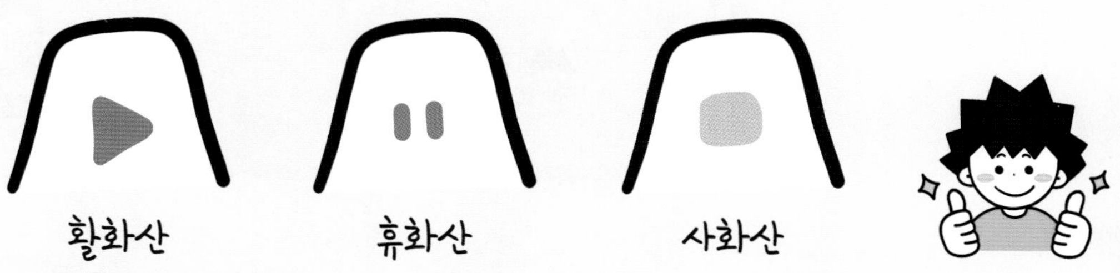

와! 이렇게 표현할 수도 있네요. 플레이어에서 봤던 '재생(▶)', '일시 정지(Ⅱ)', '멈춤(■)' 버튼을 활화산, 휴화산, 사화산과 연결하여 그렸어요. 굉장히 창의적이죠? 비주얼씽킹에서 그리는 그림들은 누구나 그릴 수 있는 수준의 그림으로 그리면 돼요. 마치 낙서 같은 그림이지만 내용을 이해하는 데 도움이 된답니다.

쉽고 재미있게 과학을 이해할 수 있는 '비주얼씽킹 과학'
이제 함께 시작해 볼까요?

비주얼씽킹 과학 개념

재미있는 과학 개념을 비주얼씽킹 그림을 보면서 읽다 보면 개념이 쏙! 쏙!
교과서 관련 단원이 있어 필요한 단원을 쉽게 찾을 수 있어요.

관련 단원

주제에 해당하는 과학 교과서 단원을 쉽게 확인할 수 있어요.

참쌤이 들려주는 과학 이야기

참쌤이 들려주는 과학 이야기로 과학 상식을 키울 수 있어요. 멋진 사진과 함께 읽는 재미가 쏠~ 쏠~

개념 강의 QR코드

선생님이 직접 그리면서 설명해 주시는 동영상 강의.
책 속의 그림들로 설명해 주시니 더 재미있어요.

초등 과학 핵심 개념을 글로 읽고 그림으로 쉽게 기억할 수 있어요.

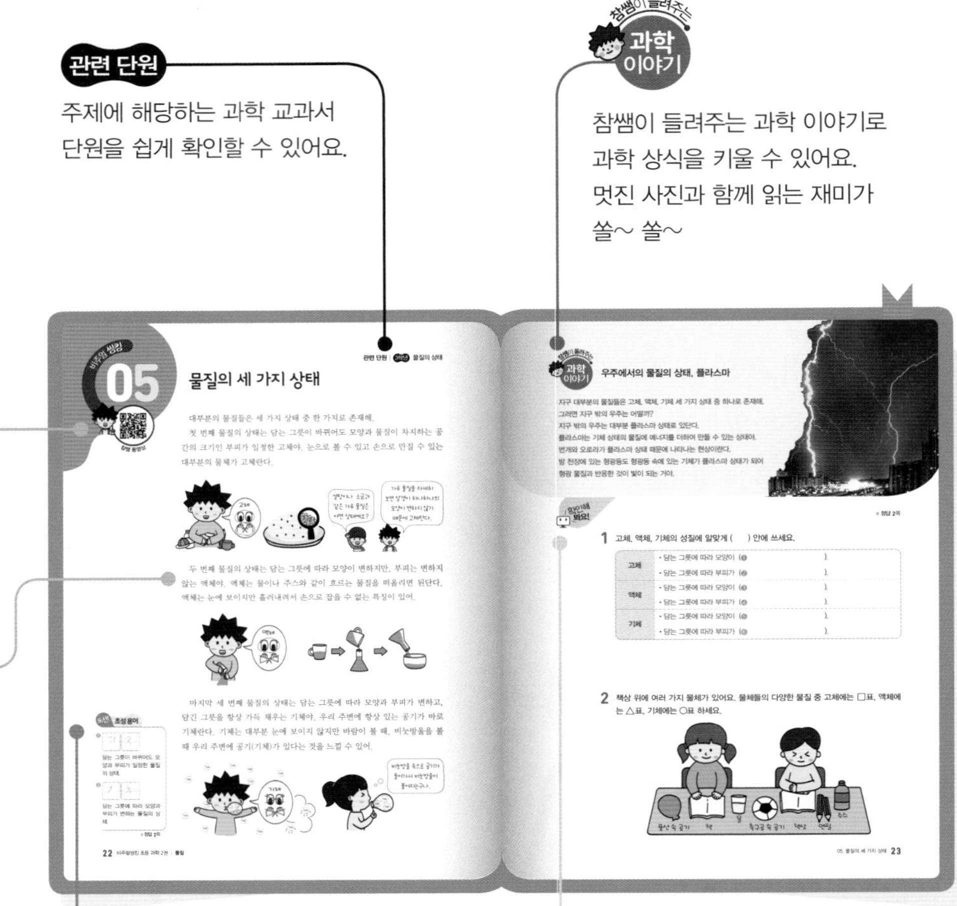

초성 용어

어려운 용어는 초성 용어로 써 보며 바로바로 이해할 수 있어요.

배운 개념을 잊지 않도록 개념 문제와 비주얼씽킹 문제를 풀어요.
학교 수행평가 대비까지 한 번에 OK!

둘! 교과서 쏙 개념

재미있게 배운 개념과 관련된
교과서 단원 개념을 정리해요.
QR코드로 교과서 실험 동영상도
확인할 수 있어요.

Speed OX

잠깐! 오늘 공부한 핵심 내용을
O, X 퀴즈로 확인해요.

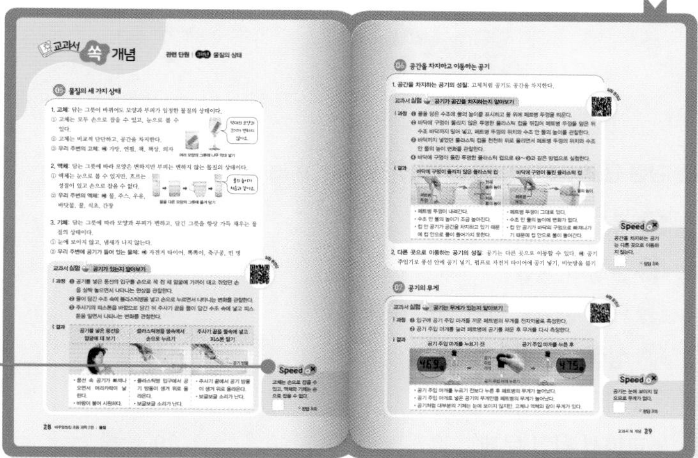

셋! 교과서 확인 문제

교과서 확인 문제를 풀면서
단원의 중요 개념을 정리하면
그 단원의 내용을 확실하게
이해할 수 있어요.

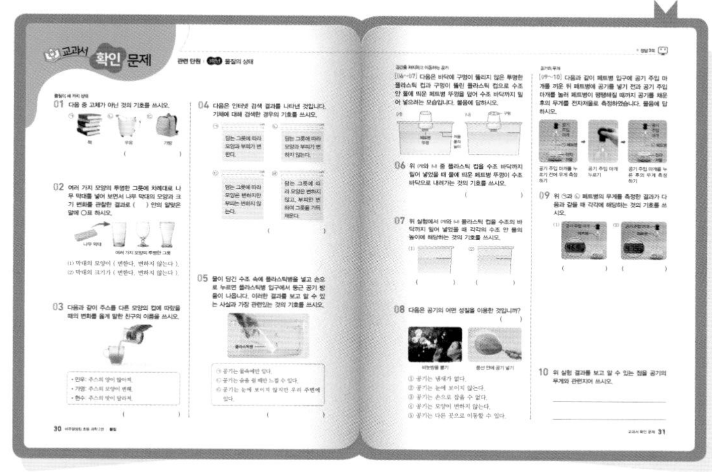

넷! 과학 탐구 토론

과학 기술 발달에 대한 주제별 토론
학습을 해요.
나의 의견을 써 보면서 과학 기술
발달에 따른 좋은 점과 문제점도
생각해 보세요.

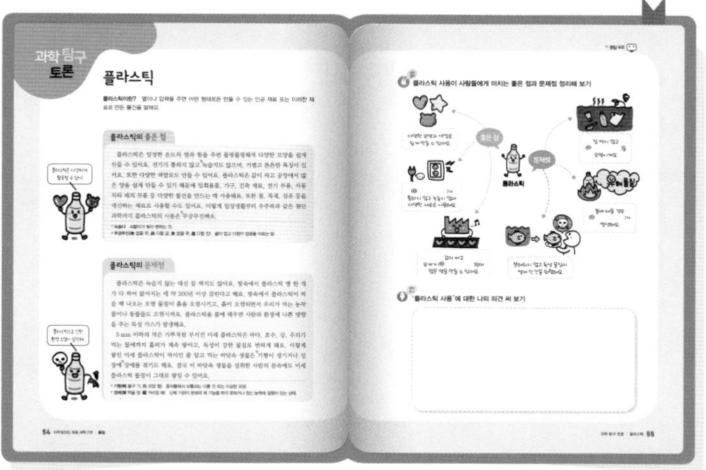

차례

물질

에너지

생명

지구와 우주

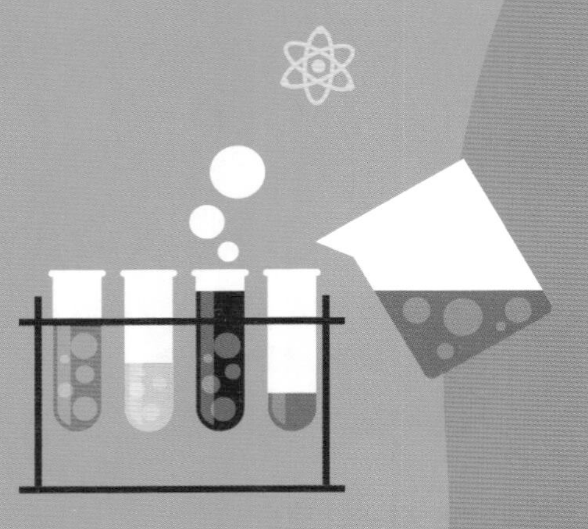

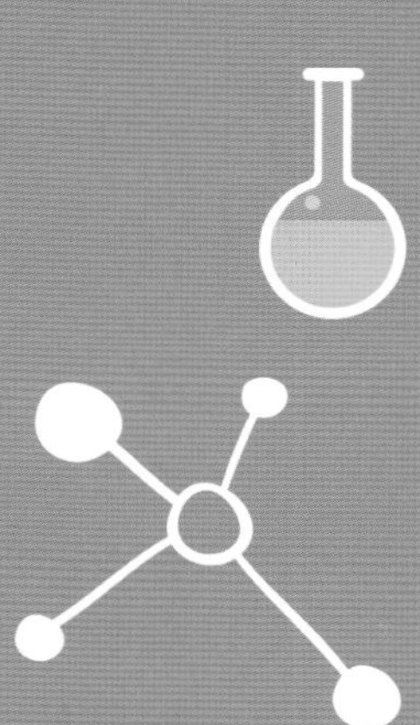

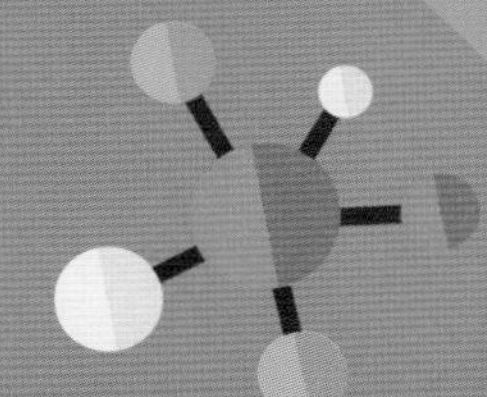

물질

교과서 단원

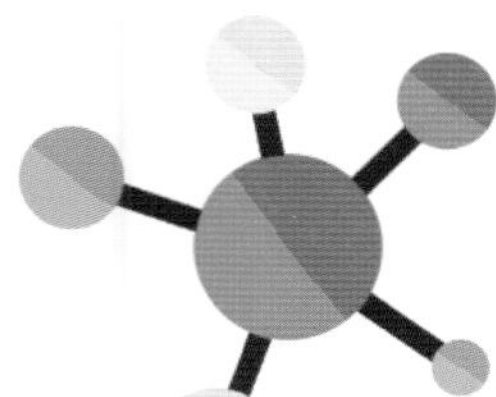

물질과 물체

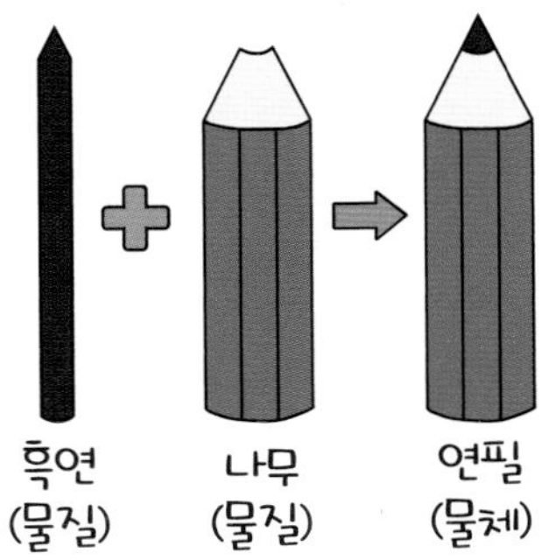

연필은 어떤 재료로 만들어졌을까?

연필의 가운데에 있는 검은색 심은 흑연으로 만들고, 흑연 주위를 둘러싼 부분은 나무로 만든단다. 연필을 만드는 데 쓰이는 흑연과 나무와 같은 재료를 물질이라고 해. 연필과 같이 모양이 있고 공간을 차지하고 있는 것은 물체라고 해.

지금 입고 있는 옷, 글씨를 지울 때 사용하는 지우개, 색종이를 자를 때 사용하는 가위는 모두 물체야. 이러한 물체들은 각각 섬유, 고무, 플라스틱, 금속 등과 같은 다양한 물질로 만들어져 있단다.

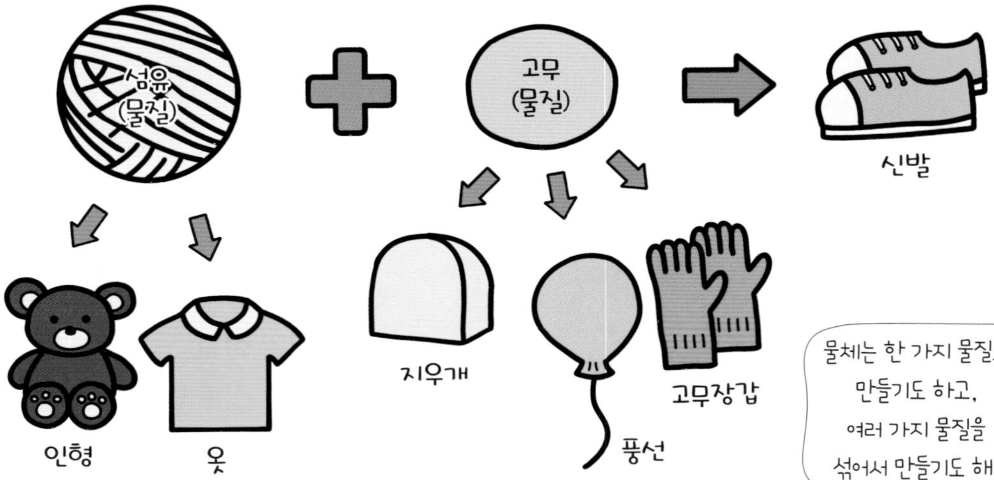

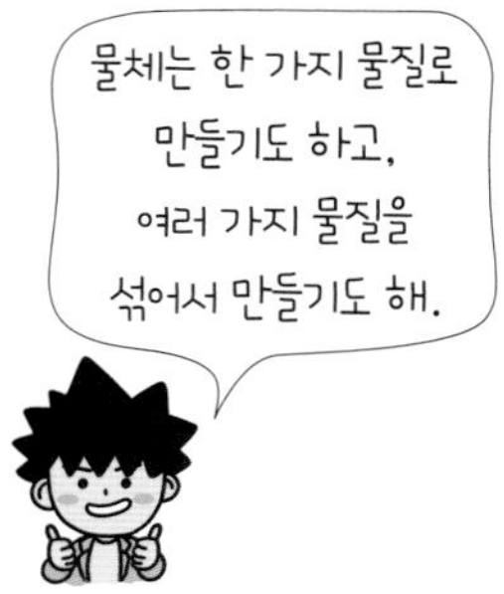

섬유 (물질) + 고무 (물질) → 신발

섬유 → 인형, 옷

고무 → 지우개, 풍선, 고무장갑

물체는 한 가지 물질로 만들기도 하고, 여러 가지 물질을 섞어서 만들기도 해.

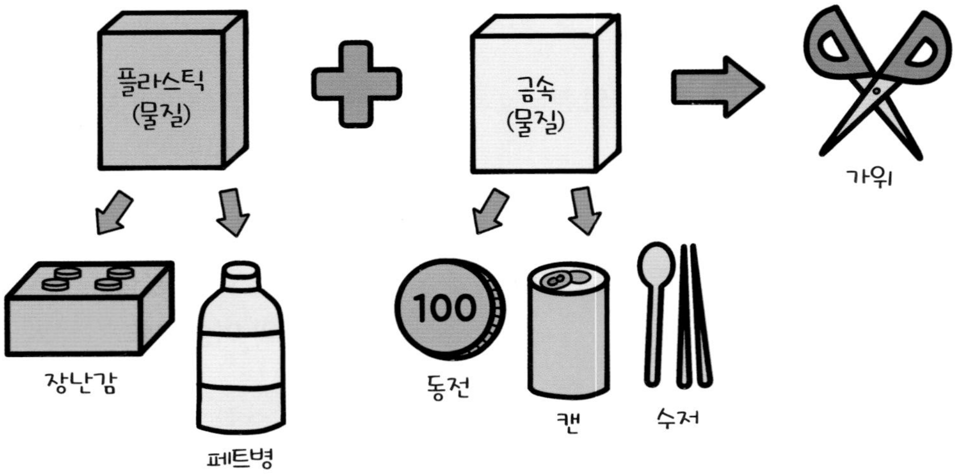

플라스틱 (물질) + 금속 (물질) → 가위

플라스틱 → 장난감, 페트병

금속 → 동전, 캔, 수저

도전! 초성 용어

❶ ㅁ ㅈ

물체를 만드는 재료.

❷ ㅁ ㅊ

눈으로 보고, 손으로 만질 수 있으며, 모양이 있고 공간을 차지하고 있는 물건.

● 정답 1쪽

세상에서 가장 비싼 물질

세상에서 가장 비싼 물질은 무엇일까? 가장 먼저 떠오르는 '다이아몬드'는 3위야. 다이아몬드의 가격은 1g에 6443만 원 정도야.
그렇다면 2위와 1위는 얼마나 더 비싼 걸까? 2위는 '캘리포늄'이라는 금속인데 1g을 만드는 데 315억 원이나 들어간대. 미국 캘리포니아에서 만들어져서 이름이 캘리포늄이고 은색을 띠는 금속이야.
세상에서 가장 비싼 물질 1위는 1g을 만드는 데 7경 3000조 원이나 드는 '반물질'이야. 반물질은 우주가 만들어진 비밀을 해결하는 열쇠가 될 수 있다고 해.

● 정답 1쪽

1 다음 물체를 만든 물질들을 모두 쓰세요.

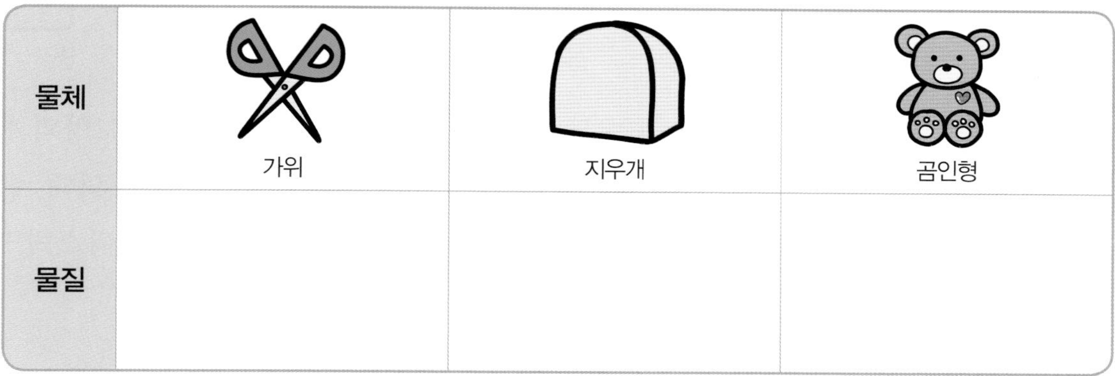

물체	가위	지우개	곰인형
물질			

2 쓰레기를 버릴 때는 물질별로 분류해서 버려요. 각각의 물체를 만든 물질에 따라 분류하여 선으로 연결하세요.

물질의 성질

나와 친구가 서로 생김새와 성격이 다른 것처럼 물질들도 다양한 생김새와 특징을 가지고 있단다. 물질들은 단단한 정도, 휘는 정도, 물에 뜨는 물질과 물에 가라앉는 물질 등 저마다 다른 성질을 가지고 있어.

금속은 다른 물질에 비해 단단하고 광택이 있으며, 들어 보면 무거워.

고무는 쉽게 휘어지고, 늘어났다가 다시 돌아오는 성질이 있어. 또한 잘 미끄러지지 않는 특징이 있어서 신발 밑창에 많이 사용돼.

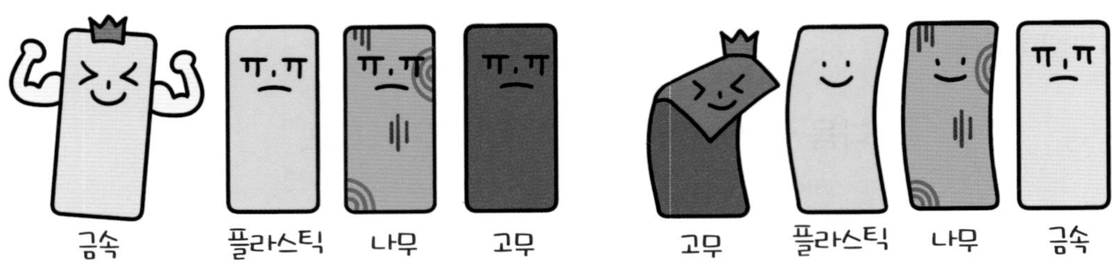

고유한 향과 무늬가 있는 나무와 다양한 색깔과 모양의 물체를 만들 수 있는 플라스틱은 금속보다 가벼워. 같은 크기의 나무 막대, 플라스틱 막대, 금속 막대, 고무 막대를 물에 넣으면 나무 막대와 플라스틱 막대만 물에 뜨는 걸 알 수 있어.

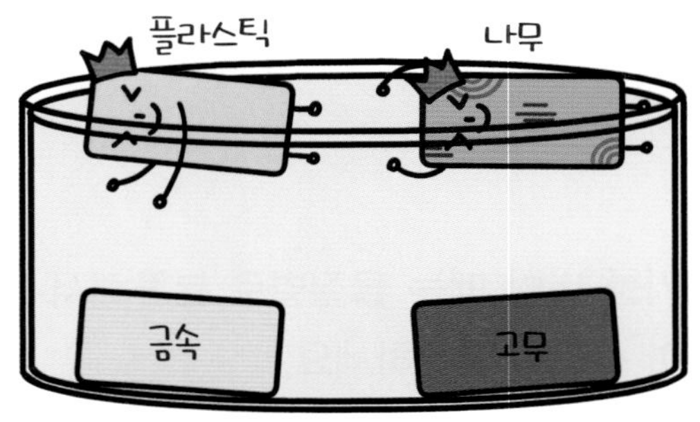

❶ 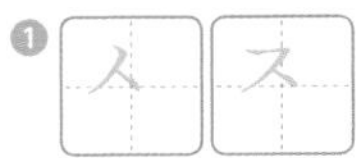

무겁다, 가볍다, 딱딱하다, 부드럽다 등 물질이 가지고 있는 고유한 특징.

❷ 

고유의 향과 무늬가 아름다워 가구를 만들 때 많이 쓰이는 물질.

정답 1쪽

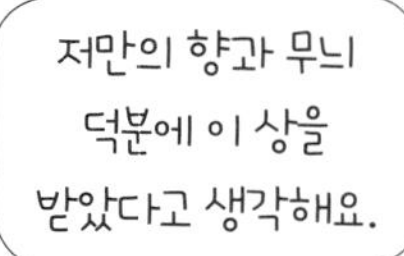

미끄럼 방지를 위해 힘쓰는 신발 밑창에게 이 영광을 돌려요.

금속으로 만든 배가 물에 뜨는 까닭

금속은 무거워서 물에 가라앉는 물질이야. 그런데 금속으로 만든 배는 어떻게 물에 떠서 갈 수 있을까? 그건 물체가 물에 뜰 수 있게 물체를 위로 밀어내는 '부력(浮力)'이라는 힘 때문이야. 물속에 들어갔을 때 몸이 가벼워지는 느낌을 받는 것도 부력 때문이야. 금속을 펴서 배 모양을 만들면 바닷물이 물속에 잠긴 배의 밑부분을 밀어 올리기 때문에 물에 가라앉는 무거운 금속으로도 배를 만들 수 있단다.

확인해 봐요!

정답 1쪽

1 같은 크기의 플라스틱 막대, 고무 막대, 나무 막대, 금속 막대를 단단한 것부터 순서대로 쓰세요.

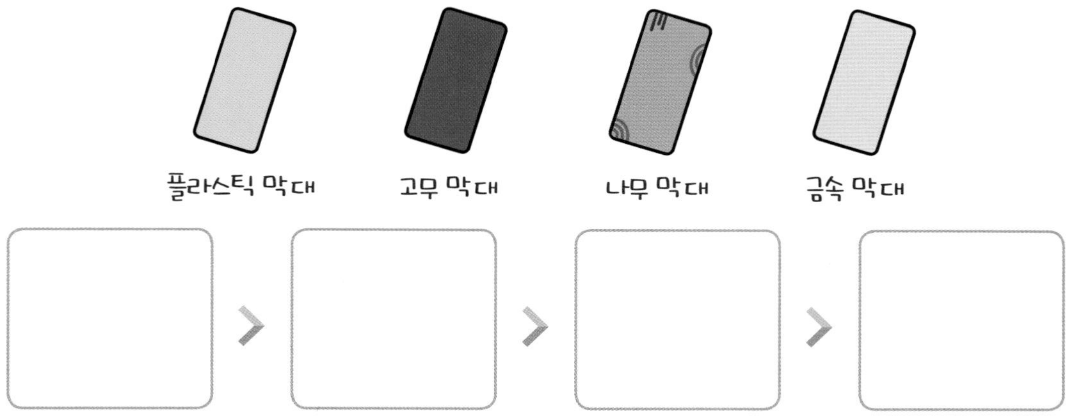

2 같은 크기의 플라스틱 막대, 고무 막대, 나무 막대, 금속 막대를 물이 든 그릇에 넣으면 어떻게 될지 결과 모습을 그리세요.

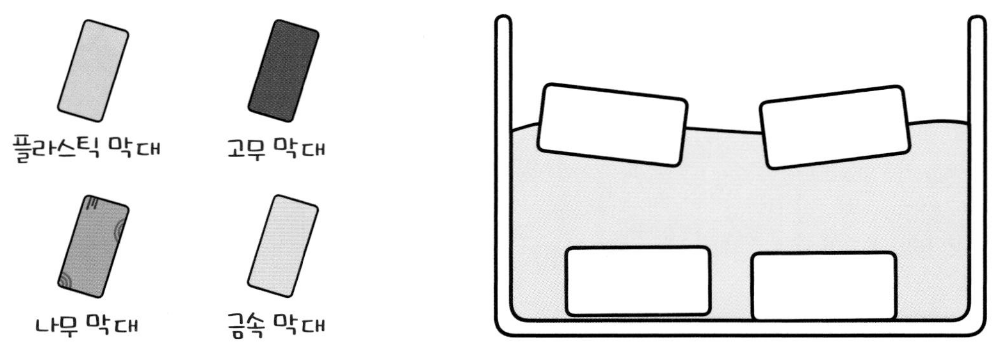

다른 물질로 만든 같은 물체

장갑은 고무장갑, 면장갑, 가죽 장갑과 같이 종류가 다양해. 컵도 플라스틱 컵, 유리컵, 종이컵 등 종류가 다양해. 같은 물체를 이렇게 여러 가지 물질로 만드는 이유는 물체의 쓰임새에 따라 알맞은 성질을 가진 물질을 사용하기 때문이란다. 다른 물질로 만든 같은 물체를 더 알아볼까?

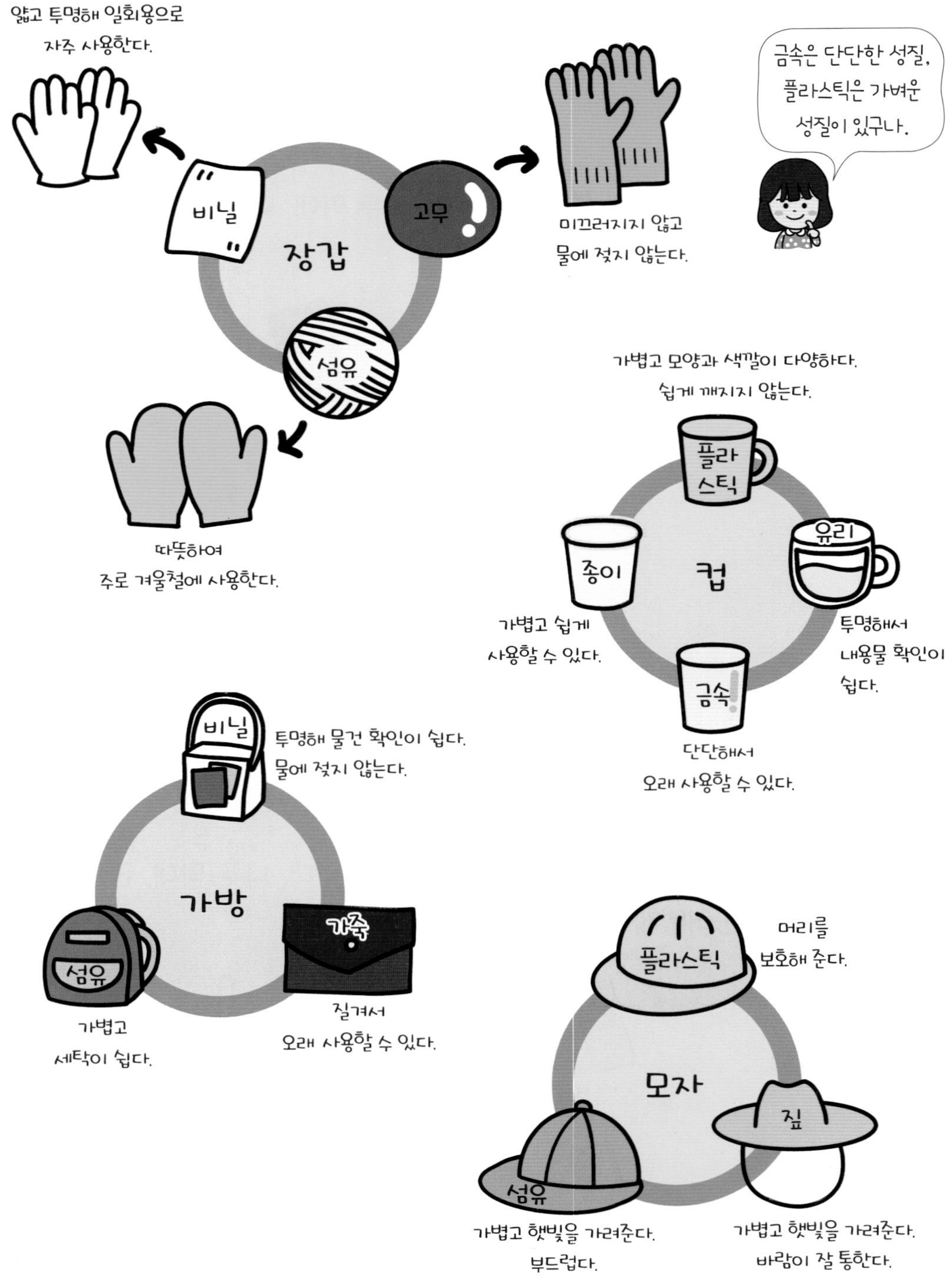

도전! 초성 용어

1. ㅆ ㅇ ㅅ
   쓰임의 정도나 쓰이는 것. 물건이 사용되는 목적.
2. ㅅ ㅇ
   실 · 천 · 옷 등의 원료가 되는 물질.

● 정답 1쪽

스마트폰 터치 장갑의 원리

스마트폰은 손가락을 터치스크린 위에 올리면 생기는 전류의 흐름에 의해서 작동한단다. 하지만 겨울에 장갑을 끼면 손의 전류가 터치스크린으로 흐르지 못하기 때문에 터치스크린이 작동하지 않아 불편했어. 그래서 스마트폰 터치 장갑이 나오게 된 거야.
스마트폰 터치 장갑은 엄지와 검지 손가락의 끝부분을 금속이 섞인 실로 만들어서 손의 전류가 금속 실을 타고 스마트폰에 흐를 수 있어. 맨손으로 하는 것보다는 작동이 쉽지 않지만 장갑을 벗지 않아도 휴대폰을 사용할 수 있는 장점이 있단다.

정답 1쪽

1 주혁이의 고민을 듣고 소연이가 어떤 물질을 추천해 주었을지 소연이 말의 (　　) 안에 써넣으세요.

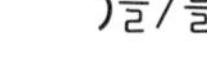

2 보영이는 튼튼한 의자를 만들기 위해 금속으로 의자를 만들었는데 금속 의자는 바닥이 긁히고 바닥에서 쉽게 미끄러지는 문제가 있어요. 이러한 문제점을 해결하기 위해 어떤 물질을 어떻게 사용하면 좋을지 그림에 그려 보고, 설명을 쓰세요.

성질이 변하는 물질

알갱이의 크기가 매우 작은 하얀색 가루 물질인 붕사와 붕사보다 알갱이가 큰 폴리비닐 알코올을 각각 손으로 만지면 까칠까칠한 느낌이 들어. 이 까칠한 가루 물질들을 따뜻한 물에 넣고 섞으면 통통 튕기는 탱탱볼을 만들 수 있단다.

먼저, 따뜻한 물에 붕사를 넣고 저으면 물이 뿌옇게 흐려져. 이 상태에서 폴리비닐 알코올을 넣고 조금 기다리면 서로 한 덩어리로 엉기면서 알갱이가 점점 커지는 것을 볼 수 있어. 엉긴 물질을 꺼내 손으로 주무르면서 공 모양을 만들어 물기를 말리면 탱탱볼이 완성돼.

까칠까칠한 물질들을 섞었는데 말랑말랑한 고무와 같은 느낌이 들고, 바닥에 떨어뜨리면 잘 튀어 올라. 이렇게 물질을 섞으면 섞기 전에 가지고 있던 색깔, 손으로 만졌을 때의 느낌 등의 성질이 변하기도 해.

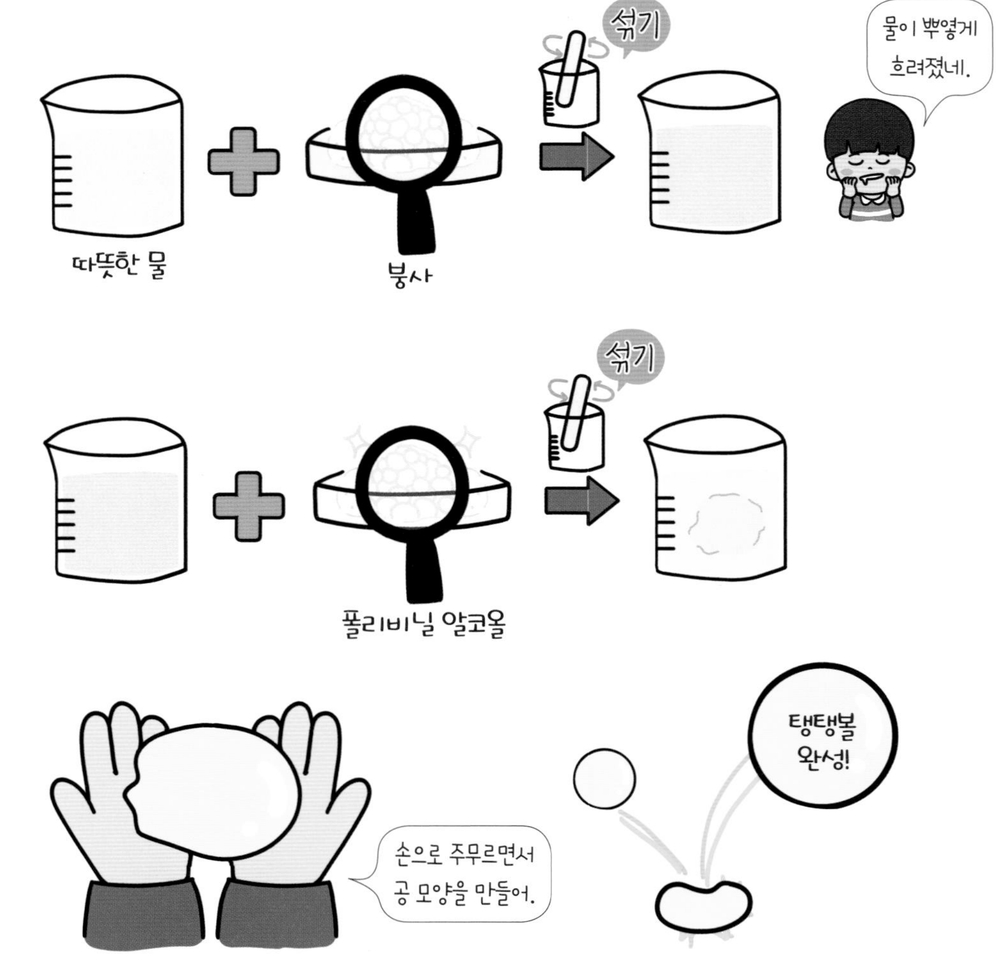

도전! 초성 용어

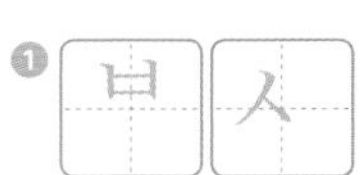

❶ 탱탱볼을 만드는 데 필요한 하얀색 가루 물질로, 알갱이의 크기가 매우 작음.

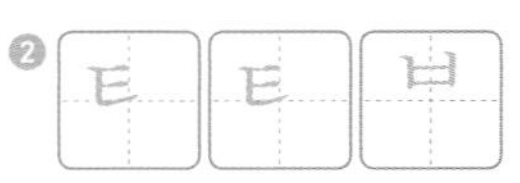

❷ 던지면 다른 공보다 비교적 높게 튀어 오르는 공.

● 정답 1쪽

탱탱볼이 잘 튀는 이유

탱탱볼을 던지면 다른 공들보다 더 잘 튀어 오르지? 탱탱볼이 잘 튀는 이유는 뭘까? 바로 탄성과 마찰력 덕분이야.
용수철을 늘렸다 놓으면 원래의 모양으로 돌아오는 것처럼 탄성은 모양이 바뀌어도 원래의 모양으로 돌아오려고 하는 성질이야.
탱탱볼도 탄성이 있어서 바닥에 던지면 원래의 모양을 유지하려고 튀어 오른단다. 또한 탱탱볼은 바닥에 대한 마찰력이 커서 바닥에 닿았을 때 미끄러지지 않고 잘 튀어 오를 수 있는 거야.

● 정답 1쪽

1 **탱탱볼을 만드는 과정을 실험 일지로 정리했어요. ❶~❹ 과정 중 틀린 것을 찾아 ▢ 안에 ∨표 하고, 바르게 고쳐 쓰세요.**

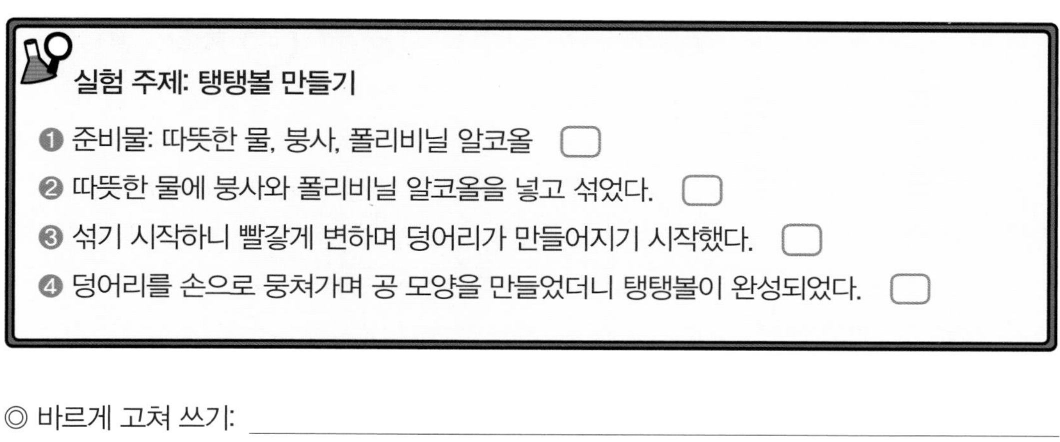

실험 주제: 탱탱볼 만들기

❶ 준비물: 따뜻한 물, 붕사, 폴리비닐 알코올 ▢
❷ 따뜻한 물에 붕사와 폴리비닐 알코올을 넣고 섞었다. ▢
❸ 섞기 시작하니 빨갛게 변하며 덩어리가 만들어지기 시작했다. ▢
❹ 덩어리를 손으로 뭉쳐가며 공 모양을 만들었더니 탱탱볼이 완성되었다. ▢

◎ 바르게 고쳐 쓰기: ______________________

2 **물기가 완전히 마른 탱탱볼을 관찰한 결과로 (   ) 안에 들어갈 알맞은 물질을 써넣으세요.**

섞기 전에는 붕사와
폴리비닐 알코올 모두 하얗고
만지면 까칠까칠했는데...

탱탱볼은 말랑말랑해서
(   ) 같은
느낌이 드네.

교과서 쏙 개념

관련 단원 | 3학년 물질의 성질

01 물질과 물체

1. 우리 주위의 물체를 만드는 물질: 물질은 물체를 만드는 재료이고, 물체는 모양이 있고 공간을 차지하고 있는 것이다.

물체	클립	장난감 블록	주걱	풍선	빵
물질	금속	플라스틱	나무	고무	밀가루

2. 한 가지 물질로 된 물체와 두 가지 이상의 물질로 된 물체

한 가지 물질로 된 물체			두 가지 이상의 물질로 된 물체			
고무줄	금속 고리	바구니	책상	쓰레받기	자전거	가위

물체를 만드는 재료를 물질이라고 한다.

● 정답 2쪽

02 물질의 성질

1. 여러 가지 물질의 성질

① 금속: 광택이 있고, 나무보다 단단하다.

② 플라스틱: 금속보다 가볍고, 다양한 모양의 물체를 쉽게 만들 수 있다.

③ 나무: 금속보다 가볍고, 고유한 향과 무늬가 있다.

④ 고무: 쉽게 구부러지고, 늘어났다가 다시 돌아오며, 잘 미끄러지지 않는다.

⑤ 유리: 투명하고, 부딪치면 잘 깨진다.

교과서 실험 금속, 플라스틱, 나무, 고무의 성질 비교하기

실험 동영상

과정 ❶ 크기와 모양이 같은 금속 막대, 플라스틱 막대, 나무 막대, 고무 막대를 서로 긁어 보면서 단단한 정도, 구부려 보면서 휘는 정도를 비교한다.

❷ 물에 네 가지 막대를 넣고 물에 뜨는 막대와 물에 가라앉는 막대를 분류한다.

결과
- **단단한 정도:** 두 막대를 서로 긁었을 때 긁히지 않는 물질이 더 단단하다.
  ➡ 금속 막대 > 플라스틱 막대 > 나무 막대 > 고무 막대
- **휘는 정도:** 고무 막대가 가장 잘 구부러지고, 나머지 막대는 구부러지지 않는다.
- **물에 뜨는 막대와 물에 가라앉는 막대:** 나무 막대와 플라스틱 막대는 물에 뜨고, 금속 막대와 고무 막대는 물에 가라앉는다.

Speed OX

모든 물질은 단단한 정도, 구부러지는 정도 등의 성질이 같다.

● 정답 2쪽

03 다른 물질로 만든 같은 물체

1. 여러 가지 컵을 이루고 있는 물질과 좋은 점

	금속 컵	플라스틱 컵	유리컵	도자기 컵	종이컵
물체					
물질	금속	플라스틱	유리	흙	종이
좋은 점	잘 깨지지 않고 튼튼하다.	가볍고 단단하다. 모양과 색깔이 다양하다.	투명하여 무엇이 들어 있는지 알 수 있다.	음식을 오랫동안 따뜻하게 보관할 수 있다.	싸고 가벼워 손쉽게 사용할 수 있다.

2. 여러 가지 장갑을 이루고 있는 물질과 좋은 점

	비닐(플라스틱)장갑	고무장갑	면(섬유)장갑	가죽 장갑
물체				
물질	비닐(플라스틱)	고무	면(섬유)	가죽
좋은 점	투명하고 얇으며, 물이 들어오지 않는다.	질기고 미끄러지지 않으며, 물이 들어오지 않는다.	부드럽고 따뜻하다.	질기고 부드럽고 따뜻하며, 바람이 들어오지 않는다.

3. 종류가 같은 물체를 서로 다른 물질로 만들 때 좋은 점: 생활 속에서 물체의 기능을 고려하여 상황에 알맞은 것을 골라 사용할 수 있다.

같은 물체를 다양한 물질로 만들 수 있다.

● 정답 2쪽

04 성질이 변하는 물질

1. 서로 다른 물질을 섞었을 때의 변화: 섞기 전에 각 물질이 가지고 있던 색깔, 손으로 만졌을 때의 느낌 등의 성질이 변하기도 한다.

교과서 실험 물, 붕사, 폴리비닐 알코올을 섞어 탱탱볼 만들기

과정

❶ 따뜻한 물이 반쯤 담긴 투명한 플라스틱 컵에 붕사를 두 숟가락 넣고 유리 막대로 젓는다.

❷ ❶의 플라스틱 컵에 폴리비닐 알코올을 다섯 숟가락 넣고 유리 막대로 저어 준 뒤에 3분 정도 기다린다.

❸ 엉긴 물질을 꺼내 손으로 주무르면서 공 모양을 만든다.

결과

- 알갱이가 투명하고, 광택이 있다.
- 말랑말랑하고 고무 같은 느낌이 들며, 바닥에 떨어뜨리면 잘 튀어 오른다.

물질들은 섞여도 원래의 생김새와 성질이 변하지 않는다.

● 정답 2쪽

교과서 확인 문제

관련 단원 | 3학년 물질의 성질

물질과 물체

01 다음은 우리 주변 여러 가지 물질과 물체를 나타낸 것입니다. 각 물체에 알맞은 물질의 이름을 연두색 빈칸에 써넣으시오.

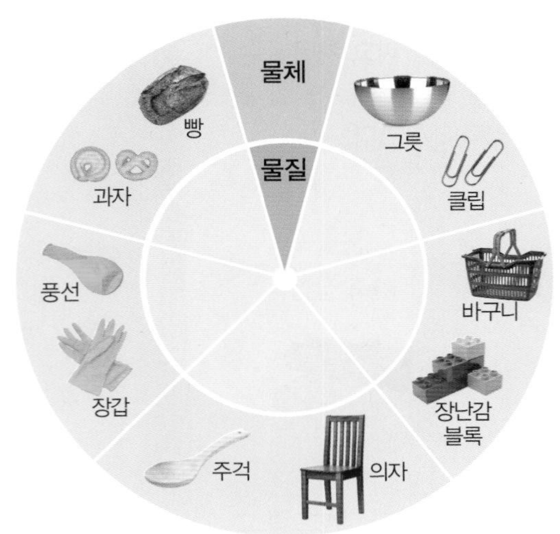

02 다음은 두 가지 이상의 물질로 된 물체입니다. 각각의 부분이 어떤 물질로 이루어져 있는지 쓰시오.

(1) 자전거

손잡이 (　　　　　)
안장 (　　　　　)
몸체 (　　　　　)
타이어 (　　　　　)

(2) 책상

상판 (　　　　　)
몸체 (　　　　　)
받침 (　　　　　)

물질의 성질

03 어항은 유리로 만듭니다. 유리의 일반적인 성질로 옳은 것을 두 가지 고르시오.

(　　　　　)

① 투명하다.
② 물에 잘 젖는다.
③ 부딪치면 잘 깨진다.
④ 잘 미끄러지지 않는다.
⑤ 당기면 늘어났다가 놓으면 다시 돌아온다.

04 크기와 모양이 같은 금속 막대, 나무 막대, 플라스틱 막대, 고무 막대를 구부려 보았을 때의 결과로 옳은 것의 기호를 쓰시오.

금속 막대	나무 막대	플라스틱 막대	고무 막대

㉠ 고무 막대가 가장 잘 구부러진다.
㉡ 나무 막대는 고무 막대보다 잘 구부러진다.
㉢ 금속 막대와 플라스틱 막대는 잘 구부러진다.

(　　　　　)

05 위 04번 네 개의 막대를 물이 담긴 수조에 넣었을 때 물에 뜨는 막대를 두 가지 쓰시오.

(　　　　　)

다른 물질로 만든 같은 물체

06 다음은 아기 돼지 삼 형제가 각각 만든 집의 모습입니다. 각각의 집의 특징과 알맞은 것을 선으로 이으시오.

짚으로 만든 집 •

나무로 만든 집 •

벽돌로 만든 집 •

• 튼튼하고 향이 좋다.

• 매우 튼튼하고, 비바람에도 잘 견딘다.

• 빨리 지을 수 있고, 바람이 잘 통한다.

07 지영이가 생일파티를 준비하려고 합니다. 다음 여러 가지 물질로 만든 컵 중에서 지영이가 파티에서 사용하기에 가장 적당한 컵을 골라 쓰시오.

컵이 가볍고 단단했으면 좋겠어.
다양한 색깔의 컵으로
파티 식탁을 예쁘게 꾸미고 싶어.

종이컵

유리컵

금속 컵

플라스틱 컵

( )

08 다음은 옛날에 마차에 사용하던 바퀴와 오늘날 자동차에 사용하는 타이어의 모습입니다. 각각 어떤 물질로 만들어졌는지 쓰시오.

(1) 마차 바퀴 ( )
(2) 자동차 타이어 ( )

09 만약 금속이나 유리로만 된 신발을 신는다면 어떨지 물질의 특징과 관련지어 쓰시오.

금속 신발

유리 신발

____

____

성질이 변하는 물질

10 다음은 물, 붕사, 폴리비닐 알코올을 섞어서 손으로 주무르면서 만든 탱탱볼입니다. 탱탱볼을 관찰한 결과로 옳은 것에 ○표, 옳지 않은 것에 ×표 하시오.

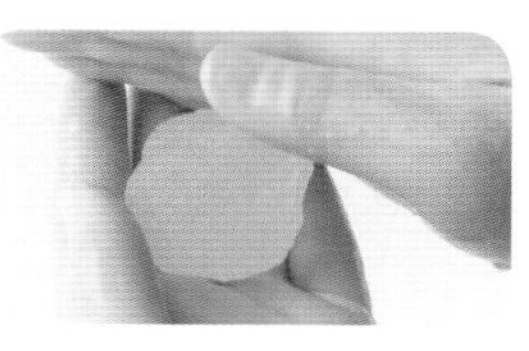

(1) 바닥에 떨어뜨리면 잘 튀어 오른다. ( )

(2) 손으로 만지면 말랑말랑하고 고무 같은 느낌이 든다. ( )

(3) 붕사와 폴리비닐 알코올을 섞기 전의 성질이 그대로 남아 있다. ( )

물질의 세 가지 상태

대부분의 물질들은 세 가지 상태 중 한 가지로 존재해.

첫 번째 물질의 상태는 담는 그릇이 바뀌어도 모양과 물질이 차지하는 공간의 크기인 부피가 일정한 고체야. 눈으로 볼 수 있고 손으로 만질 수 있는 대부분의 물체가 고체란다.

두 번째 물질의 상태는 담는 그릇에 따라 모양이 변하지만, 부피는 변하지 않는 액체야. 액체는 물이나 주스와 같이 흐르는 물질을 떠올리면 된단다. 액체는 눈에 보이지만 흘러내려서 손으로 잡을 수 없는 특징이 있어.

마지막 세 번째 물질의 상태는 담는 그릇에 따라 모양과 부피가 변하고, 담긴 그릇을 항상 가득 채우는 기체야. 우리 주변에 항상 있는 공기가 바로 기체란다. 기체는 대부분 눈에 보이지 않지만 바람이 불 때, 비눗방울을 불 때 우리 주변에 공기(기체)가 있다는 것을 느낄 수 있어.

도전! 초성 용어

1.
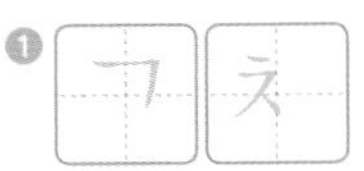

담는 그릇이 바뀌어도 모양과 부피가 일정한 물질의 상태.

2.

담는 그릇에 따라 모양과 부피가 변하는 물질의 상태.

정답 2쪽

우주에서의 물질의 상태, 플라스마

지구 대부분의 물질들은 고체, 액체, 기체 세 가지 상태 중 하나로 존재해.
그러면 지구 밖의 우주는 어떨까?
지구 밖의 우주는 대부분 플라스마 상태로 있단다.
플라스마는 기체 상태의 물질에 에너지를 더하여 만들 수 있는 상태야.
번개와 오로라가 플라스마 상태 때문에 나타나는 현상이란다.
방 천장에 있는 형광등도 형광등 속에 있는 기체가 플라스마 상태가 되어
형광 물질과 반응한 것이 빛이 되는 거야.

정답 2쪽

1 고체, 액체, 기체의 성질에 알맞게 (　　) 안에 쓰세요.

고체	• 담는 그릇에 따라 모양이 (❶ 　　　　　　　　　　).
	• 담는 그릇에 따라 부피가 (❷ 　　　　　　　　　　).
액체	• 담는 그릇에 따라 모양이 (❸ 　　　　　　　　　　).
	• 담는 그릇에 따라 부피가 (❹ 　　　　　　　　　　).
기체	• 담는 그릇에 따라 모양이 (❺ 　　　　　　　　　　).
	• 담는 그릇에 따라 부피가 (❻ 　　　　　　　　　　).

2 책상 위에 여러 가지 물체가 있어요. 물체들의 다양한 물질 중 고체에는 □표, 액체에는 △표, 기체에는 ○표 하세요.

공간을 차지하고 이동하는 공기

우리가 숨을 쉴 수 있는 이유는 지구에 공기가 있기 때문이야. 공기는 우리 눈에 보이지 않고 손으로 만질 수도 없지만 공간을 차지하고 있어.

풍선으로 실험을 해 볼까? 공기 주입기로 풍선에 공기를 넣기 전에는 풍선이 작지만 공기 주입기로 공기를 넣으면 팽팽하게 부풀어 오르는 모습을 볼 수 있어. 공기가 풍선 속 공간을 차지하기 때문에 풍선이 부풀어 오르는 거란다.

그럼, 공기는 이동할 수 있을까? 좁은 공간에 사람들이 많아지면 사람들이 넓은 공간으로 밀려가는 것처럼 공기도 마찬가지야. 한 곳에 공기가 많아지면 공기는 공기가 적은 곳으로 이동해. 이렇게 공기가 많은 곳에서 적은 곳으로 이동하는 것이 바로 바람이야.

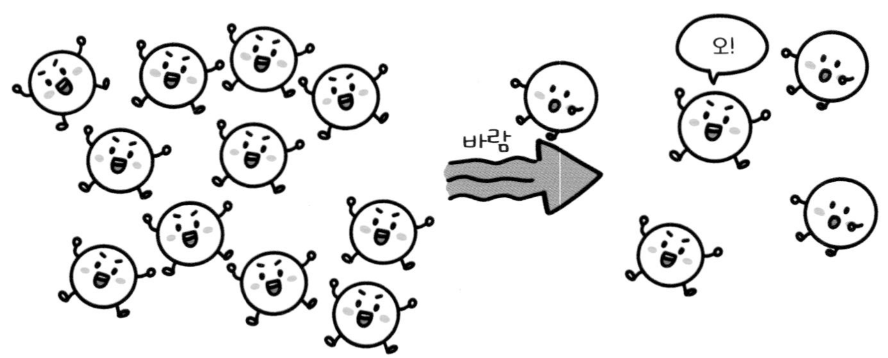

또한, 따뜻한 공기는 위로 올라가려는 성질이 있어. 겨울에 바닥에 있는 난로를 켜면 난로 주변의 따뜻해진 공기는 위로 올라가. 위에 있던 공기는 아래로 밀려 내려온단다.

도전! 초성 용어

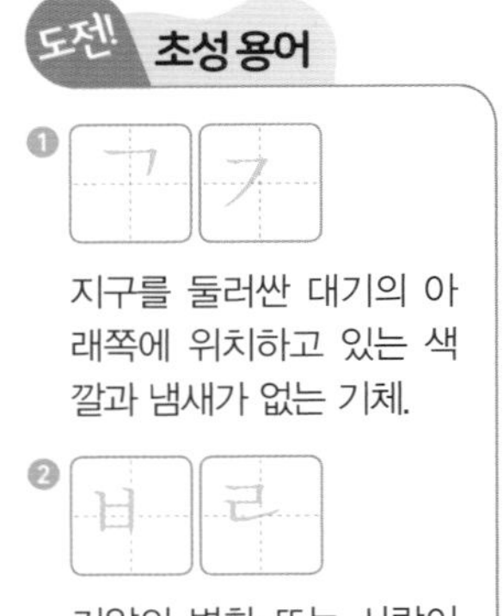

❶ ㄱ ㄱ

지구를 둘러싼 대기의 아래쪽에 위치하고 있는 색깔과 냄새가 없는 기체.

❷ ㅂ ㄹ

기압의 변화 또는 사람이나 기계에 의하여 일어나는 공기의 움직임.

정답 3쪽

공기 중 오염 물질을 걸러 주는 공기 청정기

공기 청정기는 공기 중에 있는 오염 물질을 제거하는 기계야. 공기 중에 떠다니는 오염 물질마다 크기가 다르기 때문에 필터를 사용해서 오염 물질을 걸러 내거나 전기적으로 오염 물질을 제거하는 방법을 사용해.
요즘 공기 청정기에 많이 사용하는 헤파 필터는 99.97 % 이상 오염 물질을 제거할 수 있다고 해.
하지만 실내 공기를 깨끗하게 유지하는 가장 쉬운 방법은 창문을 열어 실내를 자주 환기시켜 오염된 공기를 이동시키는 거야.

정답 3쪽

1 공기의 성질에 대한 설명으로 옳은 것을 선으로 이어 문장을 완성하세요.

공기는 •

• 이동할 수 있다.
• 공간을 차지하지 않는다.
• 바람과 관계가 없다.

2 장작에 불을 붙였어요. 장작 주변의 따뜻해진 공기는 어떻게 움직일지 그려 보세요.

공기의 무게

우리 주변에서 공간을 차지하고 이동하는 공기! 그렇다면 눈에 보이지 않는 기체인 공기는 무게가 있을까?

한 개의 풍선에는 공기를 많이 넣어서 크게 부풀리고, 다른 한 개의 풍선에는 공기를 적게 넣어 작게 부풀린 후 두 풍선의 무게를 측정하면 공기를 많이 넣은 큰 풍선이 더 무겁다는 것을 알 수 있어.

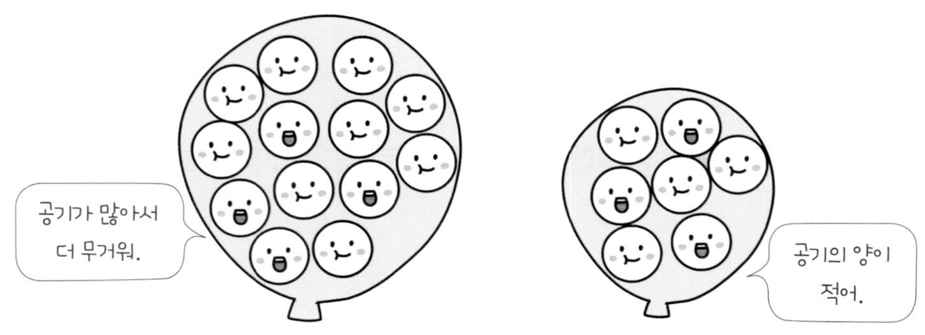

공기의 무게로 인해 생긴 압력을 기압이라고 해. 공기가 많으면 공기의 무게가 무거워지는데, 이것을 고기압이라고 해. 공기가 적으면 공기의 무게가 가벼워지고, 이것은 저기압이라고 해. 공기가 많은 고기압 상태일 때는 날씨가 맑아지고 공기가 적은 저기압 상태일 때는 날씨가 흐려진단다. 이렇게 공기의 무게와 이동으로 인해 날씨가 변하는 거야.

우리가 공부하는 교실 안에 있는 공기의 무게는 약 200 kg으로 3학년 학생 여섯 명의 무게와 비슷하단다. 우리가 이러한 공기의 무게를 느끼지 못하는 이유는 우리 몸 안에서도 바깥으로 공기를 밀어내는 힘이 있기 때문이야.

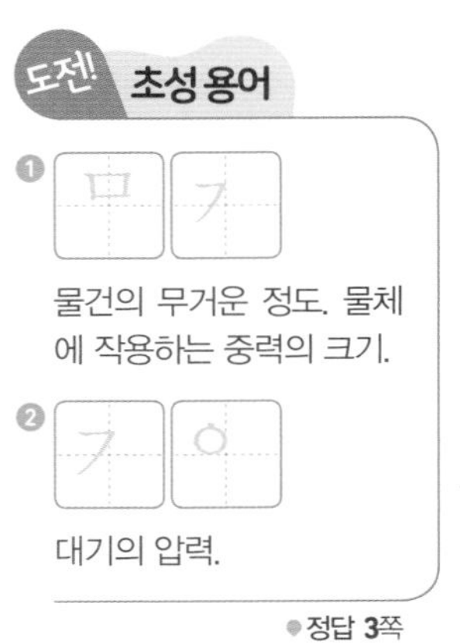

정답 3쪽

파티할 때 사용하는 헬륨 풍선

공기 주입기를 사용해서 공기를 넣은 풍선은 아무리 높이 띄워도 공중에 떠있지 않고 서서히 내려오지만 파티할 때 알록달록 예쁘게 꾸미기 위해 헬륨으로 채운 풍선은 공기 중에 떠 있는 것을 볼 수 있어. 그 이유는 헬륨이 공기보다 무게가 가볍기 때문이야.
하지만 이 헬륨 풍선도 시간이 지나면서 점차 풍선 속 헬륨이 빠져나오고 그 공간에 공기가 들어가면 풍선이 무거워져 서서히 바닥으로 가라앉게 된단다.

확인해 봐요!

정답 3쪽

1 공기의 무게에 대해 옳게 말한 공기 알갱이에게 ○표 하세요.

( ) ( ) ( )

2 다음 저울의 양쪽 끝부분에 무게가 다른 풍선을 매달아놨어요. 저울이 기울어진 모습을 보고 알맞은 크기의 풍선을 그려 보세요.

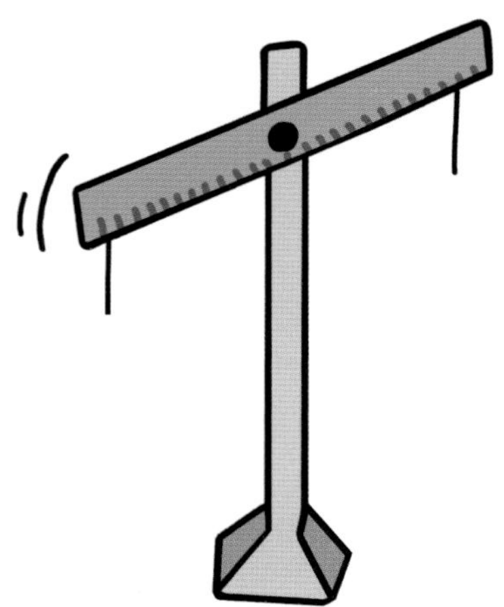

05 물질의 세 가지 상태

1. 고체: 담는 그릇이 바뀌어도 모양과 부피가 일정한 물질의 상태이다.

① 고체는 모두 손으로 잡을 수 있고, 눈으로 볼 수 있다.

② 고체는 비교적 단단하고, 공간을 차지한다.

③ 우리 주변의 고체: 예 가방, 연필, 책, 책상, 의자

여러 모양의 그릇에 나무 막대 넣기

2. 액체: 담는 그릇에 따라 모양은 변하지만 부피는 변하지 않는 물질의 상태이다.

① 액체는 눈으로 볼 수 있지만, 흐르는 성질이 있고 손으로 잡을 수 없다.

② 우리 주변의 액체: 예 물, 주스, 우유, 바닷물, 꿀, 식초, 간장

물을 다른 모양의 그릇에 옮겨 담기

3. 기체: 담는 그릇에 따라 모양과 부피가 변하고, 담긴 그릇을 항상 가득 채우는 물질의 상태이다.

① 눈에 보이지 않고, 냄새가 나지 않는다.

② 우리 주변에 공기가 들어 있는 물체: 예 자전거 타이어, 뽁뽁이, 축구공, 빈 병

교과서 실험 공기가 있는지 알아보기

과정 ❶ 공기를 넣은 풍선의 입구를 손으로 꼭 쥔 채 얼굴에 가까이 대고 쥐었던 손을 살짝 놓으면서 나타나는 현상을 관찰한다.

❷ 물이 담긴 수조 속에 플라스틱병을 넣고 손으로 누르면서 나타나는 변화를 관찰한다.

❸ 주사기의 피스톤을 바깥으로 당긴 뒤 주사기 끝을 물이 담긴 수조 속에 넣고 피스톤을 밀면서 나타나는 변화를 관찰한다.

결과

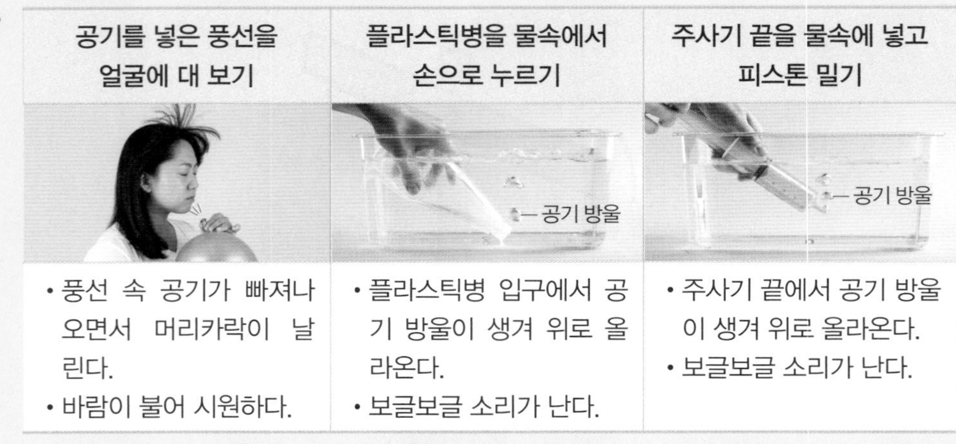

공기를 넣은 풍선을 얼굴에 대 보기	플라스틱병을 물속에서 손으로 누르기	주사기 끝을 물속에 넣고 피스톤 밀기
• 풍선 속 공기가 빠져나오면서 머리카락이 날린다. • 바람이 불어 시원하다.	• 플라스틱병 입구에서 공기 방울이 생겨 위로 올라온다. • 보글보글 소리가 난다.	• 주사기 끝에서 공기 방울이 생겨 위로 올라온다. • 보글보글 소리가 난다.

고체는 손으로 잡을 수 있고, 액체와 기체는 손으로 잡을 수 없다.

☐

정답 3쪽

06 공간을 차지하고 이동하는 공기

1. 공간을 차지하는 공기의 성질: 고체처럼 공기도 공간을 차지한다.

실험 동영상

교과서 실험 공기가 공간을 차지하는지 알아보기

| 과정 ❶ 물을 담은 수조에 물의 높이를 표시하고 물 위에 페트병 뚜껑을 띄운다.

❷ 바닥에 구멍이 뚫리지 않은 투명한 플라스틱 컵을 뒤집어 페트병 뚜껑을 덮은 뒤 수조 바닥까지 밀어 넣고, 페트병 뚜껑의 위치와 수조 안 물의 높이를 관찰한다.

❸ 바닥까지 넣었던 플라스틱 컵을 천천히 위로 올리면서 페트병 뚜껑의 위치와 수조 안 물의 높이 변화를 관찰한다.

❹ 바닥에 구멍이 뚫린 투명한 플라스틱 컵으로 ❷~❸과 같은 방법으로 실험한다.

| 결과

바닥에 구멍이 뚫리지 않은 플라스틱 컵	바닥에 구멍이 뚫린 플라스틱 컵

• 페트병 뚜껑이 내려간다. • 수조 안 물의 높이가 조금 높아진다. • 컵 안 공기가 공간을 차지하고 있기 때문에 컵 안으로 물이 들어가지 못한다.	• 페트병 뚜껑이 그대로 있다. • 수조 안 물의 높이에 변화가 없다. • 컵 안 공기가 바닥의 구멍으로 빠져나가기 때문에 컵 안으로 물이 들어간다.

2. 다른 곳으로 이동하는 공기의 성질: 공기는 다른 곳으로 이동할 수 있다. ㉠ 공기 주입기로 풍선 안에 공기 넣기, 펌프로 자전거 타이어에 공기 넣기, 비눗방울 불기

공간을 차지하는 공기는 다른 곳으로 이동하지 않는다.

☐

● 정답 3쪽

07 공기의 무게

실험 동영상

교과서 실험 공기는 무게가 있는지 알아보기

| 과정 ❶ 입구에 공기 주입 마개를 끼운 페트병의 무게를 전자저울로 측정한다.

❷ 공기 주입 마개를 눌러 페트병에 공기를 채운 후 무게를 다시 측정한다.

| 결과

공기 주입 마개를 누르기 전	공기 주입 마개를 누른 후

• 공기 주입 마개를 누르기 전보다 누른 후 페트병의 무게가 늘어났다.
• 공기 주입 마개로 넣은 공기의 무게만큼 페트병의 무게가 늘어났다.
• 공기처럼 대부분의 기체는 눈에 보이지 않지만, 고체나 액체와 같이 무게가 있다.

공기는 눈에 보이지 않으므로 무게가 없다.

☐

● 정답 3쪽

교과서 확인 문제

관련 단원 | 3학년 물질의 상태

물질의 세 가지 상태

01 다음 중 고체가 아닌 것의 기호를 쓰시오.

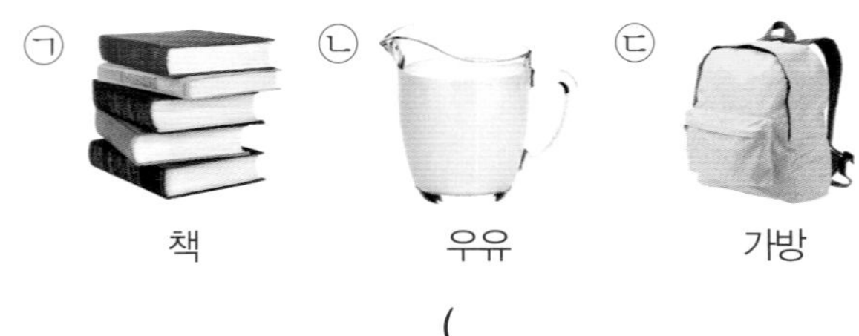

(　　　　　　　　)

02 여러 가지 모양의 투명한 그릇에 차례대로 나무 막대를 넣어 보면서 나무 막대의 모양과 크기 변화를 관찰한 결과로 (　　) 안의 알맞은 말에 ○표 하시오.

(1) 막대의 모양이 (변한다, 변하지 않는다).
(2) 막대의 크기가 (변한다, 변하지 않는다).

03 다음과 같이 주스를 다른 모양의 컵에 따랐을 때의 변화를 옳게 말한 친구의 이름을 쓰시오.

- 민우: 주스의 양이 많아져.
- 가영: 주스의 모양이 변해.
- 현수: 주스의 맛이 달라져.

(　　　　　　　　)

04 다음은 인터넷 검색 결과를 나타낸 것입니다. 기체에 대해 검색한 경우의 기호를 쓰시오.

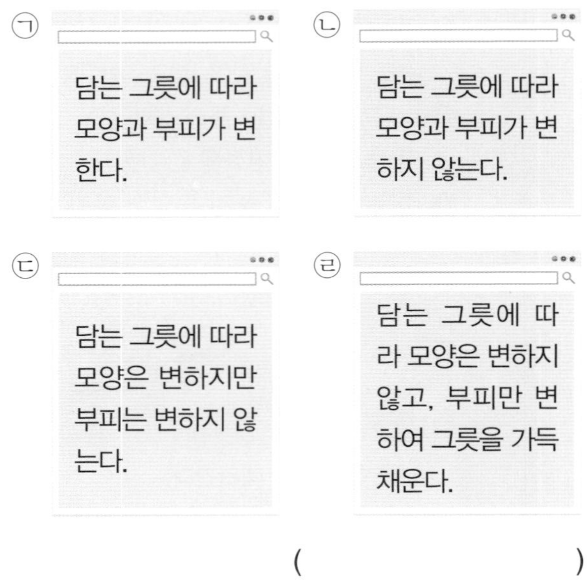

(　　　　　　　　)

05 물이 담긴 수조 속에 플라스틱병을 넣고 손으로 누르면 플라스틱병 입구에서 둥근 공기 방울이 나옵니다. 이러한 결과를 보고 알 수 있는 사실과 가장 관련있는 것의 기호를 쓰시오.

㉠ 공기는 물속에만 있다.
㉡ 공기는 숨을 쉴 때만 느낄 수 있다.
㉢ 공기는 눈에 보이지 않지만 우리 주변에 있다.

(　　　　　　　　)

공간을 차지하고 이동하는 공기

[06~07] 다음은 바닥에 구멍이 뚫리지 않은 투명한 플라스틱 컵과 구멍이 뚫린 플라스틱 컵으로 수조 안 물에 띄운 페트병 뚜껑을 덮어 수조 바닥까지 밀어 넣으려는 모습입니다. 물음에 답하시오.

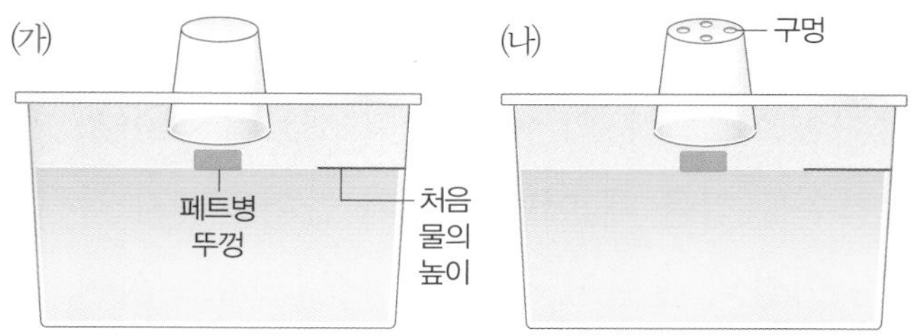

06 위 (가)와 (나) 중 플라스틱 컵을 수조 바닥까지 밀어 넣었을 때 물에 띄운 페트병 뚜껑이 수조 바닥으로 내려가는 것의 기호를 쓰시오.

( )

07 위 실험에서 (가)와 (나) 플라스틱 컵을 수조의 바닥까지 밀어 넣었을 때 각각의 수조 안 물의 높이에 해당하는 것의 기호를 쓰시오.

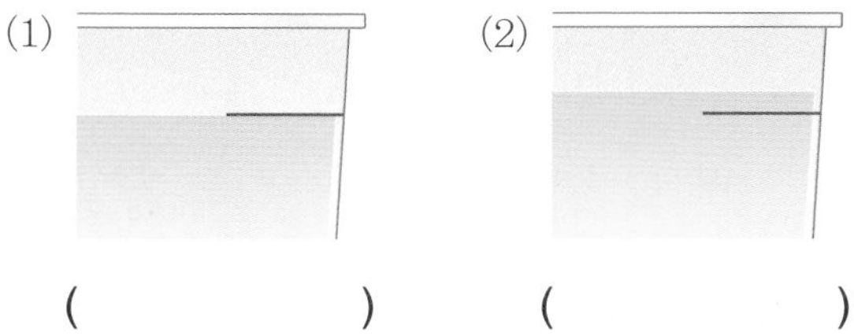

( ) ( )

08 다음은 공기의 어떤 성질을 이용한 것입니까? ( )

비눗방울 불기

풍선 안에 공기 넣기

① 공기는 냄새가 없다.
② 공기는 눈에 보이지 않는다.
③ 공기는 손으로 잡을 수 없다.
④ 공기는 모양이 변하지 않는다.
⑤ 공기는 다른 곳으로 이동할 수 있다.

공기의 무게

[09~10] 다음과 같이 페트병 입구에 공기 주입 마개를 끼운 뒤 페트병에 공기를 넣기 전과 공기 주입 마개를 눌러 페트병이 팽팽해질 때까지 공기를 채운 후의 무게를 전자저울로 측정하였습니다. 물음에 답하시오.

공기 주입 마개를 누르기 전에 무게 측정하기 → 공기 주입 마개 누르기 → 공기 주입 마개를 누른 후의 무게 측정하기

09 위 ㉠과 ㉡ 페트병의 무게를 측정한 결과가 다음과 같을 때 각각에 해당하는 것의 기호를 쓰시오.

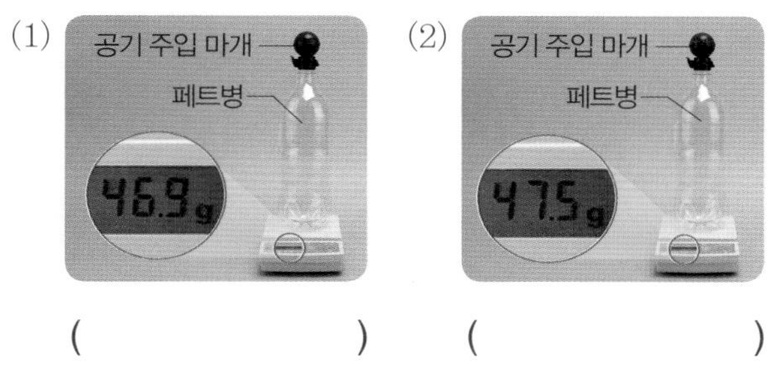

( ) ( )

10 위 실험 결과를 보고 알 수 있는 점을 공기의 무게와 관련지어 쓰시오.

혼합물

맛있는 팥빙수, 김밥, 비빔밥은 음식이라는 공통점 말고도 혼합물이라는 공통점이 있어. 혼합물이 무엇일까?

맛있는 팥빙수는 얼음, 팥, 떡, 아이스크림 등의 여러 가지 재료를 섞어서 만들어. 여러 재료를 섞었지만 팥빙수를 먹을 때 어떤 재료가 들어갔는지 각각 맛이 느껴지지? 이렇게 두 가지 이상의 물질이 자신의 성질 그대로 섞여 있는 것을 혼합물이라고 해. 음식 말고도 질소, 산소 등의 여러 가지 기체가 섞인 공기, 물과 유지방 등이 섞인 우유, 물과 소금 등이 섞인 바닷물도 혼합물이야.

김밥, 비빔밥 등과 같이 여러 가지 물질들이 고르지 않게 섞여 있는 불균일 혼합물은 각각의 물질을 쉽게 분리할 수 있어. 하지만 공기, 바닷물 등과 같이 여러 가지 물질들이 고르게 섞여 있는 균일 혼합물은 각각의 물질별로 쉽게 분리되지 않는단다.

불균일 혼합물

팥빙수

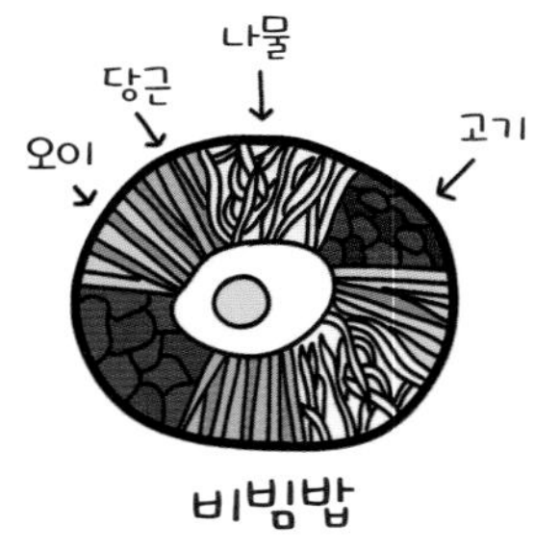

비빔밥

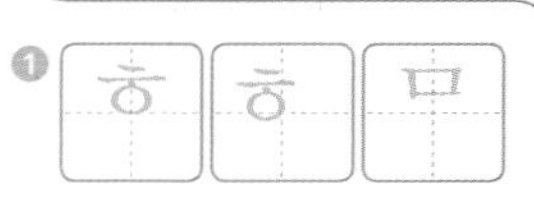

❶ 두 개 이상의 물질이 자신의 성질을 잃어버리지 않은 채 섞여 있는 것.

❷ 처음부터 끝까지 변함없이 고른 것.

• 정답 4쪽

균일 혼합물

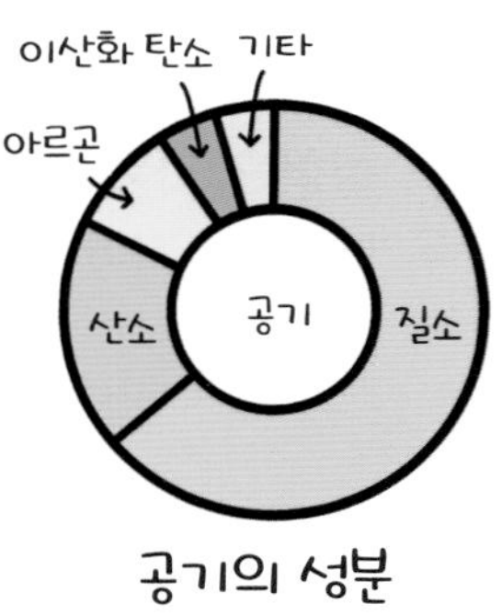

공기의 성분

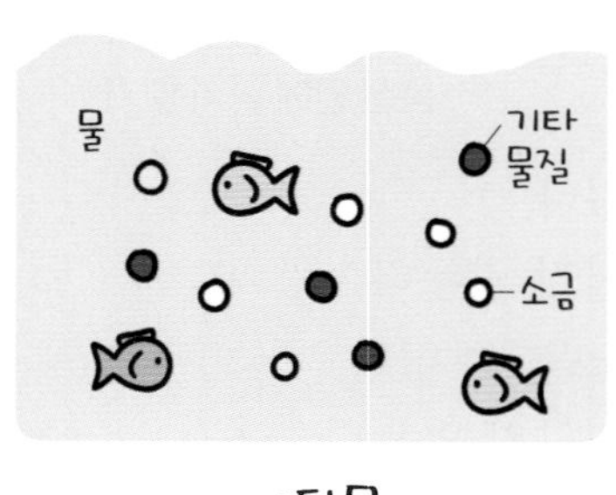

바닷물

균일 혼합물은
시간이 흘러도
분리되지 않아!

혼합물로 만드는 맛있는 소스

맛있는 요리는 여러 가지 재료를 섞어 만들기 때문에 대부분 혼합물이란다.
요리에서 빠질 수 없는 다양한 소스들도 혼합물이 많지.
고소한 마요네즈도 달걀 노른자, 식용유, 식초, 물 등이 섞인 혼합물이야.
달걀 노른자에 식용유를 넣고 한 방향으로 휘휘 저어준 후 물과 식초를 넣으면 마요네즈 완성!
앞으로는 음식을 먹을 때 어떤 맛이 나는지를 맛보면서 섞여 있는 재료들을 맞혀 보는 것은 어떨까?

확인해 봐요!

● 정답 4쪽

1 다음 중 혼합물인 것에는 ○표, 혼합물이 아닌 것에는 ×표 하세요.

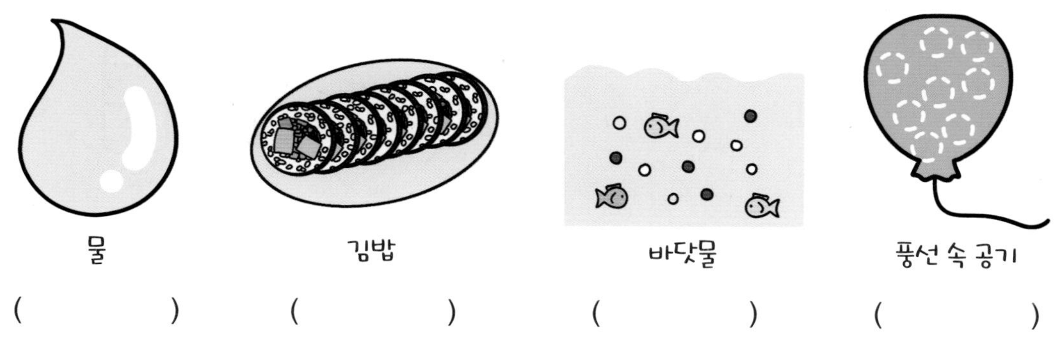

( ) ( ) ( ) ( )

2 비빔밥은 여러 가지 재료를 섞어 만드는 혼합물인데 밥 위에 달걀프라이만 있네요. 비빔밥에 다양한 재료를 그려 넣어 나만의 비빔밥을 만들어 보세요.

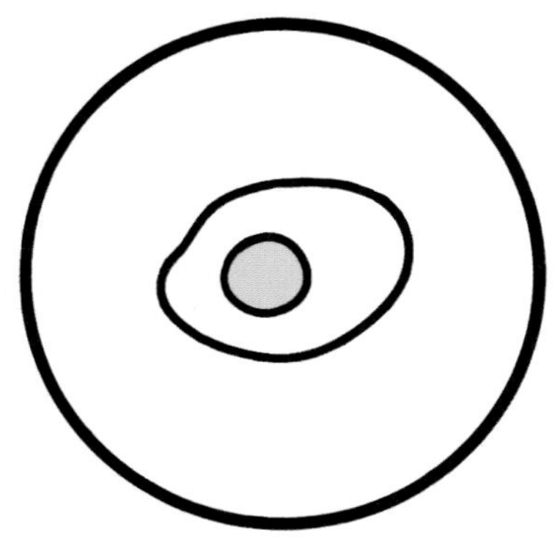

자석으로 혼합물 분리

재활용 쓰레기들이 모여 있을 때 다양한 물체들 사이에서 철로 된 물체만 분리할 수 있는 방법! 바로 자석을 이용하면 된단다.

자석은 클립, 철 캔, 누름 못, 철 가루 등과 같이 철로 만든 물체를 끌어당겨. 자석이 철을 끌어당기기 때문이지. 이렇게 철로 된 물체가 자석에 붙는 성질을 이용하면 금속이지만 자석에 붙지 않는 알루미늄이나 플라스틱 등으로 만든 물체와 섞여 있는 철로 된 물체를 분리할 수 있어.

쓰레기 더미에서 철로 된 것만 분리할 때나 다양한 금속으로 만들어진 캔 중 철로 된 캔 만을 분리할 때 자석을 이용하여 철을 재활용하면 자원을 아낄 수 있단다.

❶ ㅈ ㅅ

쇠나 철을 끌어당기는 성질이 있는 물체.

❷ ㅊ

자석에 붙는 성질이 있고, 습기가 있는 곳에서 녹슬기 쉬운 금속.

정답 4쪽

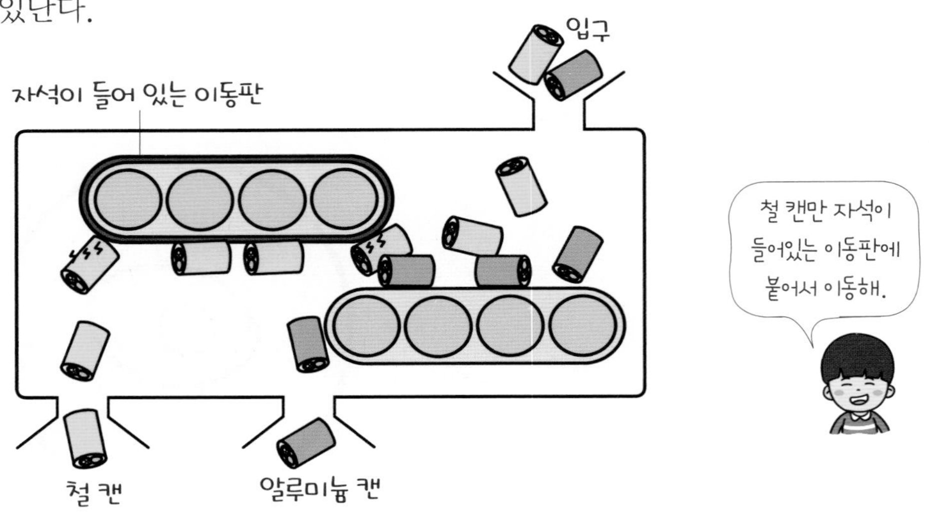

자석의 N극과 S극

자석은 철을 끌어당기는 성질 외에도 항상 북쪽과 남쪽을 가리키는 성질이 있어. 그래서 우리가 방향을 알기 위해 사용하는 나침반의 바늘은 자석으로 되어 있지. 북쪽을 가리키는 극이 자석의 N극이고, 남쪽을 가리키는 극이 자석의 S극이야. N극은 주로 빨간색으로 나타내고, S극은 주로 파란색으로 나타낸단다.
만약 자석의 N극과 S극을 쪼개면 어떻게 될까? 자석은 알갱이 하나하나가 자석의 성질을 띤 물질로 되어 있어서 계속 쪼개고 쪼개서 작아져도 N극과 S극이 나타나게 된단다.

확인해 봐요!

정답 4쪽

1 다음과 같이 재활용 처리장에 모여 있는 다양한 재활용품 중 자석을 이용해 철로 된 물체를 골라내려고 해요. 자석에 붙는 물체를 모두 찾아 ○표 하세요.

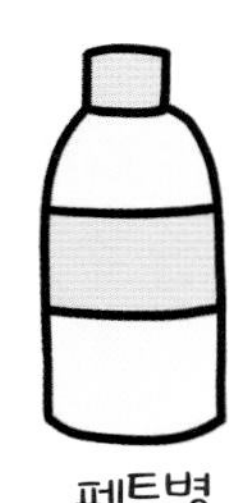

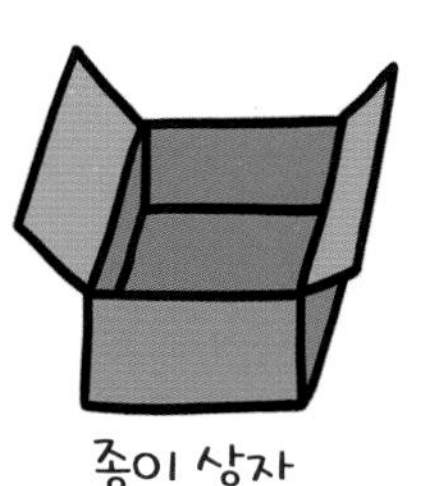

2 다음은 모래에 섞인 철 가루를 분리하는 기계예요. 모래와 철 가루를 분리할 수 있는 ㉠에는 어떤 부품이 숨어있는지 ▭ 안에 쓰세요.

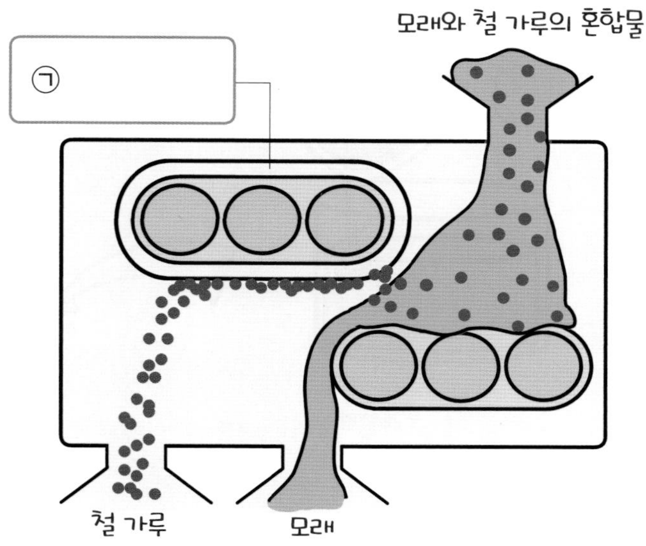

거름과 증발

소금과 후추가 섞여 있을 때 소금과 후추를 분리하려면 거름과 증발을 이용해.

거름은 액체 속의 물질을 분리할 때 쓰이는 방법이야. 소금과 후추에 물을 넣어 섞은 후 거름종이에 부으면 물에 녹지 않는 후추는 물질을 이루는 작은 알갱이들을 거를 수 있는 거름종이 위에 남아. 그리고 물에 녹는 소금은 물과 함께 거름종이를 빠져나가지.

거름종이를 빠져나온 소금물에서 소금을 얻으려면 증발을 이용한단다. 증발은 물체가 기체가 되기 위해 필요한 온도를 이용하는 방법이야. 물은 소금보다 낮은 온도에서 먼저 끓고, 소금은 물보다 훨씬 높은 온도에서 끓기 때문에 소금물을 끓이면 물만 먼저 기체로 변해. 물이 기체인 수증기로 변해도 소금은 남아 있어서 소금만 분리해 낼 수 있지. 이렇게 거름과 증발을 이용해서 혼합물을 분리할 수 있단다.

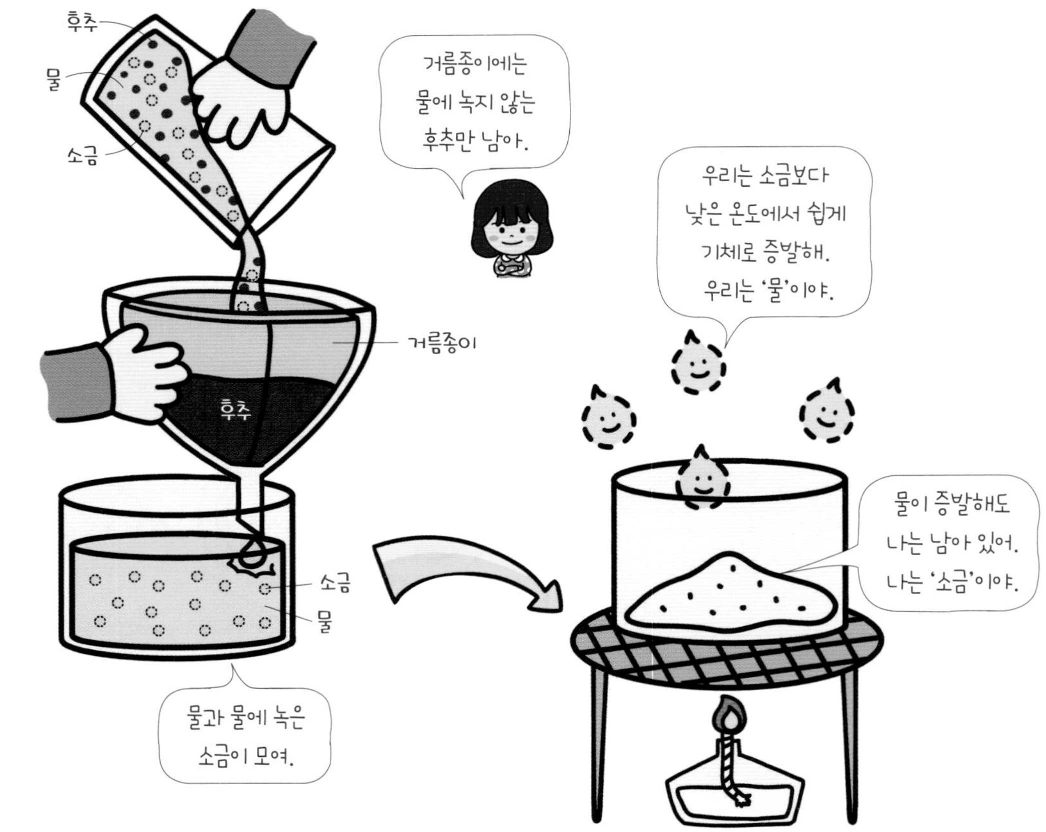

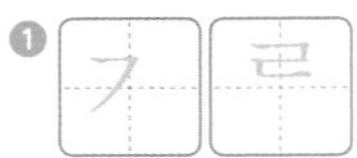

❶ 찌꺼기나 건더기가 있는 액체를 거르는 방법.

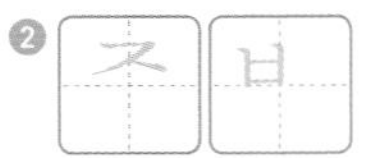

❷ 어떤 물질이 액체 상태에서 기체 상태로 변함.

● 정답 4쪽

티백 속에 숨은 과학

티백에 들어 있는 차를 물에 우려내어 마셔본 적 있니? 티백은 차를 싸서 넣은 종이 주머니를 말해. 티백을 뜨거운 물에 담그면 차가 우러나지. 어디서나 차를 마시기 편리해서 요즘 티백을 많이 이용하고 있단다.

이런 티백에도 과학이 숨어 있다는 사실! 티백의 주머니는 물에 녹는 물질들만 통과할 수 있도록 작은 구멍이 뚫린 종이로 되어 있어. 티백을 통과할 수 없는 물질은 티백 안에 있고 물에 녹는 물질은 티백 밖으로 나와서 물에 우러나기 때문에 우리가 차를 마실 수 있는 거야.

확인해 봐요!

정답 4쪽

1 다음 초성을 보고, 그림에서 사용된 혼합물의 분리 방법을 각각 쓰세요.

ㄱ ㄹ ( )　　ㅈ ㅂ ( )

2 모래와 설탕이 물에 섞여 있어요. 이 혼합물에서 모래와 설탕을 분리하는 다음 과정 중 ㉠과 ㉡은 각각 어떤 물질인지 ☐ 안에 쓰세요.

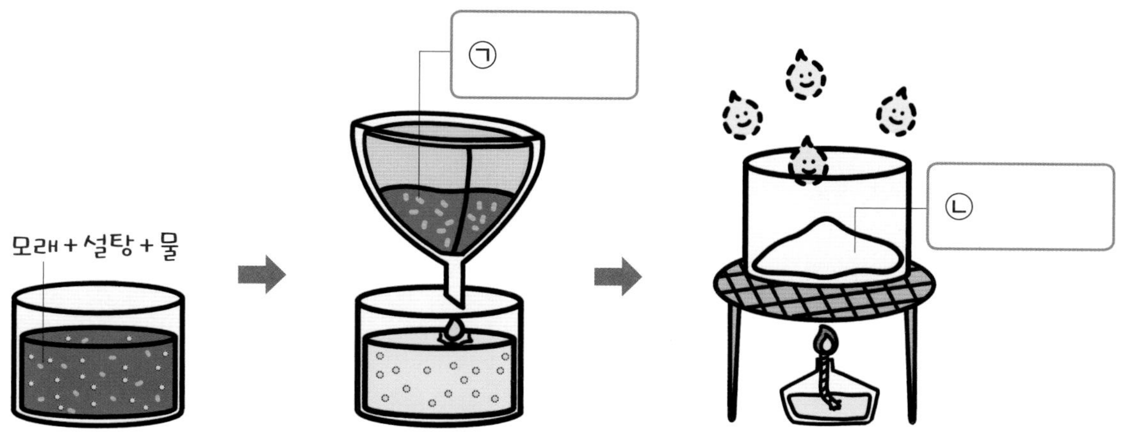

관련 단원 | 4학년 혼합물의 분리

08 혼합물

1. **혼합물**: 두 가지 이상의 물질이 성질이 변하지 않은 채 서로 섞여 있는 것이다.

김밥	팥빙수	꿀물
김, 밥, 단무지, 달걀, 당근, 시금치 등의 여섯 가지 이상의 재료가 섞여 있다.	과일, 팥, 얼음 등의 세 가지 이상의 재료가 섞여 있다.	꿀, 물의 두 가지 재료가 섞여 있다.

2. **혼합물의 분리**: 원하는 물질을 얻을 수 있고, 생활의 필요한 곳에 이용할 수 있다.

Speed OX

혼합물은 두 물질이 자신의 성질을 잃어버린 채 섞여 있는 것이다.

☐

정답 4쪽

09 자석으로 혼합물 분리

1. 플라스틱 구슬과 철 구슬의 혼합물 분리하기

실험 동영상

교과서 실험 플라스틱 구슬과 철 구슬의 혼합물 분리하기

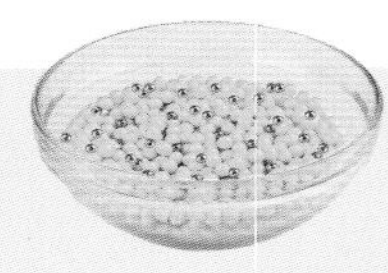

| 과정 플라스틱 구슬과 철 구슬의 특징을 관찰하고, 플라스틱 구슬과 철 구슬의 혼합물에 자석을 가까이 가져간다.

| 결과 ■ 플라스틱 구슬과 철 구슬의 특징

플라스틱 구슬	철 구슬
• 둥글고, 노란색이다. • 자석에 붙는 성질이 없다.	• 둥글고, 회색이다. • 자석에 붙는 성질이 있다.

■ 플라스틱 구슬과 철 구슬의 혼합물 분리

철 구슬이 자석에 붙는 성질이 있으므로 자석을 사용하여 플라스틱 구슬과 철 구슬을 분리한다.

2. 자석을 사용하여 혼합물을 분리하는 경우 예

① 자석을 사용한 자동 분리기로 철 캔과 알루미늄 캔을 분리할 수 있다.

② 흙 속에 섞여 있는 철 가루를 자석으로 분리한다.

③ 말린 고추를 기계를 사용하여 고춧가루로 만들 때 생기는 철 가루를 자석으로 분리한다.

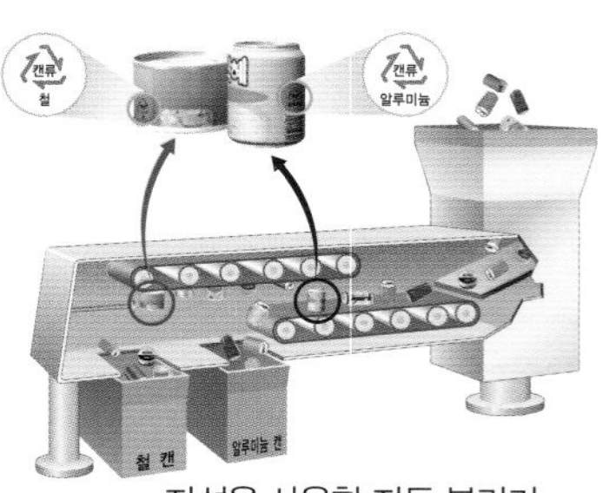

자석을 사용한 자동 분리기

Speed OX

혼합물에 철로 된 물질이 섞여 있을 때는 철이 자석에 붙는 성질을 이용하여 분리한다.

☐

정답 4쪽

10 거름과 증발

1. **거름과 증발**: 거름은 거름종이 등을 사용하여 물에 녹는 물질과 물에 녹지 않는 물질을 분리하는 방법이고, 증발은 물이 수증기로 변하는 현상이다.

실험 동영상

교과서 실험 소금과 모래 분리하기

| 과정 ❶ 소금과 모래의 혼합물에서 소금과 모래의 특징을 살펴본다.
❷ 소금과 모래의 혼합물을 물에 녹인 뒤 거름 장치를 사용하여 걸러 본다.
❸ 거름종이에 남아 있는 물질과 거름종이를 빠져나간 물질을 관찰한다.
❹ 걸러진 물질을 증발 접시에 붓고 알코올램프로 가열하면서 증발 접시에서 나타나는 현상을 관찰한다.

| 결과 ■ 소금과 모래의 특징

구분	모양	크기	물에 녹는 성질
소금	작은 상자 모양	모래와 크기가 비슷하다.	물에 잘 녹는다.
모래	다양한 작은 상자 모양	소금과 크기가 비슷하다.	물에 녹지 않는다.

■ 혼합물을 거름 장치로 거르기

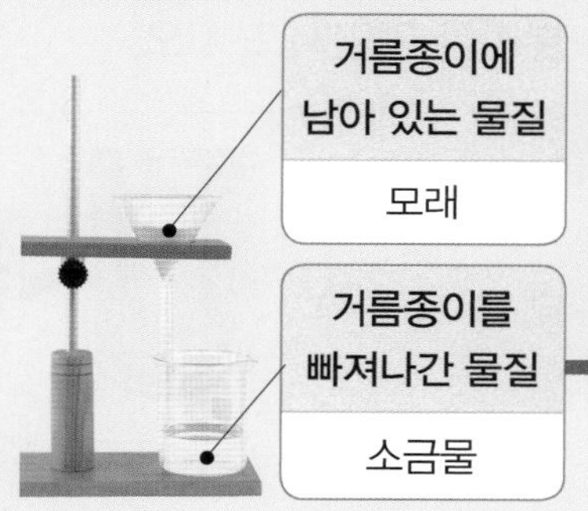

거름종이에 남아 있는 물질	거름종이를 빠져나간 물질
모래	소금물

■ 걸러진 물질을 증발 장치로 가열하기

➡

- 물의 양이 줄어들고 물이 끓는다.
- 하얀색 고체 물질(가루 물질)이 생긴다.
- 하얀색 고체 물질(가루 물질)이 사방으로 튄다.

➡ 하얀색 고체 물질: 소금

2. **생활 속에서 거름과 증발을 이용하여 혼합물을 분리하는 경우** ⓔ

① 찻잎을 따뜻한 물에 넣어 물에 우러나는 성분을 망으로 거르면 찻잎의 물에 녹는 성분을 차로 마실 수 있다. ➡ 거름

② 메주를 소금물에 섞은 혼합물을 천으로 걸러 천에 남은 건더기는 된장을 만들고 천을 빠져나간 액체를 끓여서 간장을 만든다. ➡ 거름

③ 햇빛과 바람 등으로 바닷물을 증발시켜 소금(천일염)을 얻는다. ➡ 증발

찻잎 거르기

전통 장 만드는 모습

소금 얻기

Speed OX

거름으로 혼합물을 분리할 수 있지만, 증발은 혼합물을 분리하기에 적당하지 않다.

□

정답 4쪽

교과서 확인 문제

관련 단원 | 4학년 혼합물의 분리

혼합물

01 다음 (　　) 안에 들어갈 알맞은 말이나 수를 쓰시오.

김밥

팥빙수

김밥, 팥빙수와 같은 혼합물은 (　　　) 가지 이상의 물질이 성질이 변하지 않은 채 서로 섞여 있는 것이다.

(　　　　　　　　　　)

02 다음은 시리얼, 초콜릿, 말린 과일 등을 섞어서 만든 간식입니다. 이 간식에 대한 설명으로 옳은 것에 ○표, 옳지 않은 것에 ×표 하시오.

(1) 시리얼, 초콜릿, 말린 과일 각각의 맛은 변하지 않는다. (　　)

(2) 시리얼, 초콜릿, 말린 과일의 색깔이 하나로 섞인다. (　　)

(3) 시리얼, 초콜릿, 말린 과일의 각각의 모양이 그대로 유지된다. (　　)

자석으로 혼합물 분리

03 다음은 플라스틱 구슬과 철 구슬의 혼합물입니다. 이 혼합물을 분리할 때 사용할 수 있는 도구와 어떤 성질을 이용하는 것인지 쓰시오.

(1) 사용할 수 있는 도구: (　　　　　　　　　　)

(2) 이용하는 성질: (　　　　　　　　　　)

04 다음은 어떤 성질을 이용하여 고춧가루 속 철 가루를 분리한 것인지 쓰시오.

기계를 사용하여 말린 고추를 고춧가루로 만들 때 철 가루가 생기는 경우에 이 철 가루를 자석으로 분리한다.

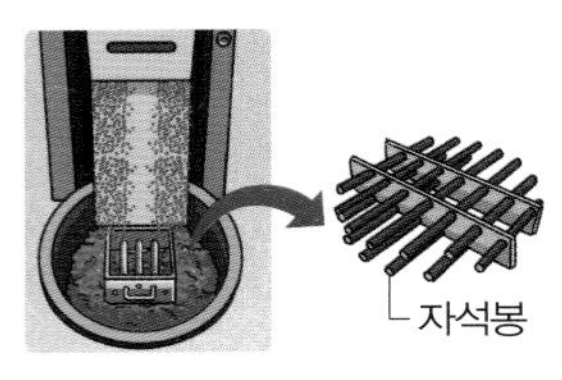

(　　　　　　　　　　)

05 다음과 같이 자석을 사용한 자동 분리기로 철 캔과 알루미늄 캔을 분리할 때 ㉠과 ㉡ 중 알루미늄 캔이 모이는 상자의 기호를 쓰시오.

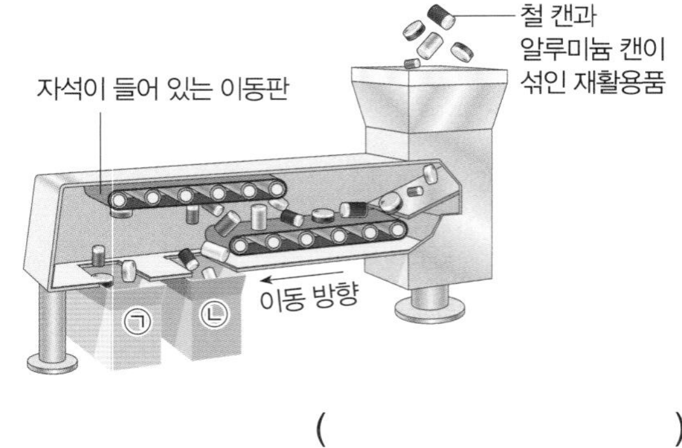

(　　　　　　　　　　)

거름과 증발

[06~08] 다음은 소금과 모래의 혼합물을 분리하기 위해 소금과 모래의 혼합물을 물에 녹인 뒤 거름종이를 넣은 깔때기에 붓는 모습입니다. 물음에 답하시오.

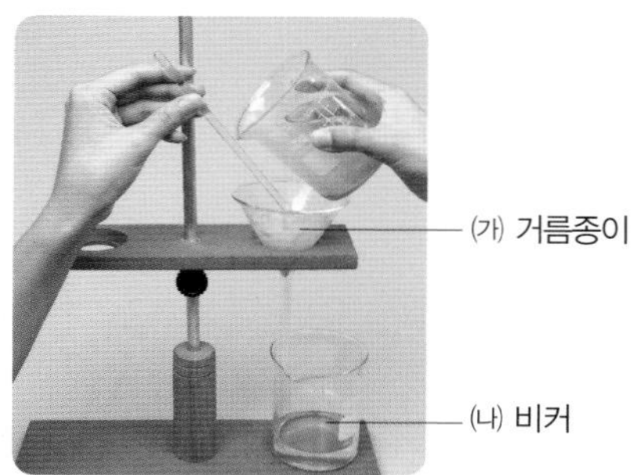

06 위와 같이 혼합물을 거름종이를 넣은 깔때기를 통해 걸러주는 장치를 무엇이라고 하는지 쓰시오.

(　　　　　　　　　　)

07 소금과 모래의 혼합물을 물에 녹여 위 장치를 이용하여 걸렀을 때 (가) 거름종이에 남아 있는 물질은 무엇인지 쓰시오.

(　　　　　　　　　　)

08 위 (나) 비커에 모아진 물질을 증발 접시에 담아 알코올램프로 가열하였습니다. 증발 접시에서 나타나는 현상을 두 가지 골라 기호를 쓰시오.

㉠ 물이 끓는다.
㉡ 물의 양이 점점 늘어난다.
㉢ 하얀색 가루 물질이 생긴다.

(　　　　　　　　　　)

09 다음은 전통 장을 만드는 과정에 대한 이야기입니다. 전통 장의 혼합물이 분리되는 부분에 대한 내용을 찾아 쓰고, 이와 같이 혼합물이 분리되는 방법을 무엇이라고 하는지 쓰시오.

전통 장을 만들 때는 천을 사용한다. 메주를 소금물에 넣어 두고 여러 날이 지나면 메주가 소금물에 섞여 혼합물이 만들어진다. 이 혼합물을 천에 부으면 물에 녹은 물질은 천을 빠져나가고 물에 녹지 않은 물질은 천에 남는다.

(1) 혼합물이 분리되는 부분: ____________

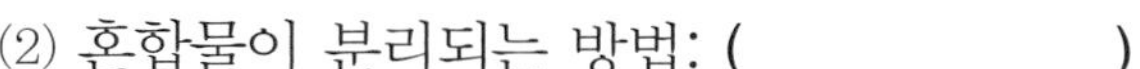

(2) 혼합물이 분리되는 방법: (　　　　　　　　　　)

10 다음 ㉠과 ㉡ 중 혼합물은 어느 것인지 기호를 쓰고, ㉢과 같은 현상을 무엇이라고 하는지 쓰시오.

검은색 종이에 크레파스로 그림을 그린 다음 물감을 탄 ㉠소금물로 색칠을 한다. 머리 말리개로 그림을 말리면 ㉡소금만 남고 ㉢물은 수증기로 변한다.

(1) 혼합물: (　　　　　　　　　　)
(2) ㉢과 같은 현상: (　　　　　　　　　　)

물의 상태 변화

물은 세 가지 상태로 존재해. 고체인 얼음, 액체인 물, 기체인 수증기로 나눌 수 있지. 물의 세 가지 상태에 대해 알아볼까?

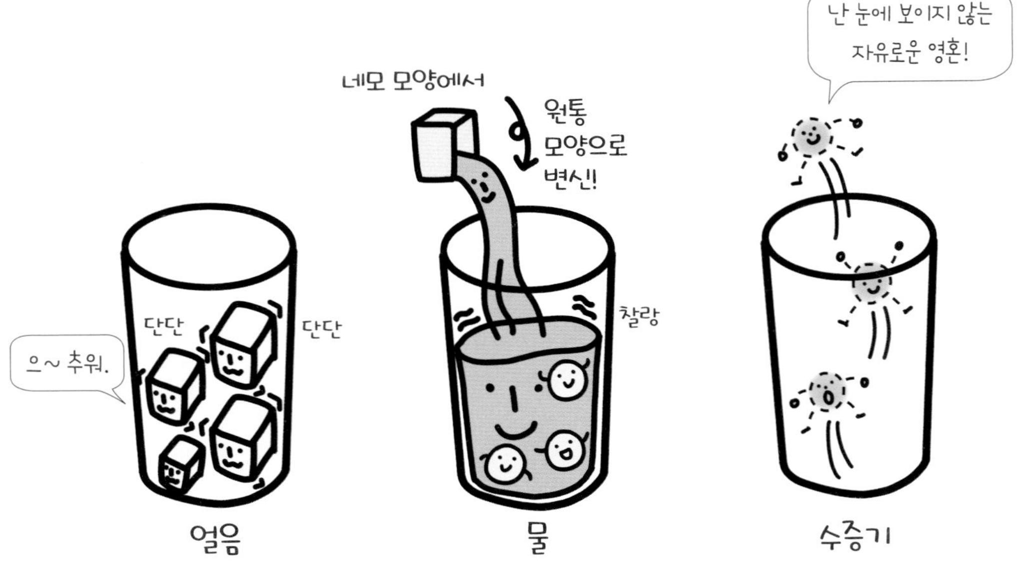

고체인 얼음은 모양이 일정하고 단단해. 그래서 얼음은 손으로 잡을 수 있고, 만졌을 때 물보다 더 차가워.

액체인 물은 흐를 수 있기 때문에 담는 그릇에 따라 모양이 변해. 손으로 잡으면 손 틈 사이로 물이 흘러내리기 때문에 잡을 수 없단다.

기체인 수증기는 눈에 보이지 않아. 수증기는 공기 중에 흩어져서 이동할 수 있고, 모양이 일정하지 않으며 손으로 잡을 수도 없어.

도전! 초성 용어

1 ㅇ ㅇ

물이 고체 상태로 변화하였을 때의 물의 상태.

2 ㅅ ㅈ ㄱ

물이 기체 상태로 변화하였을 때의 물의 상태.

정답 5쪽

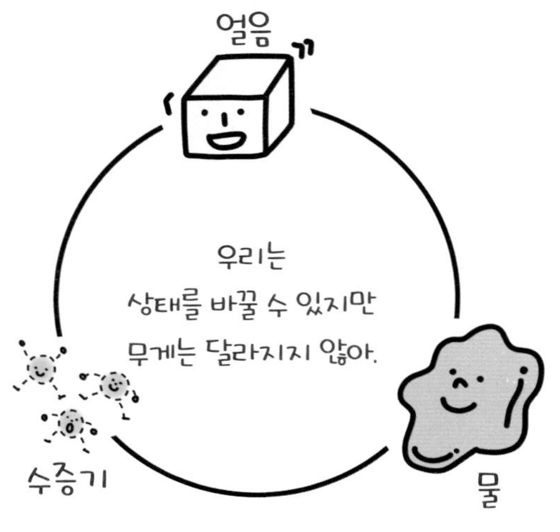

물이 얼어 얼음이 되면 부피는 늘어나지만, 무게는 물일 때와 같아. 반대로 얼음이 녹아서 물이 되면 부피는 줄어들지만, 무게는 얼음일 때와 같단다.

물이 얼음으로 변할 때 생기는 일

페트병에 물을 넣어 얼리면 무게는 변화가 없지만 페트병 속 얼음의 높이가 물일 때의 높이보다 조금 더 높아지게 돼.
물일 때보다 얼음일 때 차지하는 공간, 즉 부피가 더 커지는 거야.
이러한 물의 성질을 이용해서 바위도 깰 수 있어. 추운 날씨에 바위의 작은 틈에 물을 부어놓으면 물이 얼면서 부피가 커져. 그러면 바위의 틈이 벌어지게 되고, 이러한 과정을 오랫동안 반복하게 되면 결국 바위가 깨진단다.

정답 5쪽

1 물의 세 가지 상태에 대한 설명으로 알맞은 것끼리 선으로 이으세요.

 물 • • 단단하고 모양이 일정하다.

 얼음 • • 흐르고, 담는 그릇에 따라 모양이 변한다.

 수증기 • • 공기 중에 흩어져 있고 눈에 보이지 않는다.

2 물이 얼어 얼음이 될 때의 무게와 부피의 변화를 바르게 나타낸 것에 각각 ○표 하세요.

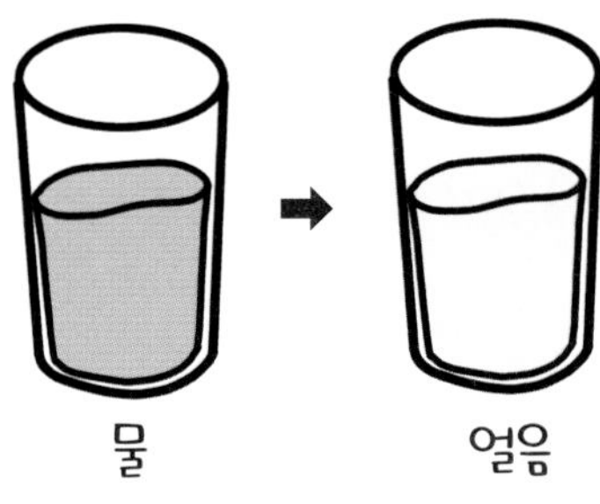

(1) 무게의 변화

① 줄어든다. ② 변화 없다. ③ 늘어난다.

(2) 부피의 변화

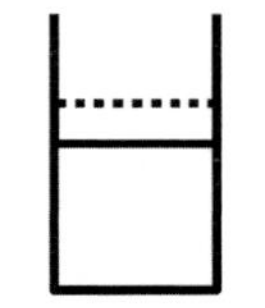 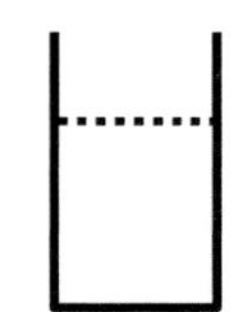 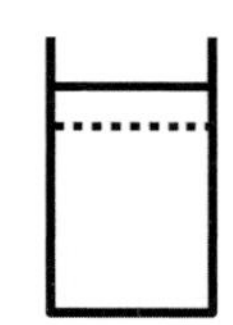

① 줄어든다. ② 변화 없다. ③ 늘어난다.

증발과 끓음, 응결

물이 수증기로 변하는 현상에는 증발과 끓음이 있어.

액체인 물이 표면에서 기체인 수증기로 변하는 현상을 증발이라고 해. 젖은 빨래를 널어놓았을 때 빨래가 마르는 것처럼 물이 천천히 수증기가 되지.

끓음은 물의 표면뿐만 아니라 물속에서도 물이 수증기로 변하는 현상을 말해. 증발할 때보다 물이 더 빨리 수증기가 돼.

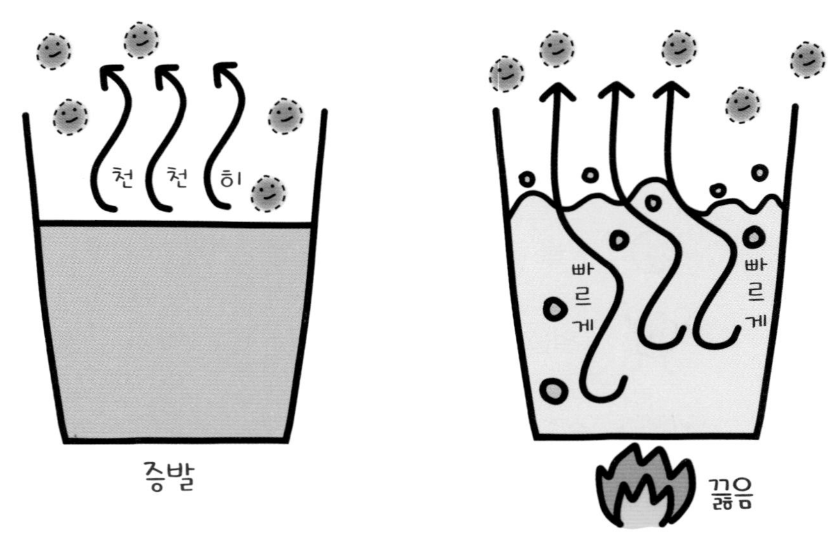

이번에는 수증기가 물로 변하는 현상을 알아볼까?

기체인 수증기가 액체인 물로 상태가 변하는 것을 응결이라고 해. 얼음이 든 차가운 음료수 컵 표면에 물방울이 생긴 것을 본 적 있지? 공기 중에 있던 수증기가 차가운 컵에 닿아 물로 변한 거야. 추운 겨울 유리창 안쪽에 맺힌 물방울, 가열한 냄비 뚜껑 안쪽에 맺힌 물방울 등도 응결에 의해 나타나는 것이란다.

도전! 초성 용어

물의 표면뿐만 아니라 물속에서도 물이 수증기로 변하는 현상.

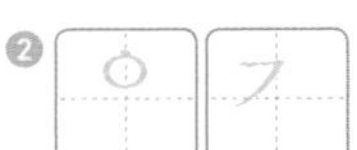

기체인 수증기가 액체인 물로 상태가 변하는 것.

• 정답 5쪽

비와 눈이 내리는 까닭

구름 속 물방울들은 0.01 mm 정도로 아주 작기 때문에 공중에 떠 있을 수 있어. 구름 속의 물방울 또는 얼음 알갱이가 무거워지면 떨어지는데, 지표면 부근의 기온이 높으면 녹아서 비가 되고 기온이 낮으면 얼음 알갱이 상태로 떨어져서 눈이 되는 거야.
눈을 확대하면 볼 수 있는 육각형인 눈 결정 모양이 다양한 까닭은 바로 구름 속 얼음 알갱이가 만들어진 곳의 수증기 양이나 기온의 차이에 따라 눈 결정이 달라지기 때문이란다.

● 정답 5쪽

1 재환이가 쓴 과학 일기에서 잘못된 부분을 찾아 번호에 ○표 하세요.

20XX년 X월 X일

오늘은 증발과 끓음을 실험하였다.
비커에 물을 넣어두고 시간이 지나니 물의 양이 점점 줄어들었다. 이처럼 ① 물이 표면에서부터 수증기로 변하는 현상을 증발이라고 한다. ② 빨래가 마르는 것도 물이 증발한 것인데, 증발은 물의 양이 매우 천천히 줄어든다.
물이 든 비커를 가열하면 물속에서 수증기가 물 위쪽으로 올라온다. 이것은 ③ 물이 기체 상태인 수증기로 상태가 변한 것으로, 끓음이라고 한다. ④ 끓음은 물속에서만 물이 수증기로 상태가 변하는 것이다.

2 성아는 냉장고에서 꺼낸 차가운 음료수 병을 식탁 위에 올려 두었어요. 시간이 지난 후 성아는 음료수 병 표면에 무언가 생긴 것을 발견하였어요. 음료수 병 표면에 생긴 것은 무엇인지 그려보고, 그것이 생긴 까닭을 쓰세요.

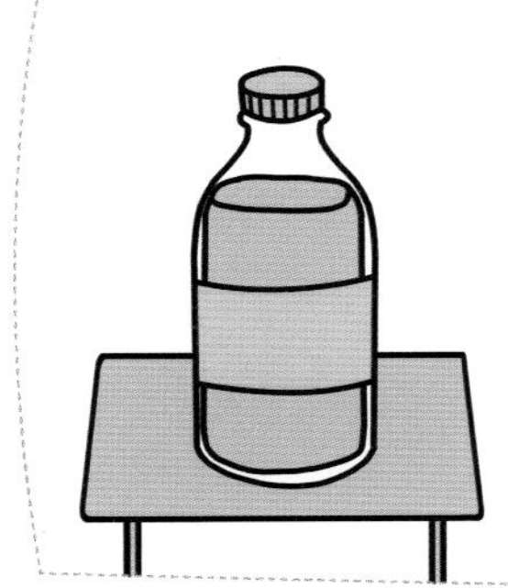

안개와 이슬, 서리

물은 기체 상태일 때 수증기, 액체 상태일 때 물, 고체 상태일 때 얼음이라고 부르지? 그런데 날씨에 따라 수증기가 물이나 얼음으로 변할 때 우리는 각각 다른 이름으로 부르고 있어.

안개는 공기 중의 수증기가 기온이 낮아지면 물로 변해서 우리가 밟고 있는 땅 위인 지표면 가까이에 떠 있는 것을 말해. 안개는 지표면 가까이에 떠 있는 거라 안개가 많이 낀 날에는 앞이 뿌옇게 잘 보이지 않아.

이슬은 수증기가 차가워진 나뭇가지나 풀잎 등에 닿아 응결하여 물방울로 맺힌 거야. 안개와 이슬은 모두 기체 상태인 수증기가 액체 상태인 물로 변하는 것을 말하지.

서리는 공기 중의 수증기가 기온이 낮아지면 땅, 풀, 나무 등 주변 물체에 얇은 얼음으로 달라붙는 거야. 주로 밤이나 새벽에 기온이 낮아질 때 잘 나타나. 서리와 비슷한 현상인 성에는 유리나 벽에 생기는 아름다운 얼음 결정을 말해. 서리와 성에는 모두 기체 상태인 수증기가 액체 상태를 거치지 않고 바로 고체 상태인 얼음으로 변하는 거란다.

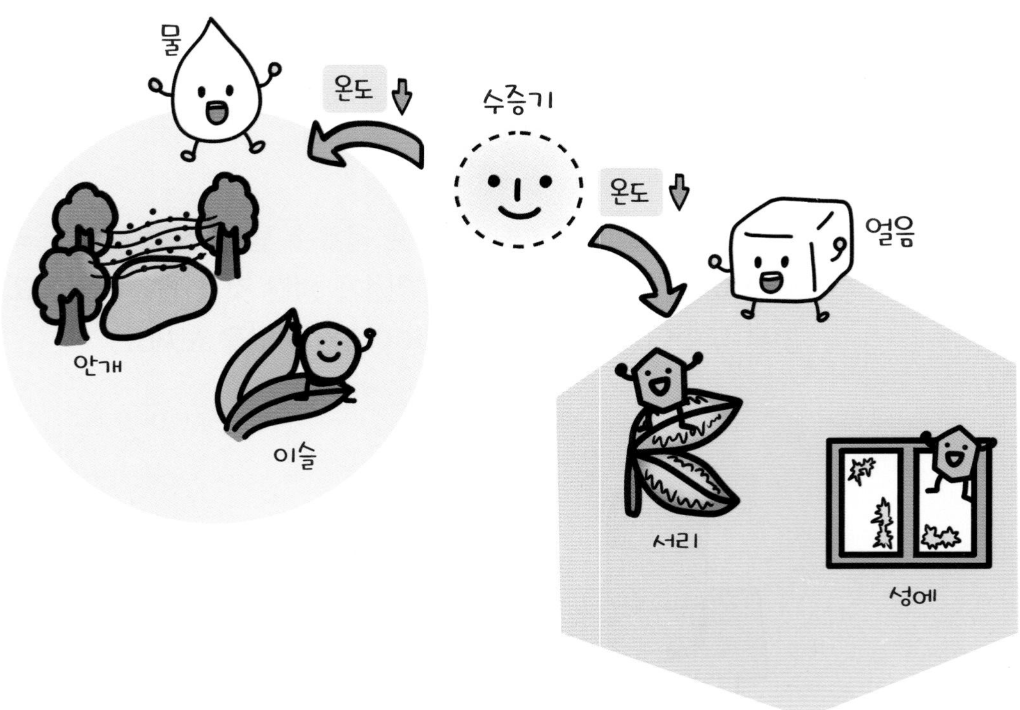

도전! 초성 용어

1. 

공기 중 수증기가 기온이 낮아지면 물로 변해서 지표면 가까이에 떠 있는 것.

2. 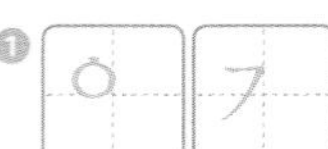

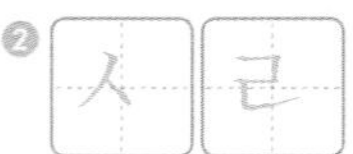

공기 중 수증기가 기온이 낮아지면 땅, 풀, 나무 등 주변 물체에 얼음으로 달라붙는 것.

정답 5쪽

안개와 구름

지표면 가까이에서 공기 중의 수증기가 물방울로 변해서 떠 있는 안개는 일교차가 큰 봄이나 늦가을, 초겨울 아침에 수증기가 많은 호수나 강가에서 많이 생겨. 그런데 안개와 똑같이 수증기가 물방울로 변해서 떠 있는 것이 또 있어. 그건 바로 구름이야!
안개와 구름의 차이는 무엇일까? 바로 수증기가 물방울로 변하는 위치야.
구름은 안개와 달리 하늘 위에서 수증기가 물방울로 변해서 떠 있는 거야.
안개와 구름은 만들어지는 위치만 다르고, 물의 상태 변화는 같아.

● 정답 5쪽

1 다음 친구들이 공통적으로 무엇에 대해 이야기하는지 쓰세요.

( )

2 수증기가 날씨에 따라 물과 얼음으로 각각 상태가 변한 이름을 ○ 안에 두 가지씩 쓰세요.

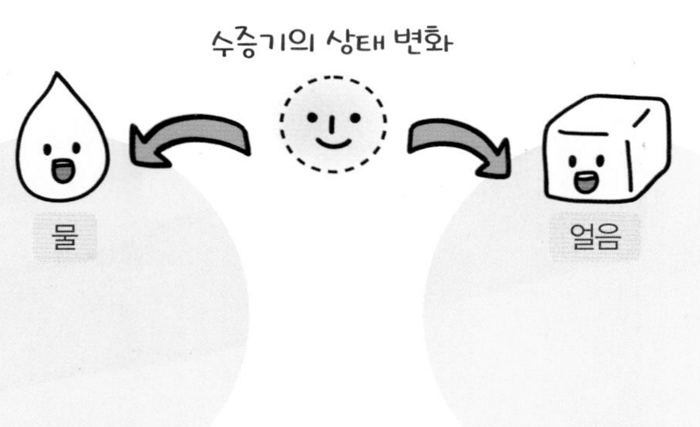

물의 순환

지구는 약 70 % 정도가 물로 구성되어 있어. 바다, 강, 호수, 지하수나 수천 년 동안 쌓인 눈이 얼음덩어리로 변한 빙하 등과 같이 지구 곳곳에 물이 존재하지. 물이 어디에서 어디로 가는지 물의 여행을 살펴볼까?

바다나 호수, 강에 있는 물은 증발하여 공기 중에 수증기로 떠다니게 돼. 공기 중의 수증기는 다른 수증기와 만나 액체나 고체 상태인 구름이 되지. 시간이 지나 구름 속 물이 점점 무거워지면 기온에 따라 비나 눈이 되어 다시 지표면에 떨어지게 돼. 땅에 떨어진 물은 호수를 만들기도 하고, 강을 따라 흐르거나 땅속에 스며들어 지하수로 흐르기도 한단다.

그리고 이 물은 또 다시 증발하여 공기 중의 수증기가 되고, 구름이 되어 비나 눈으로 떨어지는 과정을 반복해. 이렇게 물이 지구에서 돌고 도는 것을 물의 순환이라고 해. 물은 순환하면서 상태는 계속 변하지만 그 양은 거의 변하지 않는단다.

1. 수백, 수천 년 동안 쌓인 눈이 얼음덩어리로 변한 것.

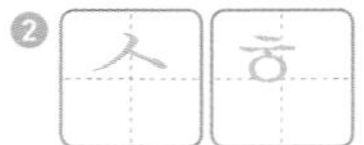

2. 주기적으로 자꾸 되풀이하여 돎. 또는 그런 과정을 말함. 물의 ○○.

정답 6쪽

물을 모으는 장치 '와카 워터(Warka Water)'

지구상의 많은 사람들이 마실 수 있는 깨끗한 물을 얻지 못해 고통을 받고 있어. 이러한 사람들을 위해 이탈리아의 아르투로 비토리는 깨끗한 물을 모을 수 있는 와카 워터라는 장치를 만들어냈지.
와카 워터는 수증기가 물로 상태가 변하는 응결을 이용해. 아프리카와 같이 낮과 밤의 기온 차가 큰 곳에서 기온이 낮아질 때, 와카 워터의 그물망에 물방울이 맺힌단다. 이 물방울이 흘러내려 아래의 물탱크에 모이기 때문에 깨끗한 물을 사람들이 마실 수 있는 거야.

확인해 봐요!

정답 6쪽

1 물의 순환 과정을 순서에 맞게 번호를 쓰세요.

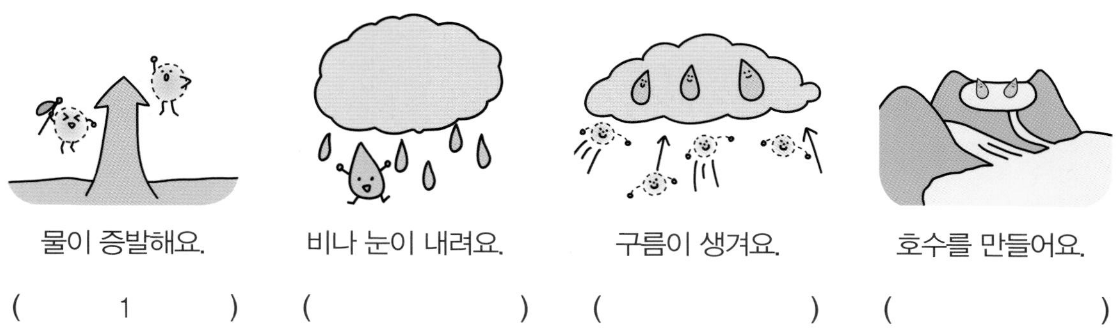

물이 증발해요.	비나 눈이 내려요.	구름이 생겨요.	호수를 만들어요.
(1)	( )	( )	( )

2 와카 워터(Warka Water)에 물이 모이는 과정을 아래의 와카 워터 그림에 화살표로 표시하고, 와카 워터로 물을 모을 수 있는 원리를 쓰세요.

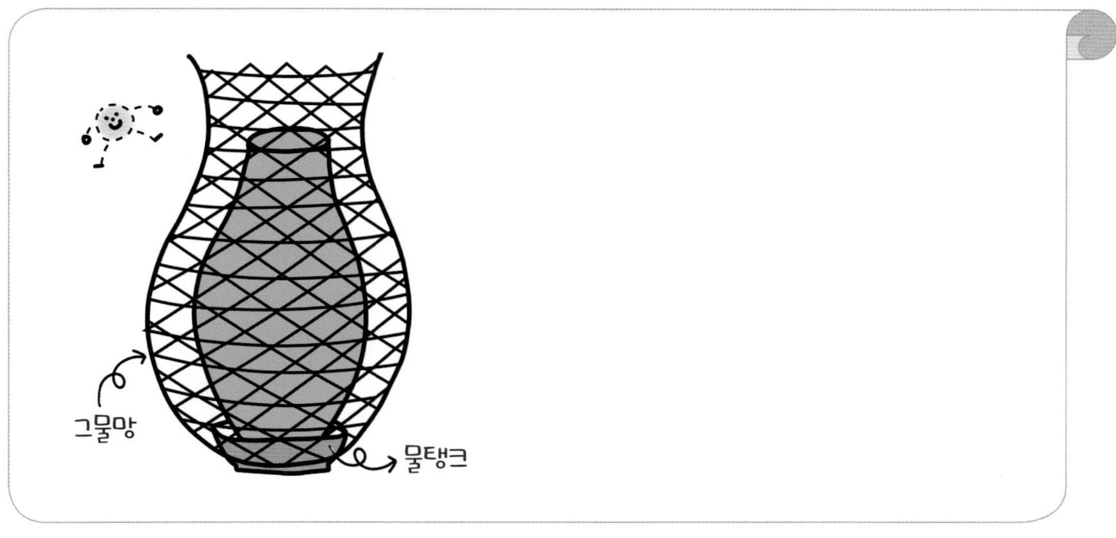

교과서 쏙 개념

관련 단원 | 4학년 물의 상태 변화
4학년 물의 여행

11 물의 상태 변화

1. 물의 세 가지 상태

얼음	물	수증기
• 고체이다. 차갑고 단단하다. • 모양이 일정하다.	• 액체이다. • 일정한 모양 없이 흐른다.	• 기체이고, 보이지 않는다. • 일정한 모양이 없다.
예 눈, 고드름, 꽁꽁 언 호수 표면	예 수영장의 물, 강물, 빗물	예 가습기의 수증기

2. 물의 상태 변화에 따른 부피와 무게 변화

실험 동영상

교과서 실험 물이 얼 때의 부피와 무게 변화

| 과정 ❶ 플라스틱 시험관에 물을 반 정도 붓고 마개를 막은 뒤 물의 높이를 표시한다.
❷ 전자저울로 플라스틱 시험관의 무게를 측정한다.
❸ 얼음을 넣은 비커에 플라스틱 시험관을 꽂아 물을 얼린 후 물의 높이를 표시한다.
❹ 물이 언 플라스틱 시험관의 표면을 화장지로 닦은 뒤 전자저울로 무게를 측정한다.

| 결과

부피(물의 높이)		무게(g)	
물이 얼기 전	물이 언 후	물이 얼기 전	물이 언 후
		13 g	13 g
물이 얼면 부피가 늘어난다.		물이 얼어도 무게는 변하지 않는다.	

실험 동영상

교과서 실험 얼음이 녹을 때의 부피와 무게 변화

| 과정 ❶ 물을 얼린 플라스틱 시험관의 부피와 무게를 측정한다.
❷ 물이 얼어 있는 플라스틱 시험관을 따뜻한 물이 든 비커에 넣는다.
❸ 플라스틱 시험관 안의 얼음이 완전히 녹으면 플라스틱 시험관 안 물의 높이를 표시하고, 녹기 전의 부피와 비교한다.
❹ 플라스틱 시험관의 표면을 화장지로 닦은 뒤 전자저울로 무게를 측정한다.

| 결과

부피(물의 높이)		무게(g)	
얼음이 녹기 전	얼음이 녹은 후	얼음이 녹기 전	얼음이 녹은 후
		13 g	13 g
얼음이 녹으면 부피가 줄어든다.		얼음이 녹아도 무게는 변하지 않는다.	

액체 상태인 물은 고체 또는 기체 상태로 변할 수 있다.

정답 6쪽

12 증발과 끓음, 응결 ~ 13 안개와 이슬, 서리

1. 증발과 끓음

① 증발: 액체인 물의 표면에서 기체인 수증기로 상태가 변하는 현상이다.

오랫동안 보관하기 위해 오징어, 고추 등의 음식 재료 말리기

머리 말리개로 젖은 머리 말리기

공기 중에 빨래를 널어 말리기

② 끓음: 물의 표면뿐만 아니라 물속에서도 액체인 물이 기체인 수증기로 상태가 변하는 현상이다.

③ 증발과 끓음의 공통점과 차이점

구분	증발	끓음
공통점	물이 수증기로 상태가 변한다.	
차이점	• 물 표면에서 물이 수증기로 상태가 변한다. • 물의 양이 매우 천천히 줄어든다.	• 물 표면과 물속에서 물이 수증기로 상태가 변한다. • 증발할 때보다 물의 양이 빠르게 줄어든다.

2. 응결: 기체인 수증기가 액체인 물로 상태가 변하는 것이다.

① 안개: 따뜻한 공기가 차가운 공기를 만나면 수증기가 응결해 작은 물방울 상태로 공기 중에 떠 있는 것이다.

② 이슬: 따뜻한 공기가 차가운 물체를 만나면 물체의 표면에 물방울이 응결해 맺히는 것이다.

안개

이슬

③ 욕실의 차가운 거울 표면에 맺힌 물방울, 냉장실에서 꺼낸 물병 표면에 맺힌 물방울도 공기 중의 수증기가 응결해 물로 변한 것이다.

Speed OX

물이 기체 상태인 수증기로 변하는 현상을 응결이라고 한다.

☐

정답 6쪽

14 물의 순환

1. 물의 순환: 물의 상태가 변하면서 육지, 바다, 공기 중, 생명체 등 여러 곳을 끊임없이 돌고 도는 과정이다. 물은 순환하지만 지구 전체 물의 양은 변하지 않는다.

2. 물 부족 현상

① 중국, 인도, 아프리카 등은 물이 부족해질 가능성이 있거나 물이 부족한 나라이다.

② 인구 증가, 산업 발달, 적게 내리는 비의 양, 사람들의 물낭비 등으로 물이 부족해진다.

Speed OX

지구의 물은 순환하면서 양이 줄어들어 결국 대부분 사라진다.

☐

정답 6쪽

교과서 확인 문제

관련 단원 |  물의 상태 변화
4학년 물의 여행

물의 상태 변화

01 물의 세 가지 상태를 알맞은 것끼리 선으로 이으시오.

• • 기체

• • 액체

• • 고체

02 오른쪽 음료수의 얼음과 물질의 상태가 같은 것은 어느 것입니까? ( )

① 눈 ② 빗물
③ 수돗물 ④ 수영장의 물
⑤ 가습기의 수증기

03 다음 ( ) 안에 들어갈 알맞은 말을 쓰시오.

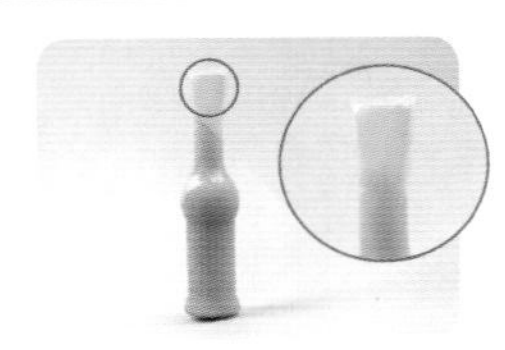
얼음과자가 녹기 전

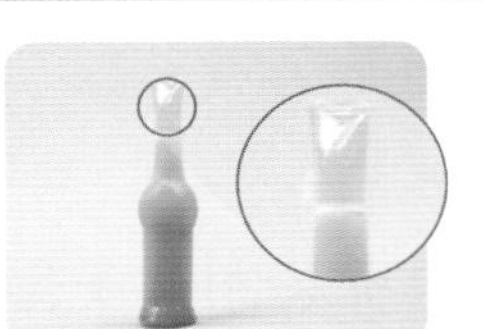
얼음과자가 녹은 후

꽁꽁 언 튜브형 얼음과자가 녹으면 튜브 안에 공간이 생기는 것은 얼음과자의 ( )이/가 줄어들기 때문이다.

( )

04 다음은 플라스틱 시험관에 넣은 물이 얼기 전과 언 후의 무게를 측정하는 모습입니다. 무게 측정 결과에 대한 설명으로 옳은 것의 기호를 쓰시오.

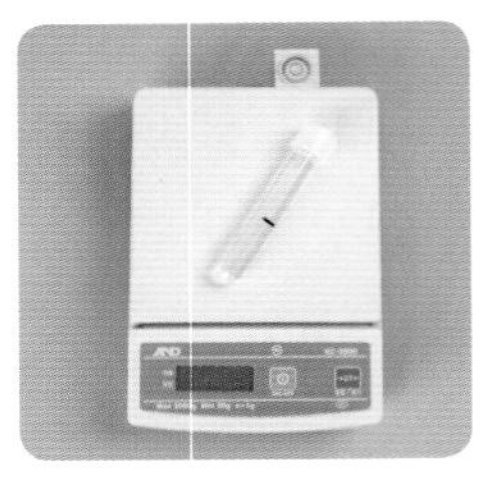
물이 얼기 전의 무게 측정하기

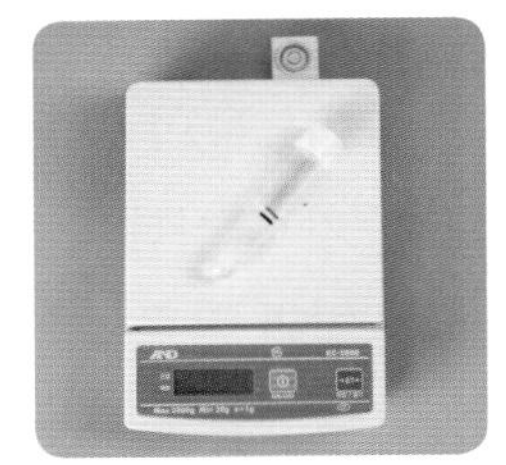
물이 언 후의 무게 측정하기

㉠ 물이 얼기 전과 언 후의 무게는 같다.
㉡ 물이 얼기 전의 무게가 물이 언 후의 무게보다 무겁다.
㉢ 물이 언 후의 무게가 물이 얼기 전의 무게보다 무겁다.

( )

05 다음은 얼음이 녹아 물이 되는 모습을 나타낸 것입니다. 이 과정에서의 부피와 무게 변화에 대한 설명으로 알맞은 말에 ○표 하시오.

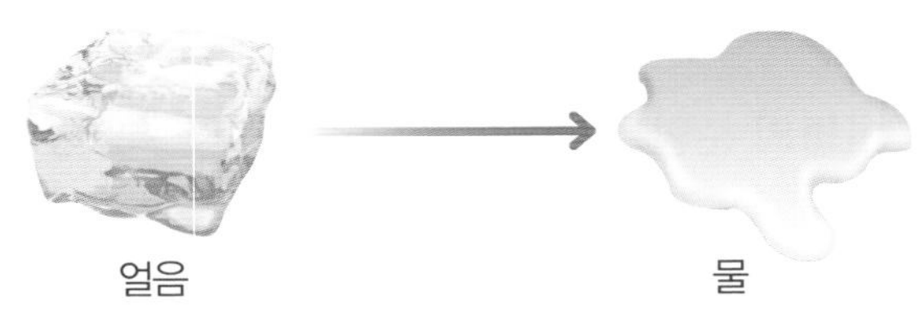

(1) 얼음이 녹아 물이 되면 부피는 (늘어난다, 변하지 않는다, 줄어든다).
(2) 얼음이 녹아 물이 되면 무게는 (늘어난다, 변하지 않는다, 줄어든다).

증발과 끓음, 응결

06 생활 속에서 볼 수 있는 다음의 경우에서 일어나는 물의 상태 변화로 옳은 것은 어느 것입니까? (　　　)

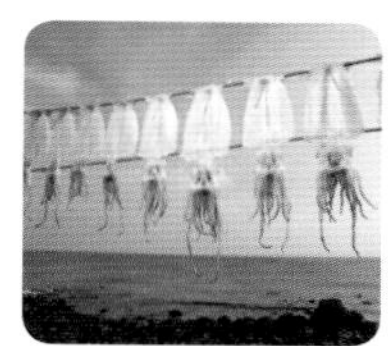
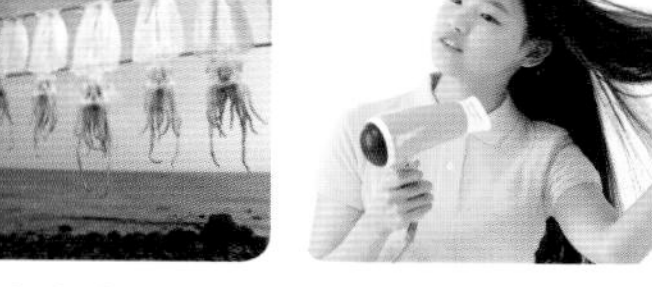

바닷가에서 오징어를 말린다.	머리 말리개로 젖은 머리를 마린다.	어항의 물이 점점 줄어든다.

① 물 → 얼음
② 물 → 수증기
③ 수증기 → 물
④ 얼음 → 수증기
⑤ 수증기 → 얼음

07 끓음에 대한 설명으로 알맞은 것을 모두 골라 ○표 하시오.

(1) 물의 양이 빠르게 줄어든다. (　　)
(2) 물 표면에서만 물이 수증기로 변하는 현상이다. (　　)
(3) 물속에서도 액체인 물이 기체인 수증기로 변하는 현상이다. (　　)

08 냉장고에서 꺼내 놓은 차가운 물병 표면에 오른쪽과 같이 물방울이 생겼습니다. 이 물방울이 어디에서 왔는지 알맞게 말한 친구의 이름을 쓰시오.

- 주원: 물병 안에서 나왔어.
- 예린: 병 안의 물이 흘러내린 거야.
- 호영: 공기 중에 있던 수증기가 변한 거야.

(　　　　　　　　)

안개와 이슬, 서리

09 다음 (　　) 안에 공통으로 들어갈 알맞은 말을 쓰시오.

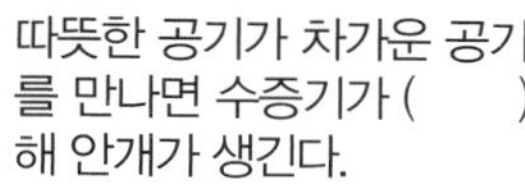

따뜻한 공기가 차가운 공기를 만나면 수증기가 (　　) 해 안개가 생긴다.

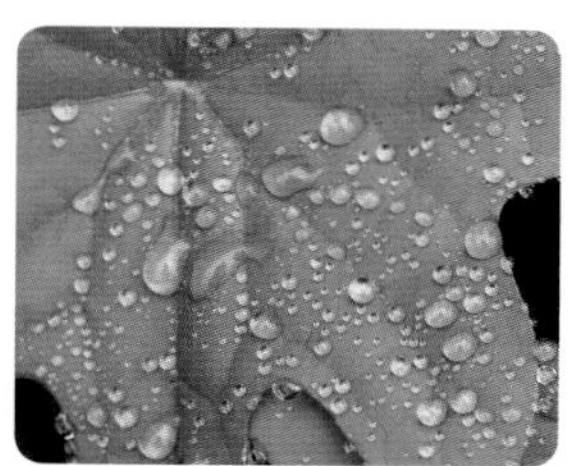

따뜻한 공기가 차가운 잎을 만나면 잎 표면에 (　　)해 이슬이 생긴다.

(　　　　　　　　)

물의 순환

10 다음은 물의 순환을 나타낸 것입니다. 물이 순환하면서 지구 전체 물의 양은 어떻게 되는지 쓰시오.

과학 탐구 토론

플라스틱

플라스틱이란? 열이나 압력을 주면 어떤 형태로든 만들 수 있는 인공 재료 또는 이러한 재료로 만든 물건을 말해요.

플라스틱의 좋은 점

플라스틱은 일정한 온도의 열과 힘을 주면 물렁물렁해져 다양한 모양을 쉽게 만들 수 있어요. 전기가 통하지 않고 녹슬지도 않으며, 가볍고 튼튼한 특징이 있어요. 또한 다양한 색깔로도 만들 수 있어요. 플라스틱은 값이 싸고 공장에서 많은 양을 쉽게 만들 수 있기 때문에 일회용품, 가구, 건축 재료, 전기 부품, 자동차와 배의 부품 등 다양한 물건을 만드는 데 사용돼요. 또한 철, 목재, 섬유 등을 대신하는 재료로 사용할 수도 있어요. 이렇게 일상생활부터 우주복과 같은 첨단 과학까지 플라스틱의 사용은 무궁무진해요.

- **녹슬다** 쇠붙이가 빛이 변하는 것.
- **무궁무진(無 없을 무, 窮 다할 궁, 無 없을 무, 盡 다할 진)** 끝이 없고 다함이 없음을 이르는 말.

플라스틱의 문제점

플라스틱은 녹슬지 않는 대신 잘 썩지도 않아요. 땅속에서 플라스틱 병 한 개가 다 썩어 없어지는 데 약 500년 이상 걸린다고 해요. 땅속에서 플라스틱이 썩을 때 나오는 오염 물질이 흙을 오염시키고, 흙이 오염되면서 우리가 먹는 농작물이나 동물들도 오염시켜요. 플라스틱을 불에 태우면 사람과 환경에 나쁜 영향을 주는 독성 가스가 발생해요.

5 mm 이하의 작은 가루처럼 부서진 미세 플라스틱은 바다, 호수, 강, 우리가 먹는 물에까지 흘러가 계속 쌓이고, 독성이 강한 물질로 변하게 돼요. 이렇게 쌓인 미세 플라스틱이 먹이인 줄 알고 먹는 바닷속 생물은 기형이 생기거나 성장에 장애를 겪기도 해요. 결국 이 바닷속 생물을 섭취한 사람의 몸속에도 미세 플라스틱 물질이 그대로 쌓일 수 있어요.

- **기형(畸 불구 기, 形 모양 형)** 동식물에서 보통과는 다른 것 또는 이상한 모양.
- **장애(障 막을 장, 礙 거리낄 애)** 신체 기관이 본래의 제 기능을 하지 못하거나 정신 능력에 결함이 있는 상태.

생각 정리 플라스틱 사용이 사람들에게 미치는 좋은 점과 문제점 정리해 보기

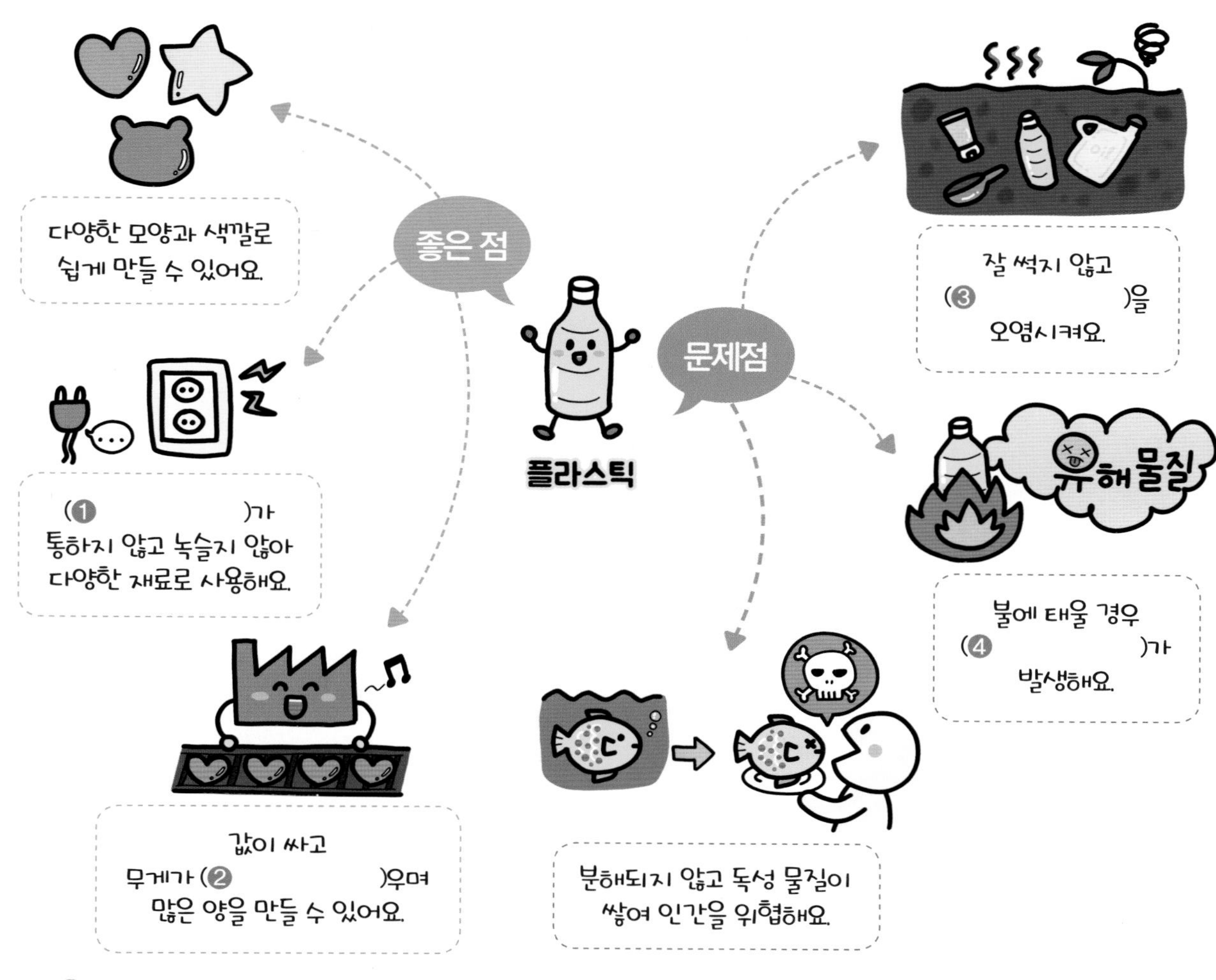

생각 쓰기 '플라스틱 사용'에 대한 나의 의견 써 보기

에너지

교과서 단원

자석에 붙는 물체

우리는 일상생활에서 다양한 자석을 사용하고 있어. 메모판에 종이를 붙일 때 사용하는 자석, 필통 뚜껑에 달려있는 자석, 냉장고 자석 등이 있지. 못, 누름 못, 클립 등과 같이 자석을 가까이 하면 달라붙는 물체들은 모두 철로 만들어졌어. 자석이 철을 끌어당기는 힘을 자석의 힘 또는 자기력이라고 해.

자석은 모든 금속을 끌어당길 수 있을까? 캔 중에서도 철로 만들어진 캔은 자석에 붙지만 알루미늄으로 만들어진 캔은 붙지 않아. 또한 플라스틱, 유리, 나무, 가죽 등의 물질로 만든 물체도 자석에 붙지 않는단다.

자석의 힘은 자석과 철로 된 물체가 직접 닿지 않아도 작용해. 책상에 실로 묶어 고정한 클립에 자석을 가까이 하면 자석이 철을 끌어당기기 때문에 클립이 공중에 뜬단다. 자석과 클립 사이에 종이나 유리판을 넣어도 클립은 여전히 떠 있지. 자석의 힘은 자석과 철로 된 물체 사이에 다른 물체가 있어도 그 물체를 통과하여 작용하기 때문이야. 그러나 자석과 철로 된 물체 사이의 거리가 멀어지면 그 힘이 약해져.

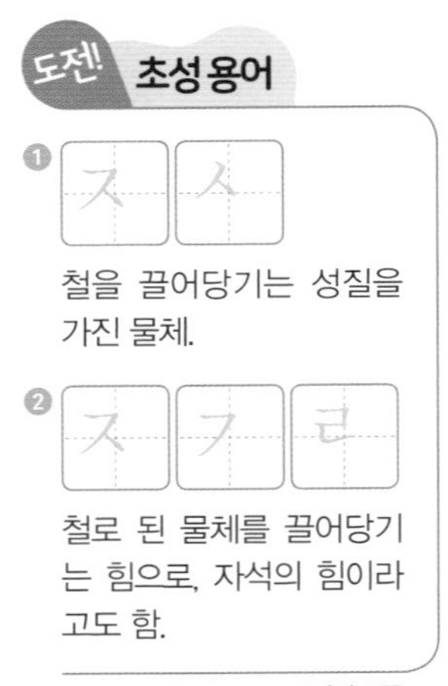

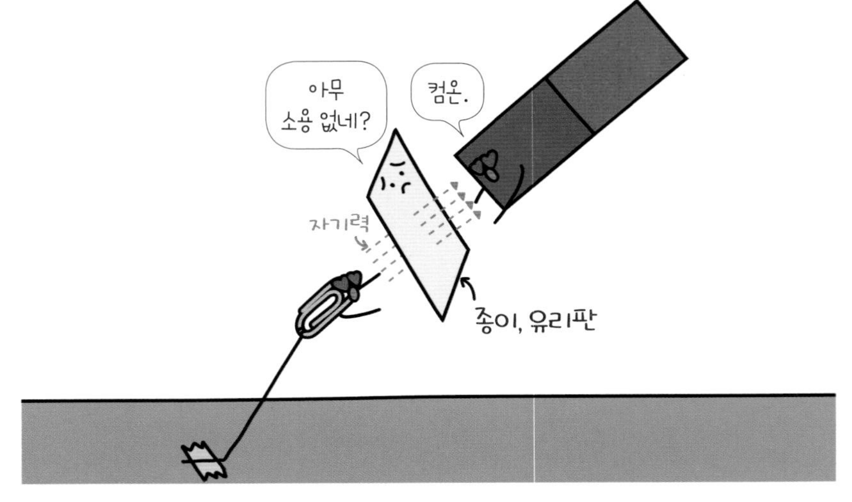

자석으로 소 치료하기

소는 풀을 뜯어 먹다가 주변에 떨어진 못이나 쇳조각도 같이 삼키는 경우가 있어. 못이나 쇳조각은 소화가 되지 않고 다른 음식물의 소화를 방해하지. 또한 삼킨 쇳조각이 소의 몸 안에 박힐 수도 있어. 그래서 소에게 자석을 먹인단다. 소는 4개의 위가 있는데, 자석은 소의 두 번째 위에 자리를 잡아. 소의 몸에 쇳조각이 들어가도 두 번째 위에 있는 자석에 달라붙기 때문에 소를 치료할 수 있어.

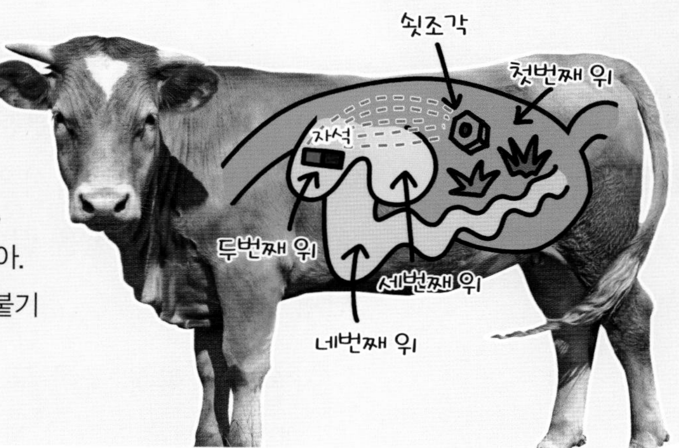

확인해 봐요!

● 정답 7쪽

1 자석의 성질에 대해 옳게 말한 친구에게는 ○표, 잘못 말한 친구에게는 ×표를 하세요.

( ) ( ) ( )

2 자석이 끌어당기는 물체들과 자석을 선으로 이으세요.

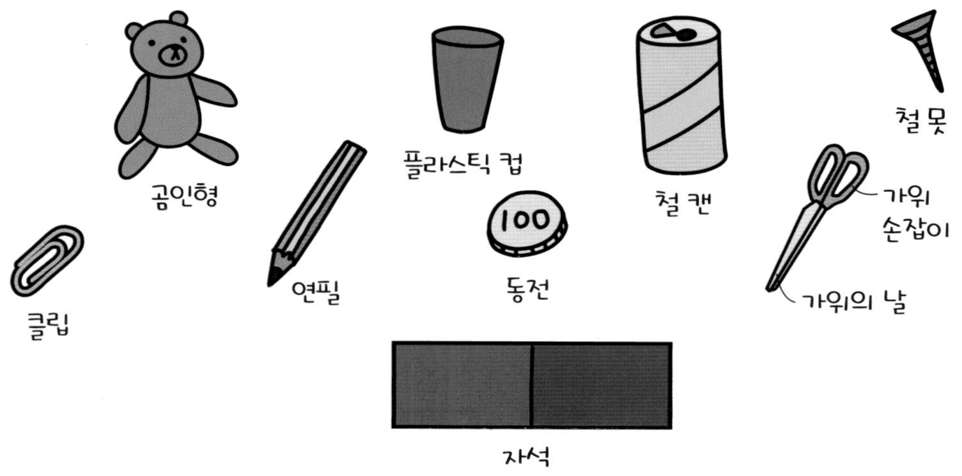

자석의 N극과 S극

막대자석은 양쪽 끝부분에서 클립을 가장 세게 끌어당겨. 그래서 철로 만들어진 클립에 막대자석을 가져가면 양쪽 끝부분에 클립이 가장 많이 붙지. 이렇게 자석에서 철을 끌어당기는 힘이 가장 센 곳을 자석의 극이라고 부른단다.

자석에는 항상 극이 두 개 있어. 한쪽은 N극, 다른 한쪽을 S극이라고 해. 두 개의 자석을 N극과 N극끼리, 또는 S극과 S극끼리 가까이 하면 서로 밀어 내는 힘이 작용해. 이런 힘을 척력이라고 해.

서로 다른 극인 N극과 S극을 가까이 하면 끌어당기는 힘이 작용해. 이런 힘은 인력이라고 한단다.

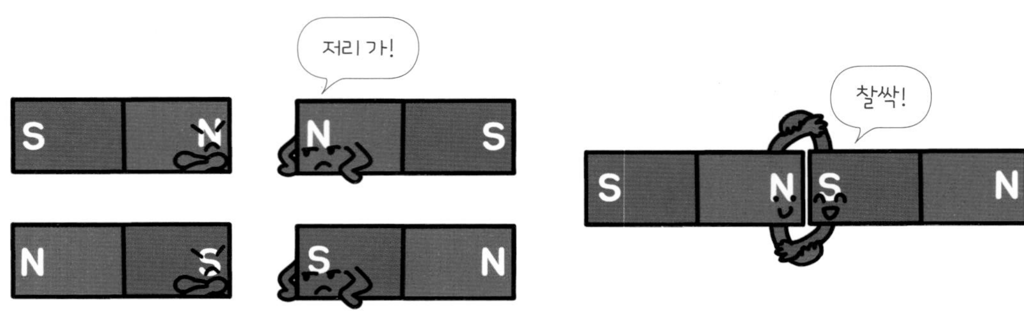

자석은 계속 쪼개지더라도 쪼개진 조각의 한쪽 끝은 N극, 다른 한쪽 끝은 S극을 갖게 된단다. 말굽자석, 동전 모양 자석, 고리 자석도 전부 N극과 S극의 두 가지 극을 가지고 있어. 즉, 동전 모양 자석과 고리 자석의 한쪽 면이 N극이라면 반대쪽 면은 S극이란다.

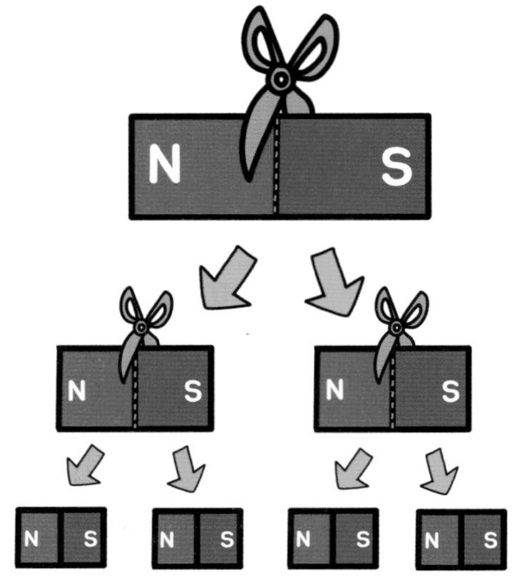

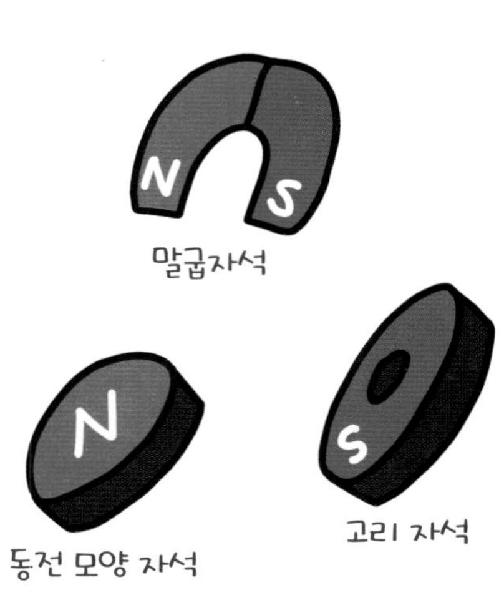

도전! 초성 용어

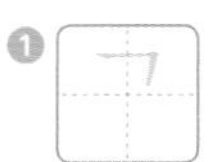

자석에서 철을 끌어당기는 힘이 가장 센 곳으로, 보통 자석의 양쪽 끝부분에 있음. 자석의 ○.

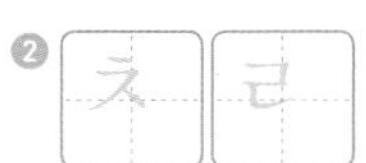

자석의 같은 극끼리 가까이 했을 때 서로 밀어 내는 힘.

● 정답 7쪽

자석의 힘으로 가는 자기 부상 열차

자기 부상 열차는 자석끼리 밀어 내는 힘을 이용하여 움직이게 하는 열차야. 열차에 설치된 자석과 선로 위의 자석이 같은 극일 때 서로 밀어 내는 힘이 작용해 열차가 선로 위에 살짝 뜰 수 있어.
열차 앞의 선로는 열차에 있는 자석과 다른 극이어서 서로 끌어당기는 힘을 이용해 열차가 앞으로 이동하게 돼. 열차가 이동하여 앞부분의 선로 위에 오면 그 선로의 극은 순식간에 열차와 같은 극으로 바뀌면서 열차가 선로에 붙지 않고 계속 앞으로 갈 수 있는 거란다.

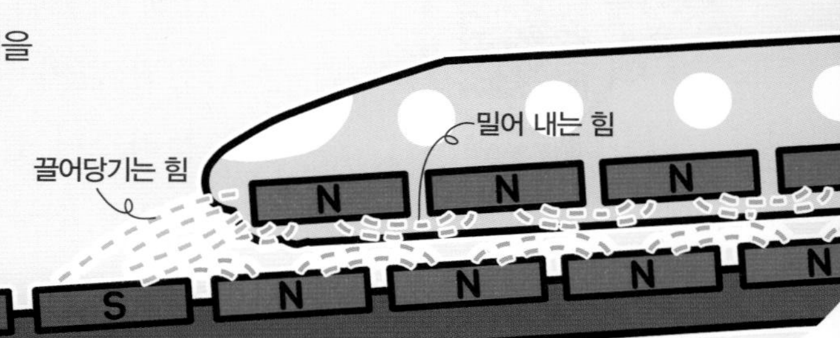

확인해 봐요!

정답 7쪽

1 모든 자석에는 N극과 S극이 있어요. 고리 자석 또한 보기와 같이 윗면과 아랫면이 N극과 S극으로 되어 있어요. 다음 고리 자석들을 막대에 끼워놓은 모습을 보고, 노란색으로 표시된 자석의 극은 무슨 극인지 쓰세요.

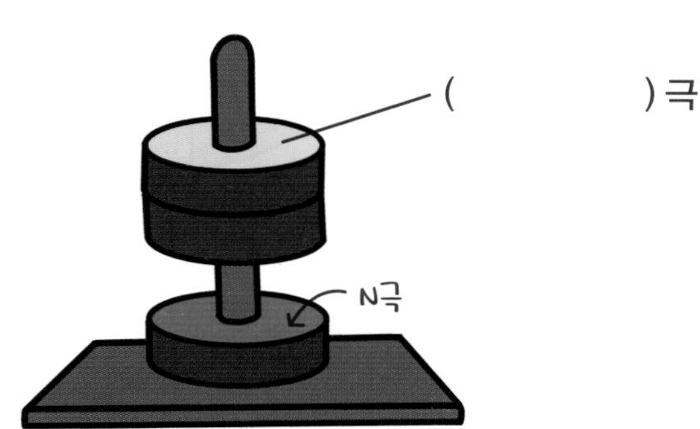

2 다음과 같이 두 개의 자석을 극끼리 마주 보게 하여 가까이 할 때 두 자석의 극 사이에 작용하는 힘을 화살표로 나타내세요.

■ N극과 S극을 가까이 할 때

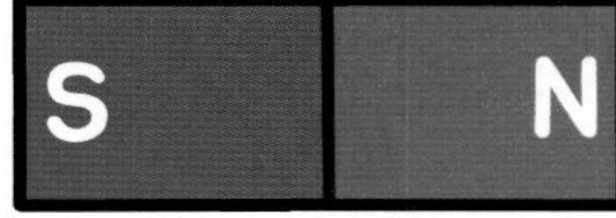

■ S극과 S극을 가까이 할 때

자석이 가리키는 방향

빨간색 바늘이 항상 북쪽을 가리키는 성질을 이용해 길을 찾을 때 사용하는 나침반 없이 자석만으로 동서남북 방향을 찾을 수 있어. 막대자석을 올려놓은 플라스틱 접시를 물 위에 띄운 후 접시의 흔들림이 멈추면 항상 자석의 N극이 북쪽, S극이 남쪽을 가리켜. 또 자석을 실로 묶어 공중에 매달면 자석의 N극이 북쪽, S극이 남쪽을 가리키는 것을 알 수 있지. 자석은 항상 북쪽과 남쪽을 가리키는 성질이 있기 때문이야.

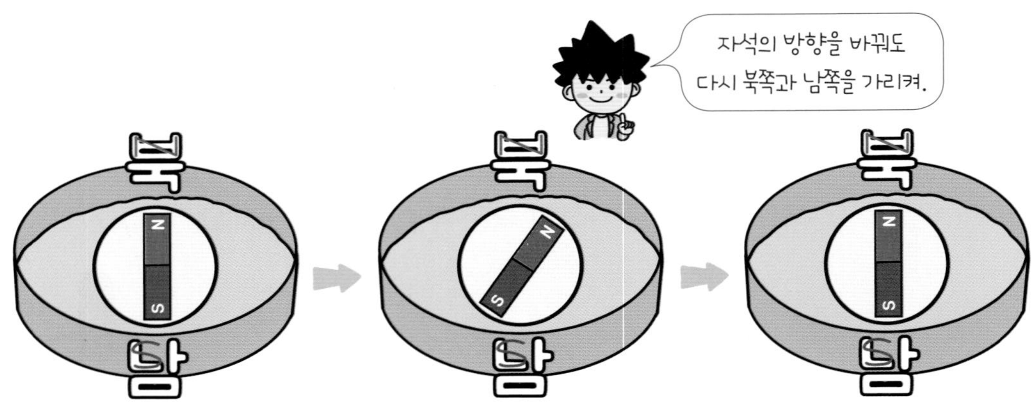

자석은 철로 만든 물체가 자석의 성질을 띠도록 만들 수 있어. 철로 된 클립을 자석의 한쪽 극으로 문지르거나 자석의 한쪽 극에 붙여 놓으면 클립이 자석의 성질을 띠게 되어 다른 클립들이 달라붙어. 이렇게 자석의 성질을 띠게 되는 것을 자기화 또는 자화라고 해. 자석의 성질이 생긴 클립을 물 위에 띄우면 북쪽과 남쪽을 가리킨단다.

도전! 초성 용어

❶ ㄴ ㅊ ㅂ

동서남북 방위를 찾을 때 사용하는 물체. 빨간색 바늘이 북쪽을 가리킴.

❷ ㅈ ㅎ

자석이 아닌 물체가 자석의 성질을 띠게 되는 것.

● 정답 7쪽

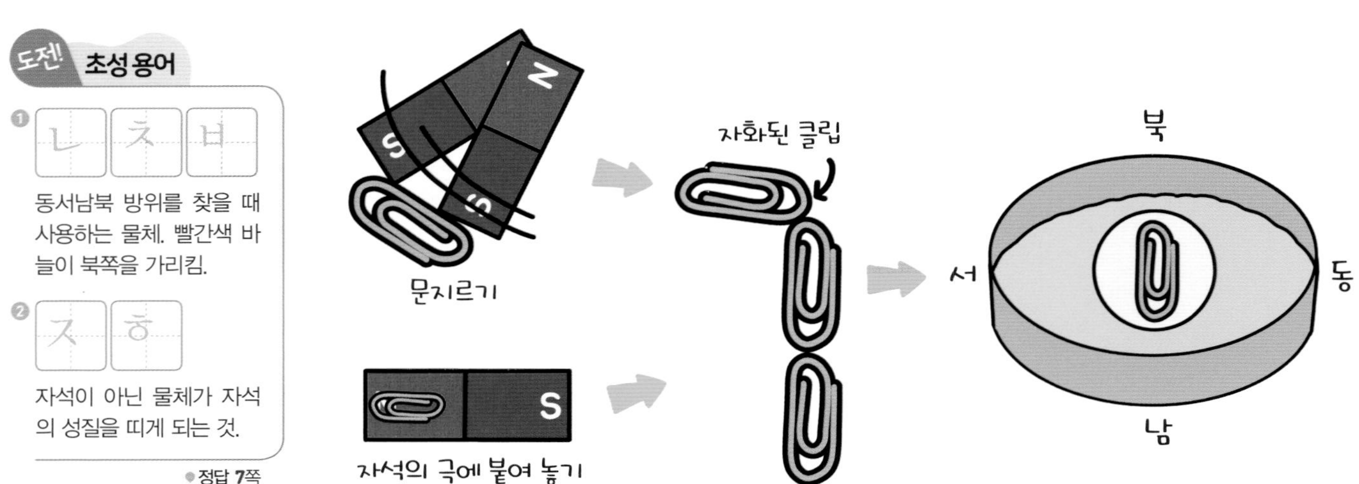

GPS(Global Positioning System)

나침반이 발명되기 전에는 수많은 배가 방향을 찾기 어려웠지만 나침반이 발명된 후에는 바다 한가운데에서도 방향과 위치를 알 수 있어서 아주 먼 곳까지도 항해를 할 수 있게 되었단다.

지금의 우리에게 나침반과 같은 GPS(Global Positioning System)는 인공위성에서 보내는 정보를 분석하여 방향, 현재의 위치, 속도, 정확한 시간까지도 알게 해 줘. 이 기술을 이용한 내비게이션 덕분에 사람들은 한 번도 가보지 않은 길을 쉽게 찾아갈 수 있게 되었지.

확인해 봐요!

정답 7쪽

1 자석의 한쪽 극으로 문지르거나 자석의 한쪽 극에 붙여 놓으면 자석의 성질을 띠게 되는 물체를 모두 골라 ○표 하세요.

2 막대자석의 한쪽 극에 붙여 놓았던 머리핀을 물 위에 띄우면 머리핀이 어느 방향을 가리킬지 수조 속 빈 접시 위에 머리핀의 방향을 그리세요.

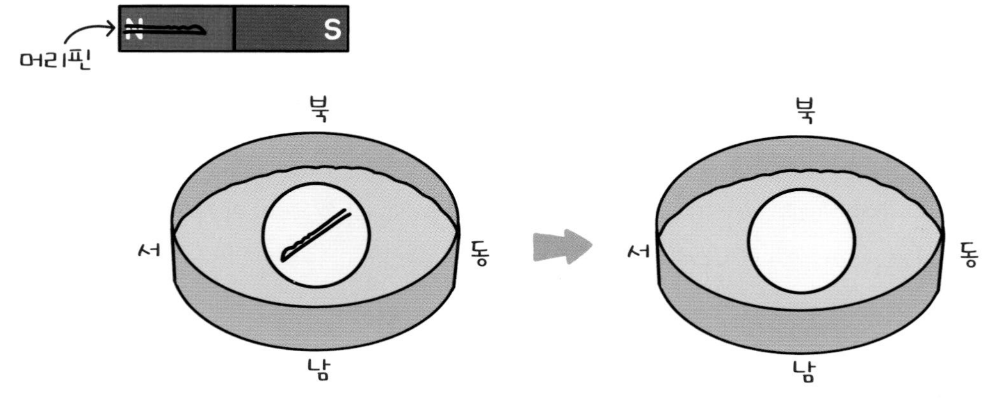

관련 단원 | 3학년 자석의 이용

15 자석에 붙는 물체

1. 자석에 붙는 물체와 붙지 않는 물체: 철로 된 물체(예 철 못, 클립, 철사, 철이 든 빵 끈)는 자석에 붙고, 유리, 나무, 고무, 플라스틱 등으로 된 물체는 자석에 붙지 않는다.

2. 자석을 철로 된 물체에 가까이 가져가기

① 자석을 철로 된 물체에 가까이 가져가면 철로 된 물체는 자석에 끌려온다.

② 철로 된 물체와 자석이 약간 떨어져 있어도 자석은 철로 된 물체를 끌어당길 수 있다.

③ 철로 된 물체와 자석 사이에 얇은 플라스틱이나 종이 등의 물질이 있어도 자석은 철로 된 물체를 끌어당길 수 있다.

실험 동영상

교과서 실험 자석을 철로 된 물체에 가까이 가져가기

과정 막대자석을 투명한 통에 들어 있는 빵 끈 조각에 가까이 가져간다.

결과

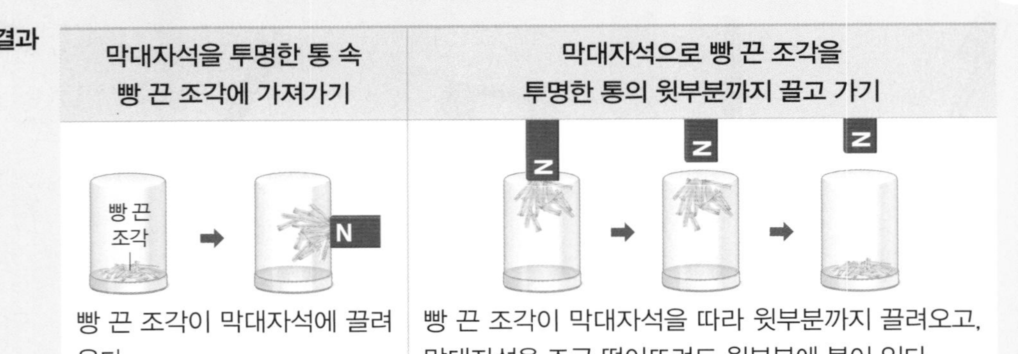

막대자석을 투명한 통 속 빵 끈 조각에 가져가기	막대자석으로 빵 끈 조각을 투명한 통의 윗부분까지 끌고 가기
빵 끈 조각이 막대자석에 끌려온다.	빵 끈 조각이 막대자석을 따라 윗부분까지 끌려오고, 막대자석을 조금 떨어뜨려도 윗부분에 붙어 있다.

자석은 금속으로 만들어진 모든 물체를 끌어당기는 힘이 있다.

☐

정답 7쪽

16 자석의 N극과 S극

1. 자석의 극: 자석에서 철로 된 물체가 많이 붙는 부분이다.

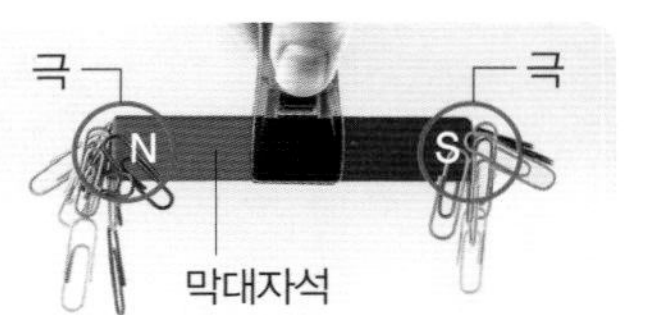

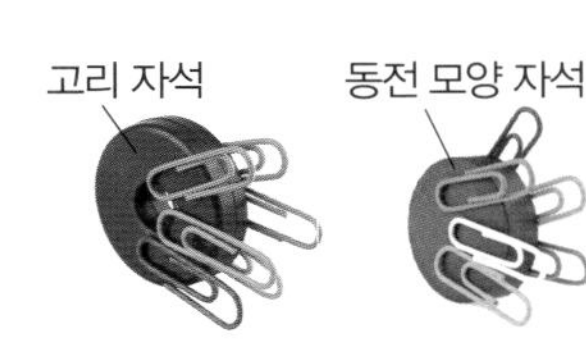

① 막대자석에서 자석의 극은 양쪽 끝부분에 있으며, 자석의 극은 항상 두 개이다.

② 막대자석을 공중에 매달아 자유롭게 움직이게 했을 때 북쪽을 가리키는 자석의 극을 N극, 남쪽을 가리키는 자석의 극을 S극이라고 한다.

N극은 주로 빨간색 ▶ N | S ◀ S극은 주로 파란색

2. 자석과 자석 사이에 작용하는 힘

같은 극끼리 마주 보게 하여 가까이 가져가기	다른 극끼리 마주 보게 하여 가까이 가져가기
S N ← → N S　S N ← → N S	S N → ← S N　N S → ← N S
같은 극끼리 서로 밀어 낸다.	다른 극끼리 서로 끌어당긴다.

Speed OX

막대자석 두 개를 서로 마주 보게 하여 가까이 가져가면 항상 미는 힘이 느껴진다.

정답 7쪽

17 자석이 가리키는 방향

1. **자석이 가리키는 방향과 자석의 극**: 물에 띄우거나 공중에 매단 막대자석은 항상 N극은 북쪽, S극은 남쪽을 가리킨다.

실험 동영상

교과서 실험 자석이 가리키는 방향 관찰하기

과정

❶ 원형 수조에 물을 담고, 플라스틱 접시의 가운데에 막대자석을 올려놓고 물에 띄운다.

❷ 플라스틱 접시가 움직이지 않을 때 막대자석이 가리키는 방향을 관찰한다.

❸ 플라스틱 접시를 돌려서 막대자석이 다른 방향을 가리키도록 놓는다.

❹ 플라스틱 접시가 움직이지 않을 때 막대자석이 가리키는 방향을 다시 관찰한다.

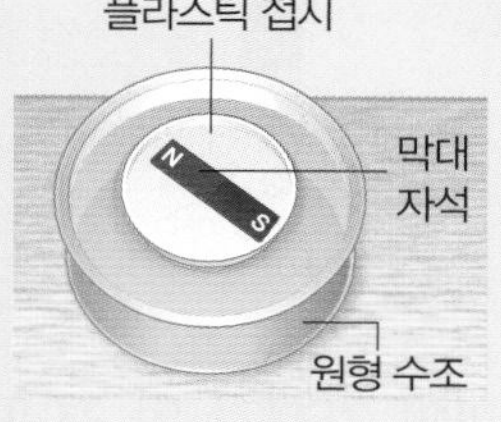

결과

막대자석을 물에 띄우기		방향을 바꿔 물에 다시 띄우기	
막대자석을 물에 띄운 직후	막대자석이 멈췄을 때	막대자석을 돌린 직후	막대자석이 멈췄을 때
북 / 서 / 동 / 남	북 / 서 / 동 / 남	북 / 서 / 동 / 남	북 / 서 / 동 / 남

➡ 플라스틱 접시가 움직여 막대자석의 N극이 북쪽, S극이 남쪽을 가리킨다.

2. **나침반**: 자석을 물에 띄우거나 공중에 매달았을 때 항상 북쪽과 남쪽을 가리키는 성질을 이용하여 만든 도구이다.

① 나침반 바늘도 자석이기 때문에 나침반을 편평한 곳에 놓으면 나침반 바늘은 항상 북쪽과 남쪽을 가리킨다.

② 나침반 바늘의 북쪽을 가리키는 부분은 빨간색이나 화살표로 표시한다.

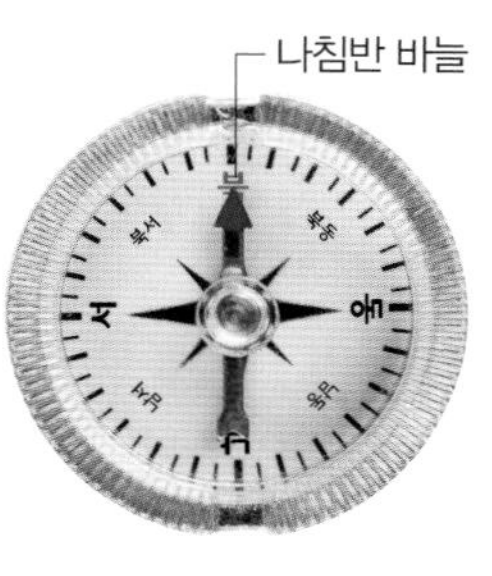

Speed OX

자석을 공중에 매달아 자유롭게 움직이게 하면 북쪽과 남쪽을 가리키며 멈춘다.

정답 7쪽

교과서 확인 문제

관련 단원 | 3학년 자석의 이용

자석에 붙는 물체

01 다음 가위의 손잡이와 날 부분에 자석을 가까이 했을 때 자석에 붙는 부분의 (　　) 안에 ○표 하시오.

가위의 날 (　　　　)

가위의 손잡이 (　　　　)

[02~03] 다음은 막대자석을 빵 끈 조각이 들어 있는 투명한 통에 가까이 가져간 모습입니다. 물음에 답하시오.

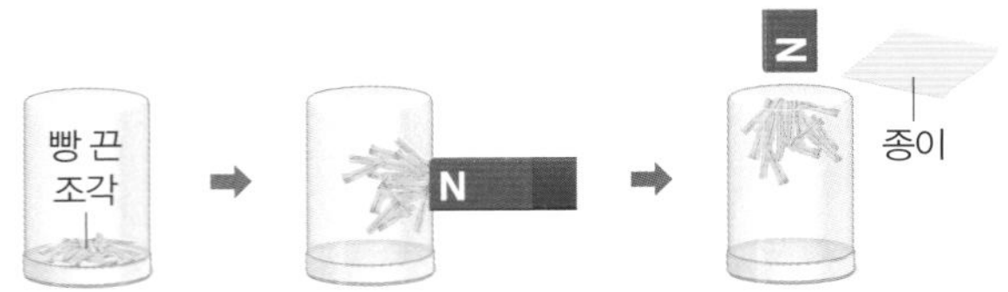

02 자석을 빵 끈 조각에 가까이 가져간 위 결과와 비슷한 모습이 나타나는 것의 기호를 쓰시오.

> ㉠ 지우개 조각에 막대자석을 가까이 가져간다.
> ㉡ 플라스틱 빨대에 막대자석을 가까이 가져간다.
> ㉢ 책상 위에 놓은 철 구슬에 막대자석을 가까이 가져간다.

(　　　　　　　　)

03 위와 같이 막대자석을 투명한 통의 윗부분까지 끌고 올라간 후 막대자석을 조금 떨어뜨리고 그 사이에 종이를 넣으면 빵 끈 조각이 어떻게 될지 알맞게 말한 친구의 이름을 쓰시오.

> • 한결: 빵 끈 조각이 바로 바닥으로 떨어져.
> • 채아: 빵 끈 조각이 통의 옆부분으로 밀려나.
> • 다율: 빵 끈 조각이 통의 윗부분에 붙어 있어.

(　　　　　　　　)

자석의 N극과 S극

04 막대자석을 클립이 든 종이 상자에 넣었다가 천천히 들어 올릴 때 클립이 많이 붙는 부분을 다음 막대자석에서 두 군데 골라 ○표 하시오.

N　　　　　　　　S

①　②　③　④　⑤

05 막대자석의 N극에 대한 설명에는 'N', S극에 대한 설명에는 'S'라고 쓰시오.

(1) 주로 파란색으로 나타낸다. (　　　)

(2) 공중에 매달면 항상 북쪽을 가리킨다. (　　　)

06 다음 ㉠과 ㉡ 중 막대자석의 N극과 N극을 마주 보게 하여 가까이 가져갈 때 손에 느껴지는 힘과 비슷한 힘이 느껴지는 경우의 기호를 쓰시오.

N극과 N극을 가까이 가져가기

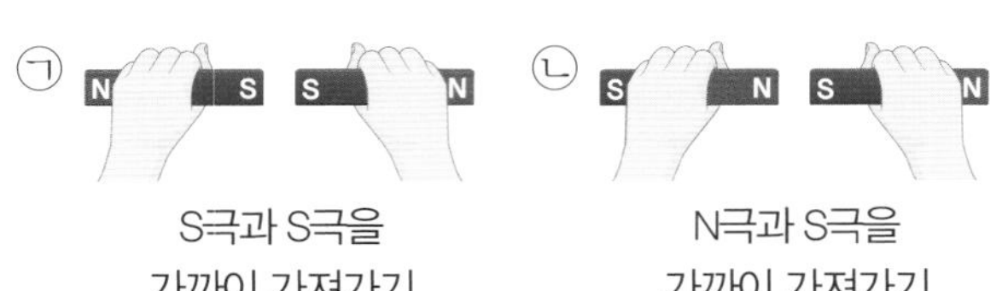

㉠ S극과 S극을 가까이 가져가기

㉡ N극과 S극을 가까이 가져가기

(　　　　　　　　)

자석이 가리키는 방향

[07~08] 다음은 원형 수조에 물을 담고, 플라스틱 접시의 가운데에 막대자석을 올려놓은 후 물에 띄운 것입니다. 물음에 답하시오.

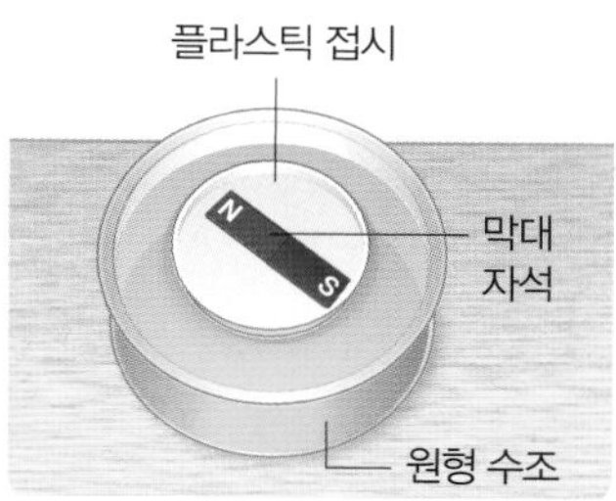

07 다음은 위 플라스틱 접시가 움직이지 않을 때의 모습입니다. 동, 서, 남, 북을 각각 ( ) 안에 써넣으시오.

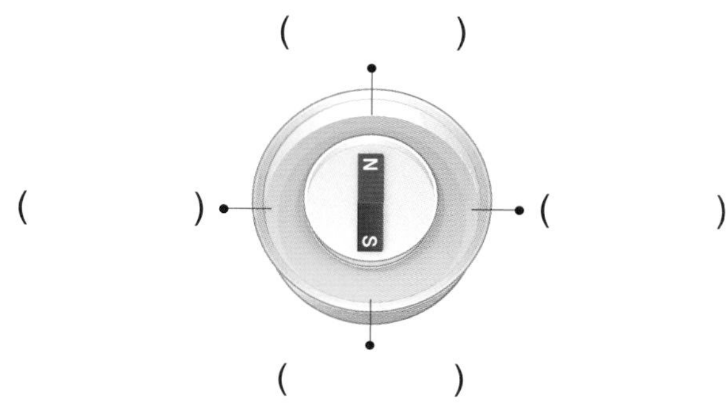

08 위 07번의 플라스틱 접시를 돌려서 막대자석이 다른 방향을 가리키도록 물에 다시 띄웠습니다. 플라스틱 접시가 움직이지 않을 때 막대자석이 가리키는 방향에 대한 설명으로 옳은 것의 기호를 쓰시오.

> ㉠ 동쪽과 서쪽을 가리킨다.
> ㉡ 북쪽과 남쪽을 가리킨다.
> ㉢ 북서쪽과 동남쪽을 가리킨다.

( )

09 나침반을 편평한 곳에 놓고 나침반 바늘을 보면 방향을 찾을 수 있는 까닭을 쓰시오.

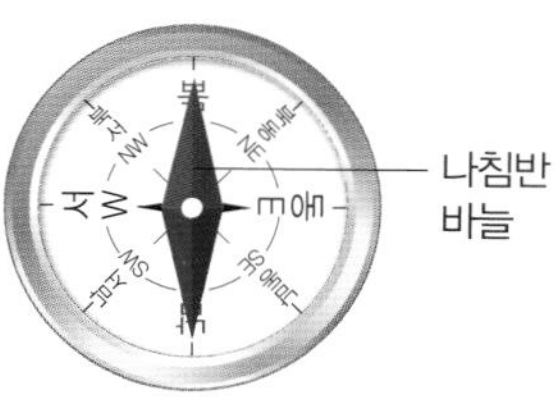

10 책상에 나침반을 올려놓고 나침반의 동쪽으로 막대자석의 N극을 가까이 가져갔을 때 나침반 바늘의 움직임을 옳게 나타낸 것에 ○표 하시오.

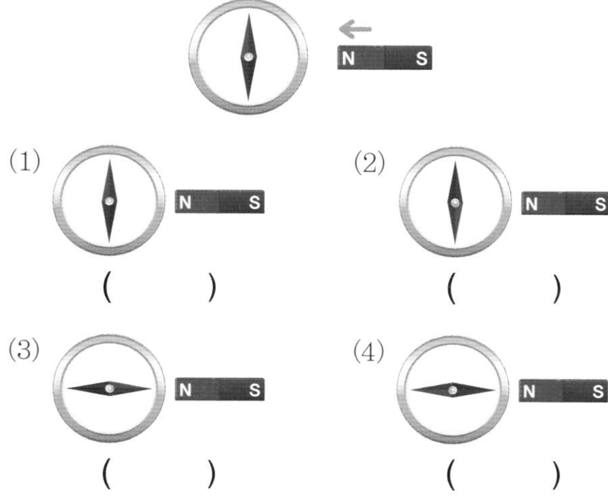

소리 나는 물체의 특징

소리는 물체가 흔들려 움직이는 진동이 귓구멍 안쪽에 있는 고막을 울려서 귀에 들리는 거야. 그럼 소리 나는 물체들은 어떤 공통점이 있을까? 스피커에서 소리가 나지 않을 때 손을 대 보면 아무 느낌이 없지만, 소리가 날 땐 떨림을 느낄 수 있어. 소리굽쇠도 소리가 나지 않을 때 손을 대 보면 떨림을 느낄 수 없지만, 소리가 날 땐 떨림을 느끼지. 이렇게 소리 나는 물체는 떨림이 있다는 공통점이 있어.

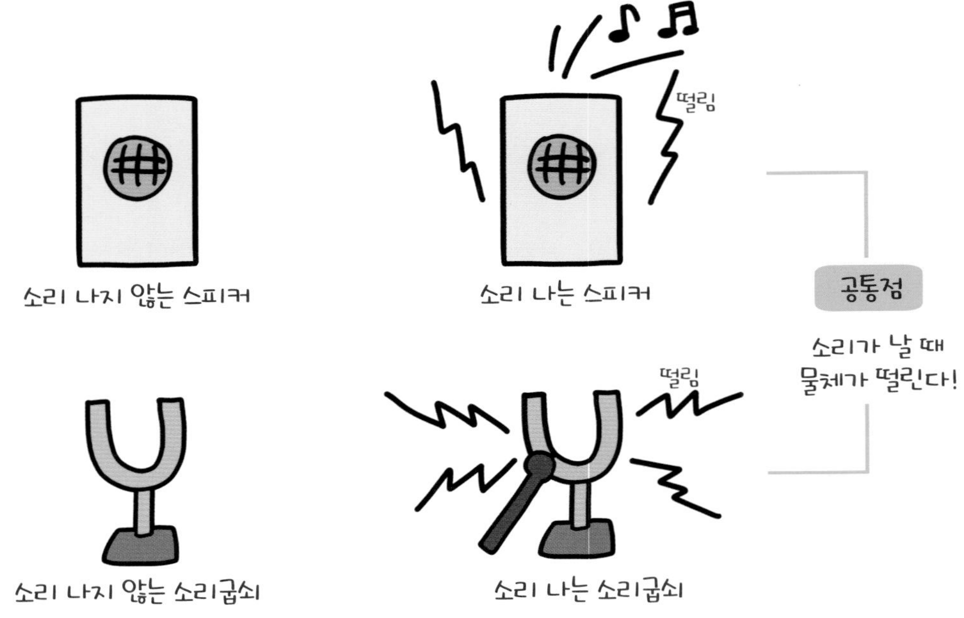

우리가 말을 할 때 목에 손을 대 보면 목에서 떨림을 느낄 수 있어. 벌이 날 때 '윙~' 소리를 내는 것도 날갯짓의 떨림 때문에 나는 소리란다.

도전! 초성 용어

❶ ㅅ ㄹ

물체의 진동에 의해 생긴 음파가 고막을 울려서 귀에 들리는 것.

❷ ㄸ ㄹ

소리가 나는 물체에 손을 대면 느껴지는 것.

● 정답 8쪽

목소리가 나는 방법

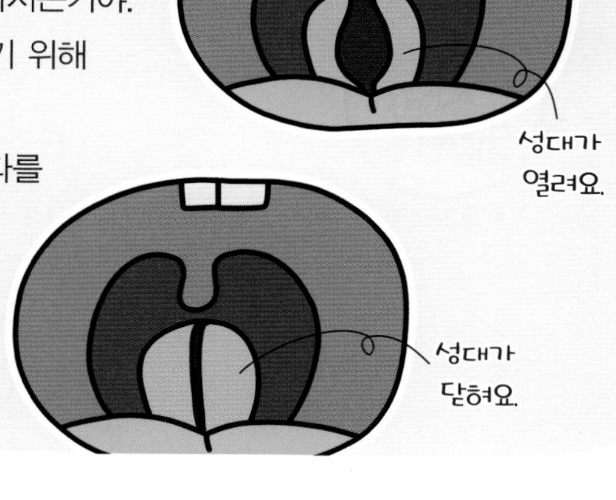

목소리는 '성대'라는 소리를 내는 기관의 근육이 서로 부딪쳐 떨리면서 만들어지는거야. 목의 위쪽에 위치해서 맨눈으로 관찰하기 어려운 성대는 보통 때는 숨을 쉬기 위해 열려 있다가 우리가 '아 ~'하고 소리를 내면 성대가 진동을 하게 된단다. 우리가 말을 할 때 목에서 떨림이 느껴지는 이유도 성대 근육이 닫혔다 열렸다를 반복하면서 생기는 진동 때문이지. 공기가 성대를 진동하며 지나가면서 소리를 만드는 것이란다.

확인해 봐요!

정답 8쪽

1 소리 나는 물체에 대해 옳게 말한 친구의 ▢ 안에 ∨표 하세요.

2 기타는 줄을 튕기면 소리가 나는 악기예요. 기타에서 소리가 날 때 떨면서 소리를 내는 부분에 손가락을 그리세요.

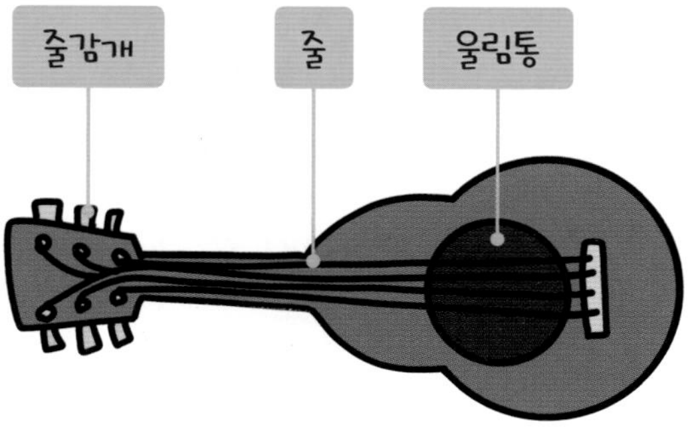

소리의 전달

우주에서는 상대방의 소리가 들리지 않아. 지구에 사는 우리가 듣는 대부분의 소리는 공기를 통해 전달이 되는데, 우주에는 공기가 없어서 소리가 전달되지 못하기 때문이야.

소리는 나무, 철, 실, 종이컵과 같은 고체는 물론, 물과 같은 액체를 통해서도 전달이 돼. 또 공기와 같은 기체를 통해서도 전달이 된단다. 물체의 떨림은 주변의 공기를 떨리게 하고, 그 공기의 떨림이 우리 귀까지 전달되는 거야.

그럼 공기의 양이 적다면 소리는 어떻게 들릴까? 공기를 뺄 수 있는 기구 안에 휴대 전화를 넣고 공기를 점점 빼내면 휴대 전화에서 나는 벨소리의 크기가 점점 작아져. 공기의 양이 적어지면 소리를 전달해 줄 물질이 적어져서 소리의 전달이 어려워지기 때문이란다.

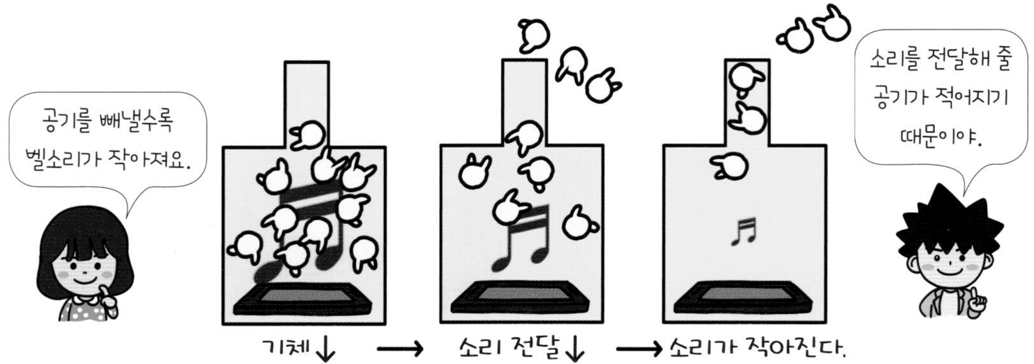

도전! 초성 용어

❶ 

모양이 일정하지 않고 힘을 가해도 부피가 줄어들지 않는 물질의 상태.

예 물, 주스

❷ 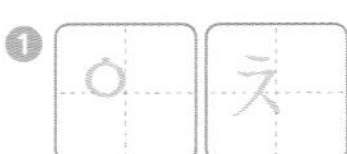

모양이 일정하지 않고 힘을 가하면 부피가 변하는 물질의 상태.

예 공기, 헬륨 가스

● 정답 8쪽

난청 환자를 위해 개발된 보청기

청각이 나빠져 귀가 잘 들리지 않는 난청 환자나 노인들은 보청기를 통해 소리를 들을 수 있단다.
보청기는 소리를 크게 해서 귀에 전달하는 장치야.
처음의 보청기는 너무 커서 들고 다닐 수가 없었대. 그런데 점점 기술이 발전하면서 보청기의 크기도 작아지고 소리의 크기도 조절할 수 있게 되었어.

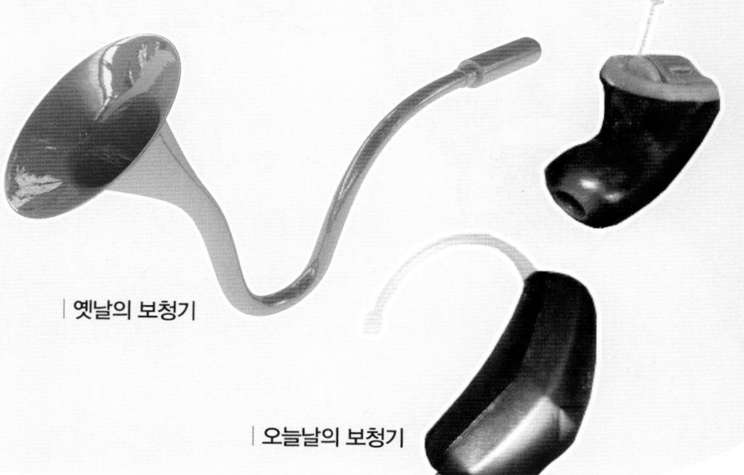
옛날의 보청기

오늘날의 보청기

확인해 봐요!

정답 8쪽

1 선생님과 내가 멀리 떨어져 있는데 선생님의 목소리가 들리는 이유에 대해 옳게 말한 음표에 ○표 하세요.

2 철봉의 한쪽에서 유민이가 막대기로 철봉의 기둥을 '깡깡' 치고 있습니다. 다른 한쪽에서 귀를 대고 있는 준수의 귀까지 소리가 전달되는 과정을 그림에 화살표로 나타내세요.

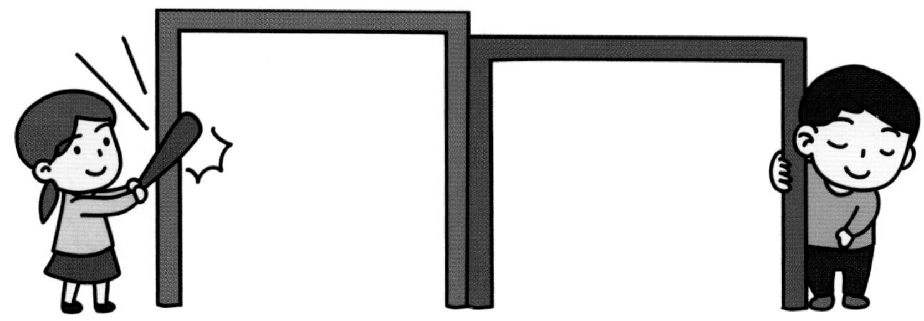

소리의 반사

산 위에 올라가서 "야~호!" 하고 외치면 울려 퍼져 가던 소리가 산이나 절벽같은 데 부딪쳐 되울려오는 메아리처럼 목욕탕에 들어가서 말을 해도 소리가 울려. 그 이유는 소리가 나아가다가 물체나 벽에 부딪쳐서 일부는 흡수되고 일부는 반사되기 때문이야. 소리가 물체에 부딪혀 반사되는 것을 소리의 반사라고 해.

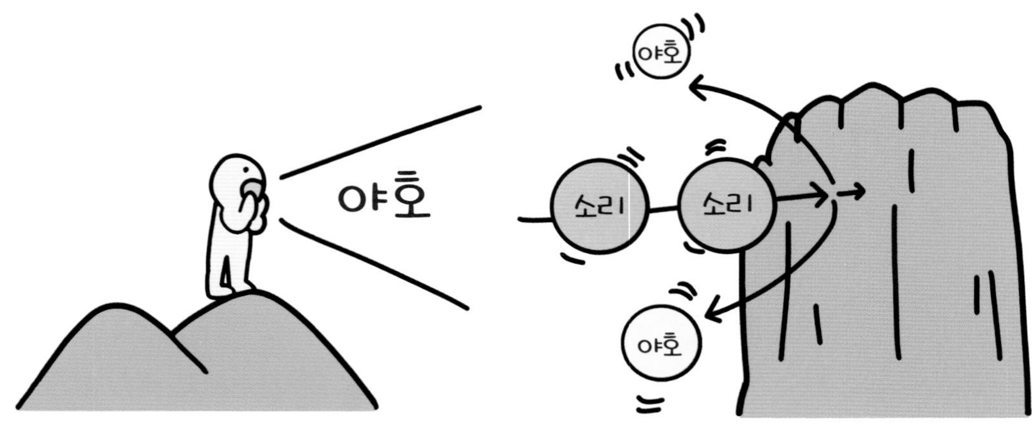

탁구공이 부드럽고 푹신한 곳보다 단단하고 편평한 곳에 부딪쳤을 때 잘 튕겨 오르듯이 소리 또한 부드러운 곳보다는 딱딱한 곳에서 잘 반사돼. 그래서 딱딱한 곳이 많은 목욕탕이나 동굴, 빈집에서는 소리가 울리는 거란다. 반대로 소리의 반사를 줄이려면 커튼이나 소리를 막아주는 방음 스펀지처럼 소리를 흡수할 수 있는 물체들을 주변에 놓으면 돼.

도전! 초성 용어

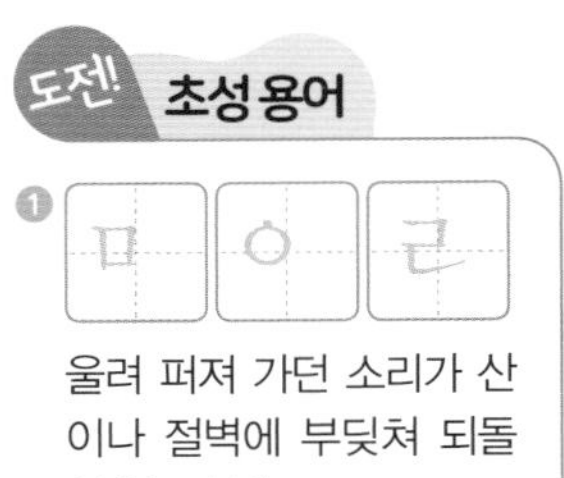

울려 퍼져 가던 소리가 산이나 절벽에 부딪쳐 되돌아오는 소리.

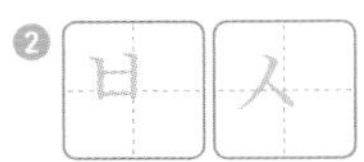

일정한 방향으로 나아가던 파동이 다른 물체의 표면에 부딪쳐 나아가던 방향을 반대로 바꾸는 현상.

정답 9쪽

음악을 더욱 멋있게 만드는 공연장

공연장의 천장과 벽은 울퉁불퉁하게 되어 있는 것을 볼 수 있어. 이것은 공연장의 모든 관객들이 가장 좋은 소리를 들을 수 있게 하기 위해 설치한 거야.

공연장 한가운데에 커다란 기둥이 하나 있으면 어떻게 될까?

아마 연주되는 음악이나 가수의 목소리가 기둥에 반사되어 관객들에게 소리가 골고루 전달되지 않을 거야. 그래서 공연장을 만들 때는 벽과 천장을 통해 소리가 골고루 반사되어 관객들에게 잘 전달되도록 만든단다.

확인해 봐요!

정답 9쪽

1 소리가 반사되는 성질에 대해 옳게 말한 친구의 스피커 🔈에 ○표 하세요.

2 강당에 모여서 선생님의 설명을 듣는데 소리가 울려서 선생님의 목소리를 잘 들을 수 없었어요. 선생님의 목소리가 강당 내에서 어떻게 퍼져 나갔는지 화살표로 그리세요.

관련 단원 | 3학년 소리의 성질

18 소리 나는 물체의 특징

1. 물체에서 소리가 날 때의 특징

① 물체가 떨린다.

② 소리가 나는 물체를 떨리지 않게 하면 더 이상 소리가 나지 않는다.

소리를 내면서 목에 손을 대 보기	소리가 나는 스피커에 손을 대 보기	소리가 나는 소리굽쇠를 물에 대 보기
아!		
손에서 작은 떨림이 느껴진다.	손에서 떨림이 느껴진다.	물이 튀어 오른다.

2. 소리의 세기: 소리의 크고 작은 정도를 나타낸다.

실험 동영상

교과서 실험 작은북으로 소리의 세기 비교하기

과정 작은북 위에 좁쌀을 올려놓고 북채로 약하게 칠 때와 세게 칠 때 작은북 위의 좁쌀이 튀어 오르는 모습을 비교한다.

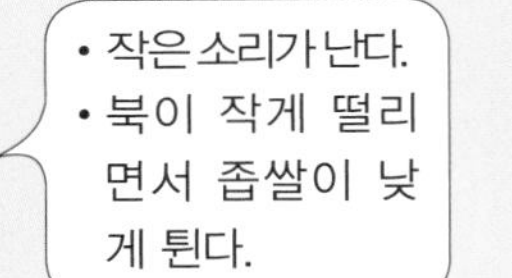

작은북을 약하게 칠 때

좁쌀

• 큰 소리가 난다.
• 북이 크게 떨리면서 좁쌀이 높게 튄다.

작은북을 세게 칠 때

3. 소리의 높낮이: 소리의 높고 낮은 정도를 나타낸다.

① 악기를 이용해 소리의 높낮이 비교하기

팬 플루트 불기	실로폰의 음판 치기
높은 소리 / 낮은 소리	낮은 소리 / 높은 소리
• 높은 소리가 날 때 관의 길이가 짧다. • 낮은 소리가 날 때 관의 길이가 길다.	• 높은 소리가 날 때 음판의 길이가 짧다. • 낮은 소리가 날 때 음판의 길이가 길다.

② 소리의 높낮이를 다르게 하는 방법: 관의 길이, 음판의 길이, 줄의 길이, 줄의 팽팽한 정도, 줄의 굵기에 따라 달라진다.

소리가 나는 모든 물체에는 떨림이 있다.

정답 9쪽

19 소리의 전달

1. 여러 가지 물질을 통한 소리의 전달: 우리 생활에서 들리는 대부분의 소리는 기체인 공기를 통해 전달되고 나무나 철과 같은 고체, 물과 같은 액체를 통해서도 전달된다.

고체를 통한 소리 전달	액체를 통한 소리 전달	기체를 통한 소리 전달
철봉을 통해 철봉을 두드리는 소리를 듣는다.	잠수부는 물을 통해 배의 소리를 듣는다.	공기를 통해 친구가 부르는 소리를 듣는다.

2. 실을 이용해 소리 전달하기

실험 동영상

교과서 실험 실 전화기를 만들어 소리 전달하기

| 과정 ❶ 종이컵 바닥에 누름 못으로 구멍을 뚫는다.

❷ 구멍에 실을 넣고 실의 한쪽 끝에 클립을 묶어 실이 빠지지 않게 한다.

❸ 다른 종이컵도 ❶~❷와 같이 만들어 실 전화기로 이야기해 본다.

| 결과

- 실 전화기의 한쪽 종이컵에 입을 대고 소리를 내면 실을 통해 소리가 전달되어 다른 쪽 종이컵에서 소리를 들을 수 있다. ➡ 실의 떨림으로 소리가 전달된다.
- 실 전화기의 소리를 더 잘 들리게 하는 방법: 실을 팽팽하게 하기, 실을 짧게 하기, 실을 손으로 잡지 않기, 실에 물 묻히기 등

물속에서 소리가 들리는 것은 액체에서 소리가 전달되지 않기 때문이다. ☐

정답 9쪽

20 소리의 반사

1. 소리의 반사: 소리가 나아가다가 물체에 부딪쳐 되돌아오는 성질이다. 소리는 딱딱한 물체에서는 잘 반사되지만, 부드러운 물체에서는 소리가 흡수되어 잘 반사되지 않는다.

2. 생활에서 소리가 반사되는 성질을 이용하는 경우 예

① 공연장 천장에 설치한 반사판: 소리를 반사시켜 공연장 전체에 소리를 골고루 전달한다.

② 도로 방음벽: 자동차에서 생기는 소리가 도로 방음벽에 반사되어 사람들이 생활하지 않는 곳으로 전달되게 한다.

산 정상에서 메아리가 들리는 것은 소리가 반사되었기 때문이다. ☐

정답 9쪽

교과서 확인 문제

관련 단원 | 3학년 소리의 성질

소리 나는 물체의 특징

01 떨림이 느껴지지 않는 물체는 어느 것입니까? ( )

① 소리가 나고 있는 종
② 말을 하고 있는 예림이의 목
③ 석준이가 연주하고 있는 작은북
④ 음악 소리가 나오고 있는 스피커
⑤ 울리지 않는 식탁 위의 휴대 전화

02 작은북 위에 좁쌀을 올려놓고 북채로 칠 때 북에서 나는 소리와 좁쌀이 튀어 오르는 모습을 각각의 경우로 나누어 기호를 쓰시오.

㉠ 큰 소리가 난다.	㉡ 작은 소리가 난다.
㉢ 좁쌀이 낮게 튄다.	㉣ 좁쌀이 높게 튄다.
㉤ 북이 작게 떨린다.	㉥ 북이 크게 떨린다.

(1) 북채로 세게 칠 때: ( )
(2) 북채로 약하게 칠 때: ( )

03 실로폰의 음판을 쳐서 가장 높은 소리와 가장 낮은 소리를 내려고 합니다. 각각 어느 음판을 쳐야 하는지 기호를 쓰시오.

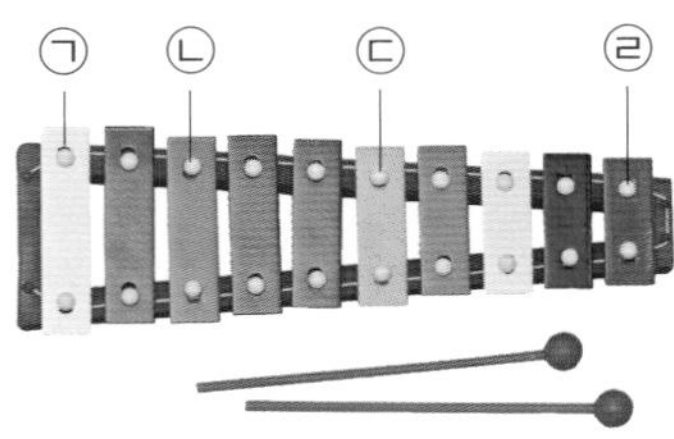

(1) 가장 높은 소리: ( )
(2) 가장 낮은 소리: ( )

소리의 전달

04 다음과 같이 재하가 책상에 귀를 대고 있을 때 수희가 책상을 두드렸습니다. 재하의 생각으로 알맞은 것의 기호를 쓰시오.

㉠ '아무런 소리가 들리지 않아.'
㉡ '어? 책상을 두드리는 소리가 들리네.'

( )

05 다음은 물속에서 소리가 나는 스피커를 찾는 탐구 과정과 결과입니다. 스피커에서 나는 소리를 전달한 알맞은 물질을 ( ) 안에 써넣으시오.

[과정]

❶ 물이 담긴 수조에 식용 색소를 섞어 물속이 보이지 않게 한다.
❷ 소리가 나는 스피커를 물속에 넣고, 플라스틱 관을 이용해 스피커를 찾는다.

[결과]

스피커의 소리가 수조의 ( ), 플라스틱 관, 플라스틱 관 속 ( ) 을/를 통해 전달되어 스피커를 찾았다.

06 다음의 이것이 공통으로 나타내는 말은 무엇인지 쓰시오.

> 지구에서 멀리 떨어져 있는 친구를 큰 소리로 부르면 이것을 통해 친구에게 소리가 전달되지만, 달에서 멀리 떨어져 있는 친구를 큰 소리로 부르면 이것이 없어서 소리가 전달되지 않는다.

( )

07 다음은 종이컵과 실로 만든 실 전화기로 통화하는 모습입니다. 실 전화기에서 실의 역할로 옳은 것의 기호를 쓰시오.

> ㉠ 소리를 전달한다.
> ㉡ 소리를 모아 준다.
> ㉢ 소리를 작게 해 준다.

( )

08 실 전화기로 유미가 이야기를 해 보았지만 민준이는 유미의 소리를 잘 듣지 못했습니다. 민준이에게 유미의 소리가 잘 들리게 하는 방법으로 옳은 것에 ○표 하시오.

(1) 실을 팽팽하게 한다. ( )
(2) 실을 손으로 잡는다. ( )
(3) 실의 길이를 더 길게 한다. ( )
(4) 실의 두께가 더 얇은 것으로 바꾼다. ( )

소리의 반사

09 다음은 소리가 나는 스피커를 플라스틱 통 속에 넣고 플라스틱 통의 위쪽에서 나무판이나 스타이로폼판을 비스듬히 들고 있을 때 스피커에서 나오는 소리를 듣는 모습입니다. 결과로 가장 알맞은 것의 기호를 쓰시오.

> ㉠ 나무판을 들었을 때와 스타이로폼판을 들었을 때 들리는 소리가 같다.
> ㉡ 스타이로폼판을 들었을 때보다 나무판을 들었을 때 소리가 더 크게 들린다.
> ㉢ 스타이로폼판을 들었을 때는 소리가 잘 들리고, 나무판을 들었을 때는 소리가 들리지 않는다.

( )

10 다음은 도로에 설치된 방음벽의 모습입니다. 소리의 어떤 성질을 이용하여 어떤 역할을 하게 되는지 쓰시오.

무게

모든 물체는 서로 끌어당기는 힘이 있어. 그중 지구가 물체를 끌어당기는 힘을 중력이라고 하고, 중력이 물체를 끌어당기는 힘의 크기를 무게라고 해. 지구는 무거운 물체를 더 세게 끌어당긴단다. 물체가 지구의 중심에서 멀어지면 중력이 약해져서 아주아주 높은 산에서는 무게가 가벼워져.

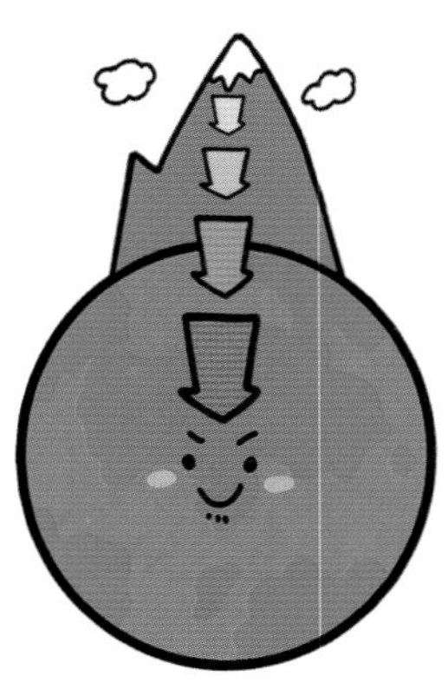

달이 물체를 잡아당기는 힘도 중력이라고 해. 그런데 달의 중력은 지구 중력의 $\frac{1}{6}$ 밖에 안 되기 때문에 내 몸무게가 지구에서 90 kg중이었다면 달에서는 15 kg중이 될 거야.

지구보다 달에서 무게가 줄어든다고 해도 뚱뚱한 사람이 달에 간다고 날씬해지지는 않아. 이렇게 물체가 가진 고유한 양을 질량이라고 하는데, 질량은 장소가 달라져도 항상 일정해. 내 질량이 30 kg이라면 달에서도 나의 질량은 30 kg이란다.

❶ ㅈ ㄹ

지구가 물체를 끌어당기는 힘.

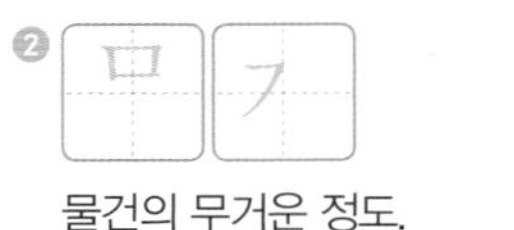

❷ ㅁ ㄱ

물건의 무거운 정도.

● 정답 10쪽

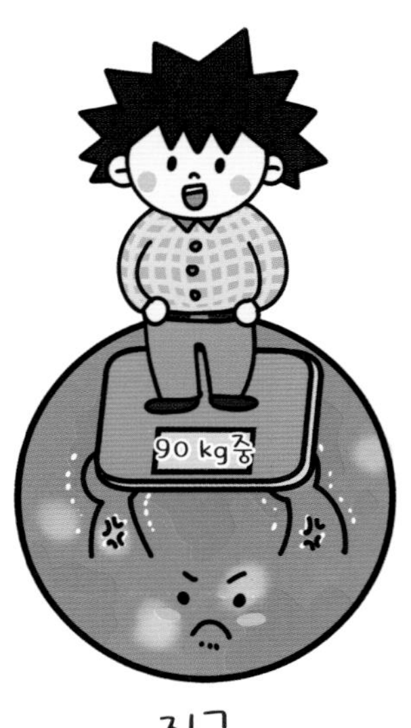

무게가 변하는 탄산음료

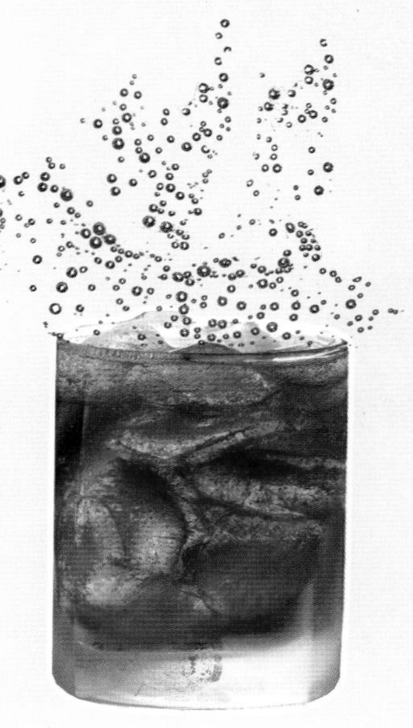

음식을 먹다가 목이 막혔을 때 마시면 목이 뻥 뚫리는 느낌이 드는 탄산음료는 이산화 탄소를 물에 녹여 만든 음료야.

탄산음료는 용기의 뚜껑을 열어 두면 음료수에 녹아 있던 이산화 탄소가 빠져나가게 된단다.

그럼 뚜껑을 열어 둔 탄산음료의 무게는 달라질까? 이산화 탄소를 포함한 모든 기체는 무게가 있다는 사실! 그래서 실제로 저울을 이용해서 무게를 측정해 보면 뚜껑을 열어 둔 탄산음료는 이산화 탄소가 빠져나갔기 때문에 무게가 줄어든 것을 알 수 있어.

확인해 봐요!

정답 10쪽

1 무게나 질량에 대해 옳게 말한 동물의 이름을 쓰세요.

( )

2 참쌤은 아주아주 높은 산에 올라갔어요. 높은 산에 올라간 참쌤에게 작용하는 중력의 방향을 그림에 화살표로 표시하세요.

수평 잡기의 원리

수평이란 어느 한쪽으로 기울지 않은 상태를 말해. 그리고 수평이 되도록 하는 것을 수평 잡기라고 해. 수평 잡기는 수평대, 양팔저울, 시소 타기 등 다양한 곳에 이용한단다.

수평대의 가운데에 놓인 물체를 떠받치는 막대의 고정된 받침점으로부터 양쪽으로 같은 거리에 물체를 올려놓아 볼까? 이때 수평대가 기울어진 쪽에 올려놓은 물체가 더 무거워. 만약 수평대가 기울어지지 않고 수평이 된다면 두 물체의 무게가 같다는 거야.

그렇다면 가벼운 물체와 무거운 물체를 수평대의 양쪽에 각각 올려 수평이 되게 하려면 어떻게 해야 할까? 이때는 무거운 물체를 가벼운 물체보다 받침점에 더 가까이 놓아야 해.

시소 타기를 할 때도 수평 잡기가 필요해. 나보다 몸무게가 가벼운 친구와 시소를 탈 때 수평이 되려면 내가 받침점 가까이 앉아야 하고, 나보다 몸무게가 무거운 친구와 수평이 되려면 내가 받침점에서 더 멀리 앉아야 해.

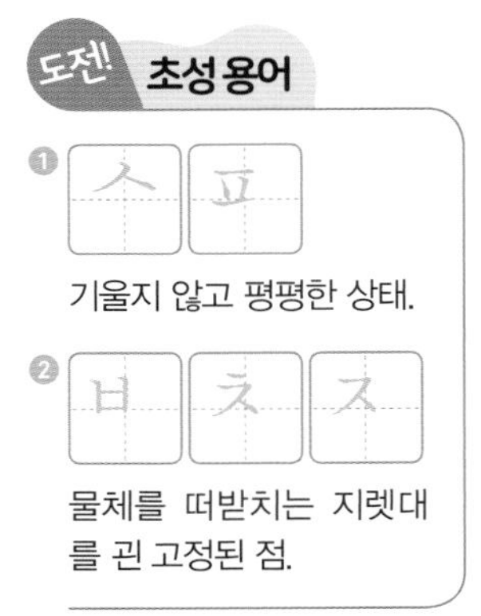

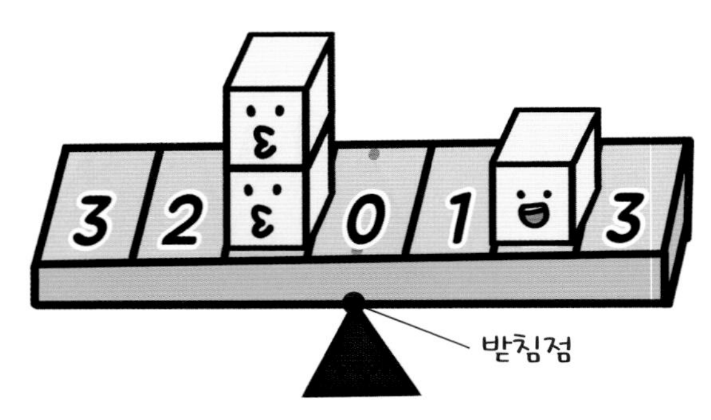

모빌에 숨겨진 수평 잡기

미국의 조각가인 알렉산더 콜더는 움직이는 조각인 모빌을 처음 생각해 냈어.
모빌은 여러 가지 모양의 조각을 가느다란 철사나 실 등으로 매달아 수평을 이루어 움직이도록 만든 거야. 모빌에서는 여러 가지 물체가 수평을 이루는 균형감과 물체의 움직임에 따라 다양하게 바뀌는 모습을 한 번에 볼 수 있지.
모빌에서 중요한 것이 바로 수평 잡기란다. 움직이는 조각들을 기울지 않고 수평이 되도록 만들어야 해.
수평 잡기 원리를 생각하며 우리 주변에서 모빌을 찾아 관찰해 볼까?

확인해 봐요!

정답 10쪽

1 받침대에 올려놓은 나무 판자로 과일의 무게를 비교하려고 해요. 다음 그림을 보고 키위, 귤, 사과 중 가벼운 것부터 순서대로 쓰세요.

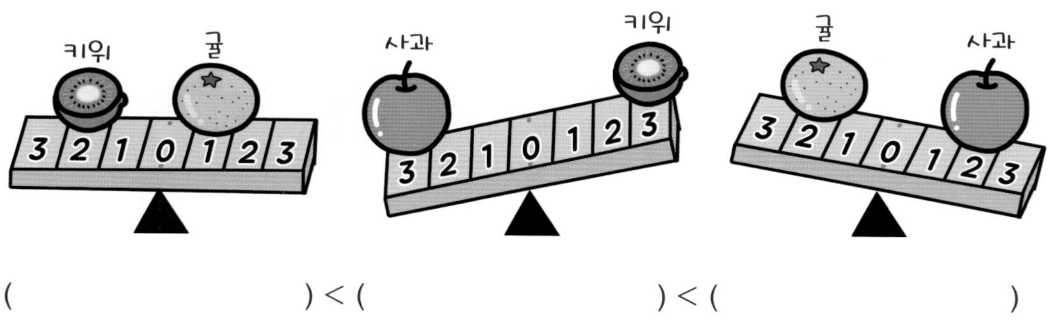

(　　　　　　　　) < (　　　　　　　　) < (　　　　　　　　)

2 몸무게가 80 kg중인 곰구미와 40 kg중인 토미가 시소를 타려고 해요. 시소가 어느 쪽으로도 기울지 않는 수평의 상태를 유지하기 위해 곰구미가 앉아야 할 곳에 ○표 하세요.

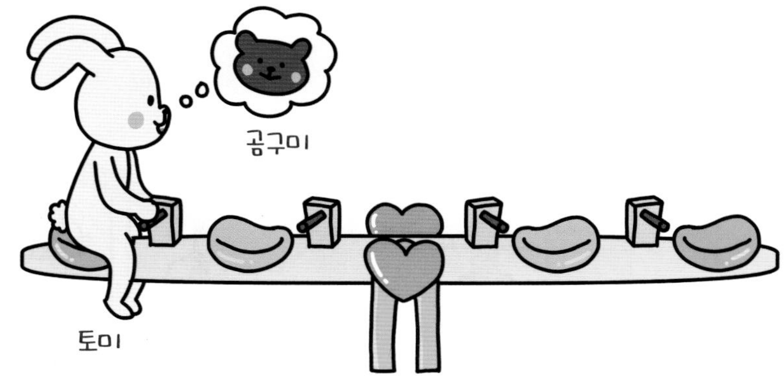

관련 단원 | 4학년 물체의 무게

다양한 저울의 종류

우리 주변에는 다양한 저울들이 있단다. 이런 저울은 크게 용수철의 성질을 이용한 저울과 양쪽의 무게가 같을 때 수평을 이루는 수평 잡기의 원리를 이용한 저울로 나눌 수 있어.

용수철의 성질을 이용한 저울 안에는 용수철이 있어서 무게에 따라 용수철이 늘어나는 길이로 무게가 표시된단다. 용수철의 성질을 이용한 저울에는 용수철저울, 음식 재료의 무게를 재는 가정용 저울, 바늘이 움직여 몸무게를 나타내는 체중계 등이 있어.

수평 잡기의 원리를 이용한 저울은 저울이 기울어지는 방향을 보고 어느 쪽이 더 무거운지 비교할 수 있어. 분동이나 추로 물체와 수평을 맞춘다면 물체의 무게를 알 수도 있지. 수평 잡기의 원리를 이용한 저울에는 양팔저울, 윗접시저울 등이 있고, 옛날에 한약 무게를 재던 대저울도 있단다.

도전! 초성 용어

1. ㅊ ㅈ ㄱ
몸무게를 재는 데 쓰는 저울.

2. ㅂ ㄷ
무게의 표준이 되는 추.

정답 10쪽

정확한 전자저울

전자저울은 저울을 더 편리하고 정확하게 사용하기 위해 발명되었어. 용수철의 성질과 수평 잡기의 원리를 이용하여 무게를 잰 뒤, 결과를 쉽고 빠르게 읽을 수 있도록 디지털 숫자로 보여 주는 거지. 용수철저울의 눈금을 읽거나 윗접시 저울의 분동 수를 조절하며 눈금을 읽는 것보다 디지털 숫자를 읽는 게 더 빠르고 정확해. 또 전자 센서를 사용해 무게를 재는 저울도 전자저울이야.

확인해 봐요!

정답 10쪽

1 다음은 옛날에 한약의 무게를 재기 위해 사용한 대저울이에요. 대저울의 수평을 맞추려면 오른쪽 접시에 올린 한약의 양을 어떻게 해야하는지 ▢ 안에 쓰세요.

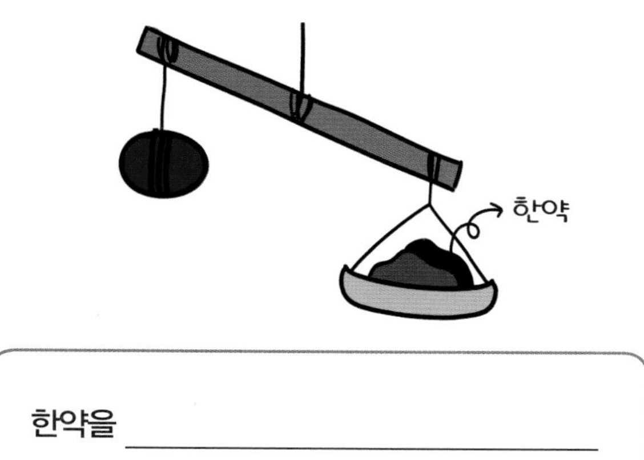

한약을 ____________________

2 다음 저울들이 어떤 원리를 이용하여 무게를 측정하는지 생각해 보고, ▢ 안에 공통으로 들어갈 부품을 그리세요.

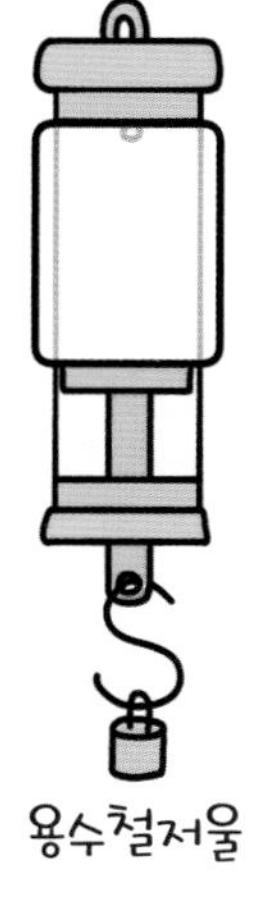
용수철저울

가정용 저울

관련 단원 | 4학년 물체의 무게

21 무게

1. **물체의 무게:** 지구가 물체를 끌어당기는 힘의 크기이다. 무게의 단위는 g중(그램중), kg중(킬로그램중), N(뉴턴) 등을 사용한다.

2. 용수철의 길이 변화 비교하기

실험 동영상

교과서 실험 추의 무게 때문에 나타나는 용수철의 길이 변화

| 과정 ❶ 같은 용수철 두 개 중 한 용수철 끝의 고리에 가장 가벼운 추를 걸고 늘어난 용수철의 길이를 확인한다.
❷ 늘어난 용수철의 길이만큼 옆에 있는 용수철을 손으로 잡아당겨 무거운 정도를 느껴 본다.
❸ 무게가 다른 나머지 추를 사용해 ❶~❷의 활동을 반복한다.

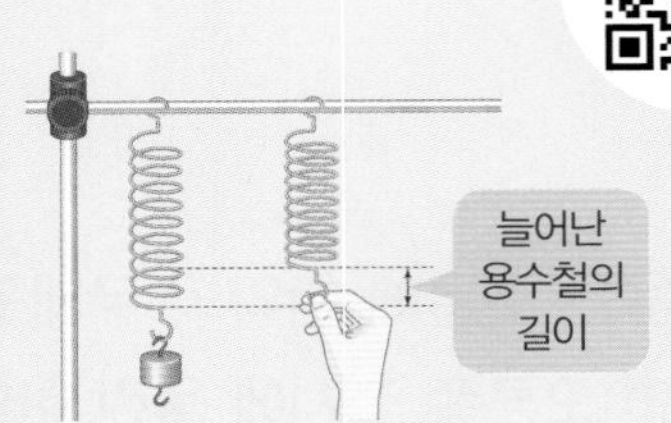

| 결과

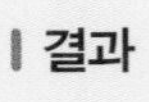

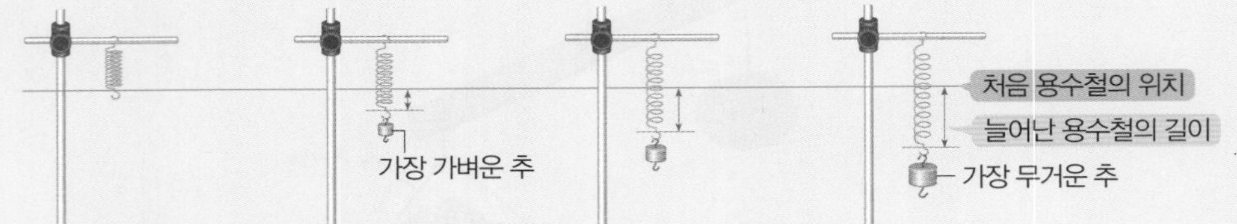

• 가장 무거운 추를 걸어 놓았을 때 용수철의 길이가 가장 많이 늘어난다.
• 가장 무거운 추를 걸어 놓았을 때 용수철을 가장 세게 잡아당겨야 한다.
➡ 용수철에 걸어 놓은 물체가 무거울수록 지구가 물체를 끌어당기는 힘의 크기가 커지기 때문에 용수철의 길이도 많이 늘어난다.

Speed OX

물체의 무게가 무거울수록 지구가 그 물체를 끌어당기는 힘의 크기가 크다.

정답 10쪽

22 수평 잡기의 원리

1. **수평:** 어느 한쪽으로 기울지 않은 상태이다.

2. 시소를 탈 때의 수평 잡기의 원리
① **몸무게가 비슷할 때:** 두 사람이 시소의 받침점으로부터 같은 거리에 앉는다.
② **몸무게가 다를 때:** 무거운 사람이 시소의 받침점에서 가까운 쪽에 앉고, 가벼운 사람이 시소의 받침점에서 먼 쪽에 앉는다.

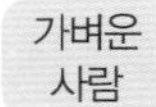

교과서 실험 수평대를 이용한 수평 잡기의 원리

과정 ❶ 수평인 나무판자의 왼쪽과 오른쪽에 무게가 같은 나무토막을 올려 수평을 잡는다.

❷ 나무토막 한 개와 두 개를 각각 나무판자의 왼쪽과 오른쪽에 올려 수평을 잡는다.

결과

왼쪽	①	②	③	④	⑤
오른쪽	①	②	③	④	⑤

왼쪽	①	②	③	④	⑤
오른쪽	⓪과 ① 중간	①	①과 ② 중간	②	②와 ③ 중간

- 무게가 같은 두 물체를 나무판자 위에 올려놓았을 때 나무판자가 수평을 잡으려면, 각각의 물체를 받침점으로부터 같은 거리에 놓아야 한다.
- 무게가 다른 두 물체를 나무판자 위에 올려놓았을 때 나무판자가 수평을 잡으려면, 무거운 물체를 가벼운 물체보다 받침점에 더 가까이 놓아야 한다.

Speed OX

무게가 다른 물체로는 수평대에서 수평을 잡을 수 없다. ☐

정답 10쪽

23 다양한 저울의 종류

1. 용수철의 성질 이용: 물체의 무게에 따라 용수철이 일정하게 늘어나거나 줄어드는 용수철의 성질을 이용해 만든 저울이다.

① 용수철저울

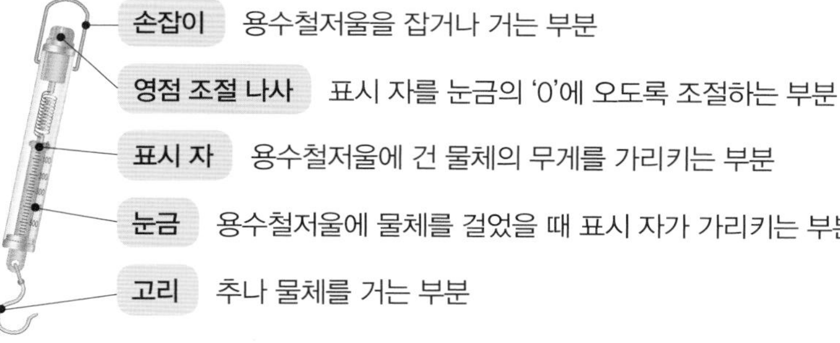

② 가정용 저울은 요리 재료의 무게, 체중계는 몸무게를 측정할 때 사용한다.

2. 수평 잡기의 원리 이용: 양팔저울은 받침점으로부터 양쪽으로 같은 거리에 있는 저울접시에 물체를 올려놓고 무게를 비교한다.

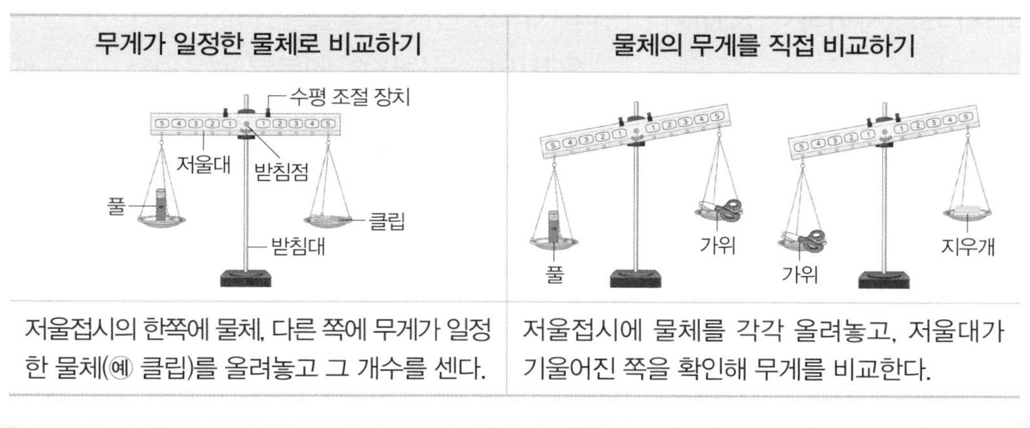

무게가 일정한 물체로 비교하기	물체의 무게를 직접 비교하기
저울접시의 한쪽에 물체, 다른 쪽에 무게가 일정한 물체(예 클립)를 올려놓고 그 개수를 센다.	저울접시에 물체를 각각 올려놓고, 저울대가 기울어진 쪽을 확인해 무게를 비교한다.

용수철저울은 용수철이 늘어나거나 줄어드는 성질을 이용한다. ☐

정답 10쪽

교과서 확인 문제

관련 단원 | 4학년 물체의 무게

무게

01 무게에 대한 설명으로 옳은 것에 ○표, 옳지 않은 것에 ×표 하시오.

(1) 'N'은 물체의 무게를 나타내는 단위 중 한 가지이다. (　　)

(2) 물체의 무게는 지구가 물체를 밀어 내는 힘의 크기이다. (　　)

(3) 물체의 무게는 저울을 사용하면 정확하게 측정할 수 있다. (　　)

02 다음은 같은 종류의 용수철에 추의 무게를 다르게 하여 매단 모습입니다. 지구가 가장 세게 끌어당기고 있는 것의 기호를 쓰시오.

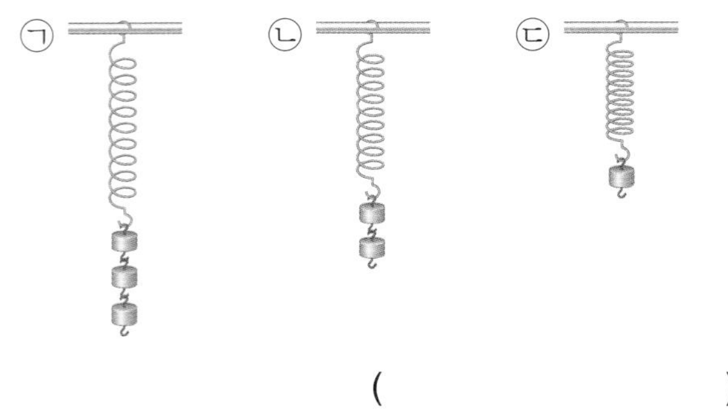

(　　　　　)

03 다음은 같은 종류의 용수철에 여러 가지 장난감을 매단 모습입니다. 가장 무거운 장난감부터 순서대로 기호를 쓰시오.

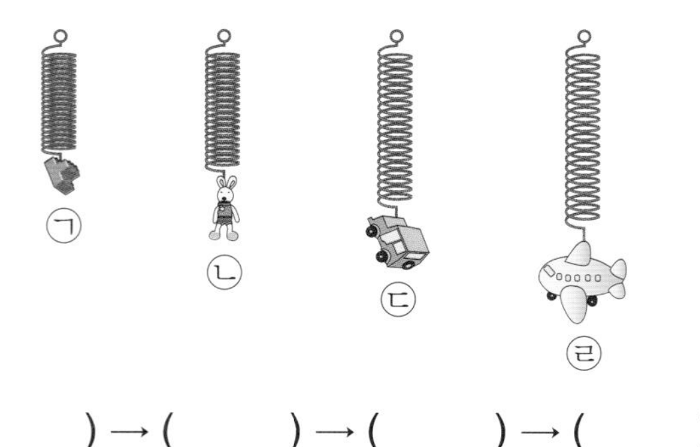

(　　) → (　　) → (　　) → (　　)

수평 잡기의 원리

04 무게가 비슷한 주영이와 선호가 시소에서 수평을 잡으려면 선호는 어느 위치에 앉아야 하는지 기호를 쓰시오.

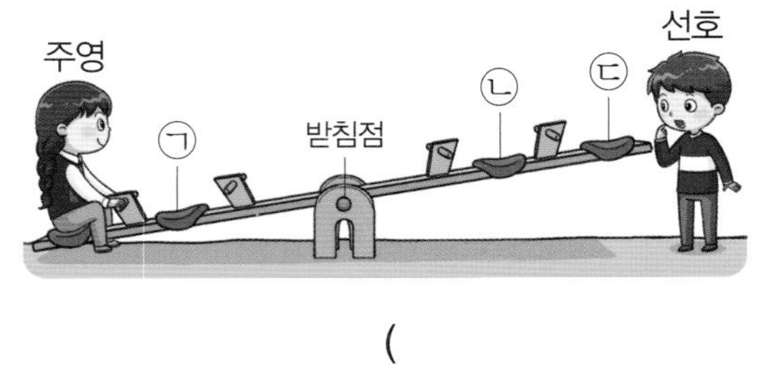

(　　　　　)

05 다음은 몸무게가 다른 두 사람이 시소에서 수평을 잡은 모습입니다. 몸무게가 더 무거운 사람의 기호를 쓰시오.

(　　　　　)

06 다음과 같이 무게가 같은 나무토막으로 수평을 잡으려면 나무판자의 어느 위치에 나무토막을 놓아야 하는지 쓰시오.

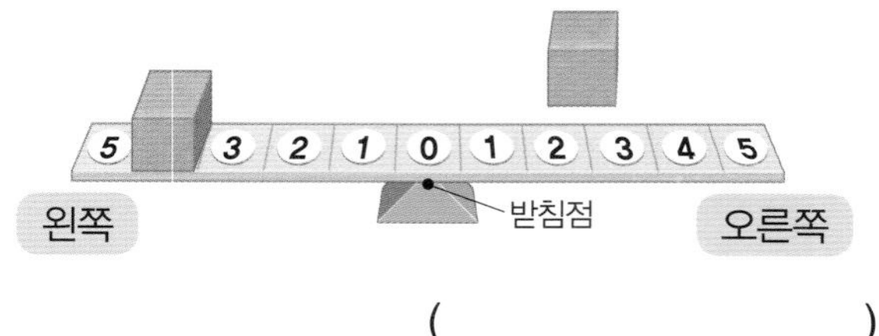

(　　　　　)

07 다음과 같이 나무판자가 수평이 되었을 때 사과와 배의 무게를 옳게 비교한 것의 기호를 쓰시오.

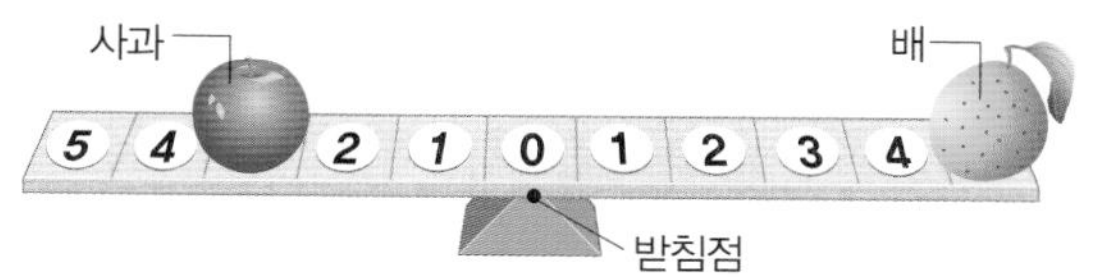

㉠ 배가 사과보다 받침점으로부터 더 멀리 있으므로 배가 사과보다 더 무겁다.
㉡ 배가 사과보다 받침점으로부터 더 멀리 있으므로 사과가 배보다 더 무겁다.
㉢ 사과가 배보다 받침점에 더 가까이 있으므로 사과와 배의 무게가 같다.

( )

다양한 저울의 종류

08 다음 여러 가지 저울은 같은 원리를 이용하여 물체의 무게를 측정합니다. 어떤 성질을 이용하여 물체의 무게를 측정하는지 쓰시오.

용수철저울

가정용 저울

체중계

09 다음은 양팔저울로 물체의 무게에 해당하는 클립의 수를 측정한 것입니다. 풀과 가위 중 더 가벼운 것은 어느 것인지 쓰시오.

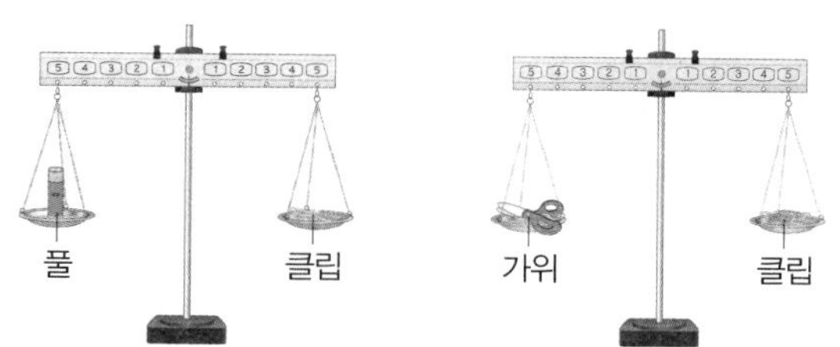

물체	클립의 수(개)
풀	53
가위	46

( )

10 다음은 양팔저울의 저울접시에 물체를 올려놓고 무게를 비교하는 모습입니다. 가위, 지우개, 풀을 올려놓은 양팔저울이 기울어진 모습을 보고 알 수 있는 가장 무거운 물체는 어느 것인지 쓰시오.

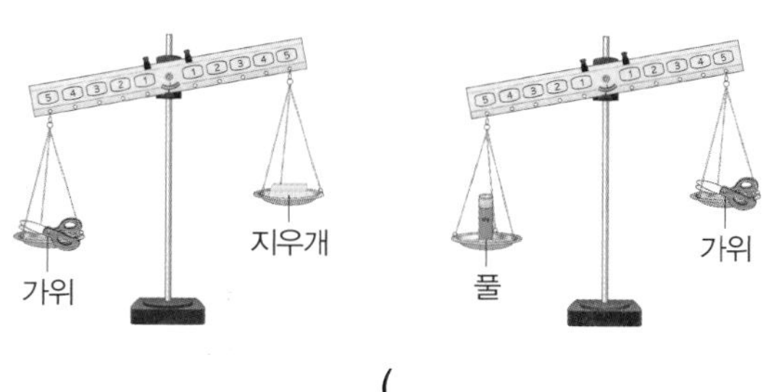

( )

빛과 그림자

낮에 운동장에서 발밑에 그림자가 생기는 걸 본 적이 있지? 하지만 빛이 없는 깜깜한 밤에는 그림자를 볼 수 없어. 그림자는 빛이 있어야만 볼 수 있기 때문이야.

그림자는 빛이 물체를 비추었을 때 나타나. 빛이 직진으로 곧게 나아가다가 물체를 만나면 빛이 물체를 통과하지 못해서 물체 뒤쪽에 그림자가 생겨. 그래서 우리는 그림자를 보고 물체의 모양을 알 수 있어. 하지만 빛이 물체를 비추는 방향에 따라 그림자의 모양이 다르기 때문에 그림자만 보고 물체의 모양을 정확하게 알 수는 없어.

유리컵이나 얼음과 같이 투명한 물체는 대부분의 빛을 통과시키기 때문에 아주 흐릿한 그림자가 생겨. 불투명한 물체의 뒤쪽에는 진한 그림자가 생긴단다.

만약 완벽하게 투명한 물체가 존재한다면 빛을 전부 통과시켜서 그림자가 생기지 않겠지?

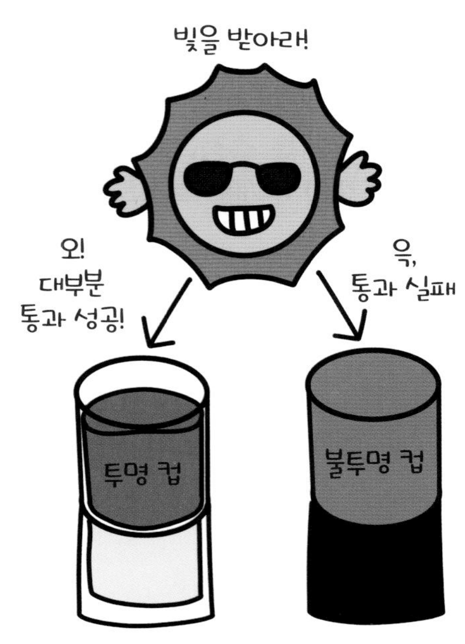

그림자를 이용한 시계

우리 조상들은 '앙부일구'라는 해시계를 만들었어. 해시계는 시간에 따라 그림자의 위치가 일정하게 변하는 것을 이용해서 시간을 알려 줘.
해가 동쪽에서 뜰 때는 빛이 동쪽에서 비스듬히 비추니까 그림자가 서쪽으로 길게 생겨. 낮에는 높은 곳에 태양이 있어서 빛이 위에서 비추기 때문에 그림자가 짧아지지. 그리고 해가 서쪽으로 질 때는 빛이 서쪽에서 비추기 때문에 그림자는 동쪽으로 길게 생긴단다.
계절에 따라 달라지는 그림자의 길이로 날짜도 짐작할 수 있으니 참 신기하지?

확인해 봐요!

● 정답 11쪽

1 그림자에 대해서 옳게 말한 친구에게는 ○표, 잘못 말한 친구에게는 ×표를 하세요.

(　　　　　)　(　　　　　)　(　　　　　)

2 모양 블록에 여러 방향에서 빛을 비추어 그림자를 만들려고 해요. 이 블록으로 만들 수 있는 그림자 모양을 두 가지 이상 그리세요.

그림자의 모양과 크기

길을 걸으면서 본 내 그림자의 모양과 크기는 항상 달라져. 내 키는 그대로인데 왜 그림자는 변하는 걸까?

그림자의 모양이 변하는 이유는 빛의 방향이 달라지기 때문이야. 빛을 오리의 옆쪽에서 비추면 오리의 입부터 꼬리 형태까지 보이겠지만, 오리의 뒤쪽이나 앞쪽에서 비추면 눈사람 같은 형태로만 보이게 돼. 또 오리의 머리 위에서 빛을 비추면 둥근 타원 모양의 그림자가 생기게 될 거야.

그림자의 크기가 변하는 이유는 물체와 빛 사이의 거리가 달라지기 때문이란다. 빛과 물체 사이의 거리가 가까우면 그림자의 크기가 커지고, 빛과 물체 사이의 거리가 멀어지면 그림자의 크기가 작아져.

도전! 초성 용어

❶ 

무엇이 나아가거나 향하는 쪽.

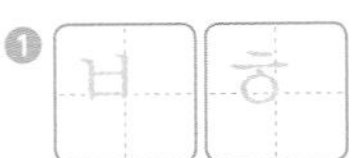

❷ 

태양이나 별처럼 자기 스스로 빛을 내는 물체.

● 정답 11쪽

그림자의 크기와 방향은 빛을 내는 물체인 광원의 위치에 따라 달라져. 그래서 그림자의 끝과 물체의 끝을 이어 연결하면 빛의 위치도 찾을 수 있단다. 바로 빛이 직진하는 성질 때문이지.

색깔이 있는 그림자

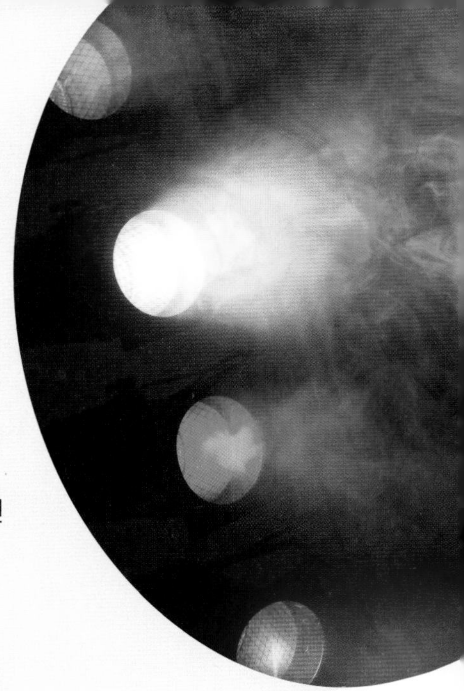

그림자는 항상 검은색일까? 손전등과 셀로판지로 다양한 색깔의 그림자를 만들 수 있어.
빨간색 셀로판지를 씌운 손전등을 물체에 비춰 만들어진 검은색 그림자에 파란색 셀로판지를 씌운 손전등을 다른 방향에서 비추면 검은색 그림자가 파란색 빛을 받아서 파란색 그림자가 된단다.
파란색 셀로판지를 씌운 손전등을 비춰서 생긴 검은색 그림자에 빨간색 빛을 옆에서 비추면 빨간색 그림자가 돼.
더 많은 색의 빛이 있다면 더욱 다양한 색깔의 그림자도 만들 수 있겠지?

확인해 봐요!

정답 11쪽

1 종이컵을 비추는 빛의 방향에 따라 만들어진 그림자가 어느 것인지 선으로 이으세요.

2 그림자의 끝과 인형의 끝을 연결하여 빛의 위치를 찾아 □ 안에 ∨표 하세요.

빛의 반사와 거울

거울이 물체를 비출 수 있는 것은 빛이 반사되는 성질 때문이야. 빛이 나아가다가 물체에 부딪치면 빛의 방향이 바뀌는데, 이것을 빛의 반사라고 해. 물체에 부딪쳐 반사된 빛이 매끄러운 거울을 만나 또 다시 반사되고, 그 빛이 우리 눈에 들어와 거울에 비친 물체를 볼 수 있는 거란다.

거울에 비친 모습을 살펴볼까? 거울에 비친 물체의 색깔은 실제 물체의 색깔과 같아. 그런데 거울에 비친 글자 모양과 내 모습은 좌우가 반대로 되어있단다. 이것이 거울에 비친 물체 모습의 특징이야.

거울은 표면이 평평한 평면거울, 거울의 가운데 부분이 볼록하게 튀어나온 볼록 거울, 거울의 가운데 부분이 오목하게 들어가 있는 오목 거울로 나눌 수 있어. 거울의 모양에 따라 물체의 모습이 다르게 비쳐 보인단다.

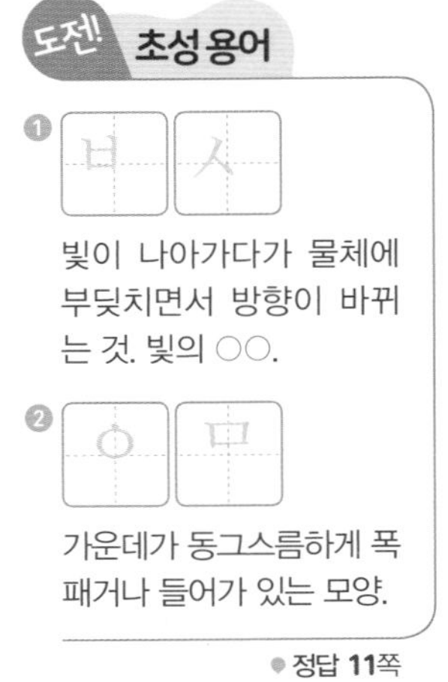

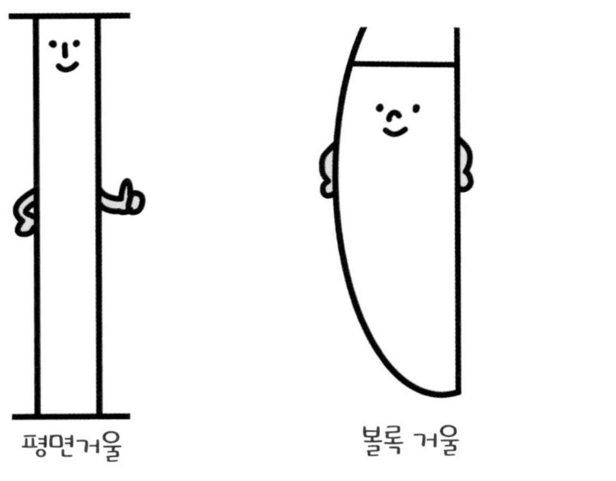

볼록 거울과 오목 거울의 쓰임새

볼록 거울과 오목 거울은 어디에 사용할까?

볼록 거울로 물체를 비추었을 때는 실제보다 더 작고 가까이 있는 것처럼 보여. 그리고 평면거울보다 더 넓은 공간을 비추어 주기 때문에 주로 넓은 범위를 봐야하는 곳에 사용해. 자동차 뒷거울이나 편의점 거울, 도로 반사경 등으로 사용된단다.

오목 거울로 물체를 가까이 비추었을 때는 실제보다 더 크고 멀리 있는 것처럼 보여. 그리고 반사된 빛을 한 곳으로 모으고 멀리까지 나아가게 하기 때문에 치과용 거울, 화장 거울, 등대 반사판, 손전등 등에 사용된단다.

확인해 봐요!

● 정답 11쪽

1 거울에 대한 설명으로 옳은 것에 ○표, 옳지 않은 것에 ×표 하세요.

( ) ( ) ( )

2 옷에 이름표를 붙인 지훈이가 거울 앞에 서 있어요. 거울 속 지훈이의 이름은 어떻게 보일까요? ▢ 안에 쓰세요.

관련 단원 | 4학년 그림자와 거울

24 빛과 그림자

1. 그림자가 생기는 조건: 빛과 물체가 있어야 하며, 물체에 빛을 비춰야 한다.

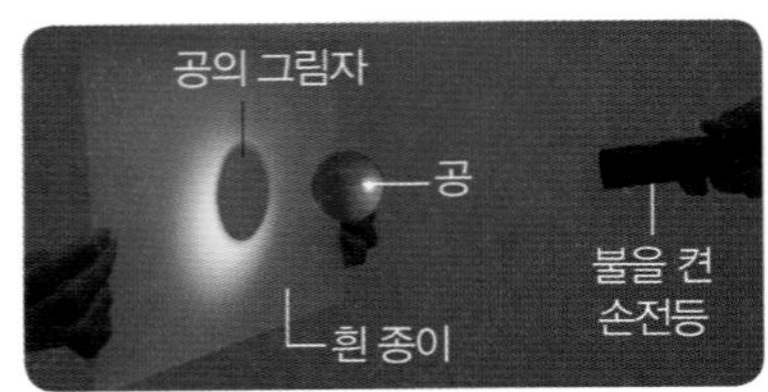

손전등-공-흰 종이 순서로 놓고 손전등 비추기

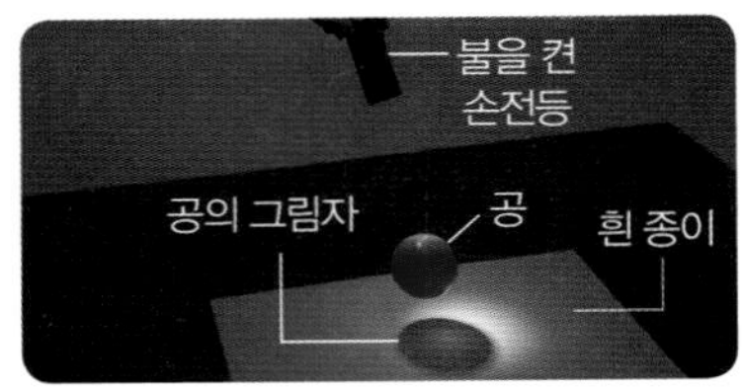

책상 위에 흰 종이를 놓고 공의 위쪽에서 손전등 비추기

불을 켠 손전등 앞에 공을 놓고, 공에 손전등의 빛을 비출 수 있게 놓아야 흰 종이에 그림자가 생긴다.

2. 불투명한 물체와 투명한 물체의 그림자

① 빛이 나아가다가 불투명한 물체를 만나면 빛이 통과하지 못해 진한 그림자가 생긴다.

② 빛이 나아가다가 투명한 물체를 만나면 빛이 대부분 통과해 연한 그림자가 생긴다.

실험 동영상

교과서 실험 불투명한 물체와 투명한 물체의 그림자 비교하기

과정 손전등과 스크린 사이에 도자기 컵, 유리컵을 놓고 각각 손전등의 빛을 비췄을 때 스크린에 생기는 그림자를 관찰한다.

결과

불투명한 도자기 컵에 빛을 비췄을 때	투명한 유리컵에 빛을 비췄을 때
도자기 컵의 모양과 같다. 	유리컵의 모양과 같다. 
• 빛이 도자기 컵을 통과하지 못한다. • 진하고 선명한 그림자가 생긴다.	• 빛이 유리컵을 대부분 통과한다. • 연하고 흐릿한 그림자가 생긴다.

Speed OX

빛이 물체의 앞쪽에서 비추면 그림자는 물체의 앞쪽에 생긴다.

정답 12쪽

25 그림자의 모양과 크기

1. 빛의 직진: 빛이 곧게 나아가는 성질이다.

① 직진하는 빛이 물체를 통과하지 못하면 물체 모양과 비슷한 그림자가 물체의 뒤쪽에 생긴다.

② 그림자의 모양: 물체를 놓은 방향이 달라지면 그림자 모양이 달라지기도 한다.

ㄱ자 모양 블록으로 만든 여러 가지 모양의 그림자

2. **그림자의 크기**: 물체가 손전등에 가까워지면 그림자의 크기가 커지고, 스크린에 가까워지면 그림자의 크기가 작아진다.

교과서 실험 그림자의 크기 변화시키기

실험 동영상

| 과정 ① 손전등과 스크린 사이에 동물 모양 종이를 놓고 손전등으로 빛을 비춰 스크린에 동물 모양 종이의 그림자가 생기게 한다.

② 동물 모양 종이와 스크린은 그대로 두고 손전등을 동물 모양 종이에 가깝게 할 때와 멀게 할 때 그림자의 크기를 관찰한다.

| 결과

손전등을 동물 모양 종이에 가깝게 할 때	손전등을 동물 모양 종이에서 멀게 할 때
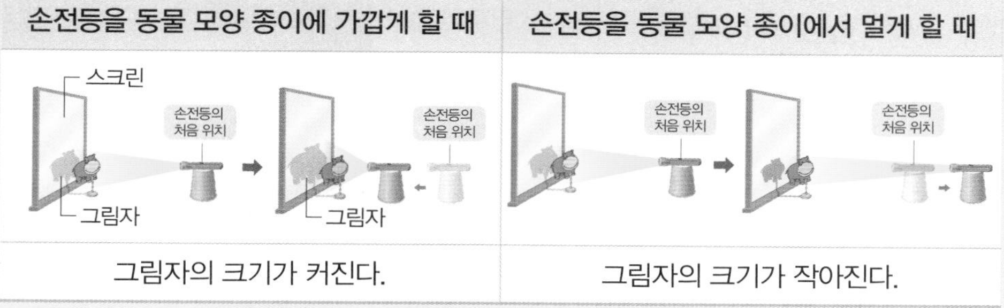	
그림자의 크기가 커진다.	그림자의 크기가 작아진다.

Speed OX

물체와 손전등이 가까워지면 그림자의 크기가 커진다.

☐

정답 12쪽

26 빛의 반사와 거울

1. **거울에 비친 물체의 모습**

실제 인형과 거울에 비친 인형의 모습		• 공통점: 색깔이 같다. • 차이점: 실제 인형은 왼쪽 날개를 위로 올렸는데 거울에 비친 인형은 오른쪽 날개를 위로 올려, 위로 올린 날개의 위치가 반대이다.
실제 글자와 거울에 비친 글자		 실제 글자 / 거울에 비친 글자 — 거울에 비친 글자는 실제 글자와 좌우가 바뀌어 보인다.

2. **빛의 반사**: 빛이 나아가다가 거울에 부딪치면 거울에서 빛의 방향이 바뀌는 성질이다.

교과서 실험 빛이 거울에 부딪쳐 나아가는 모습 관찰하기

실험 동영상

| 과정 ① 흰 종이를 깔고 거울을 수직으로 세운 후 손전등의 빛이 거울의 맨 아랫부분에 닿도록 비추면서 빛이 나아가는 모습을 관찰한다.

② 거울을 사용해 종이 과녁판에 손전등의 빛을 종이 과녁판의 가운데에 비춘다.

| 결과

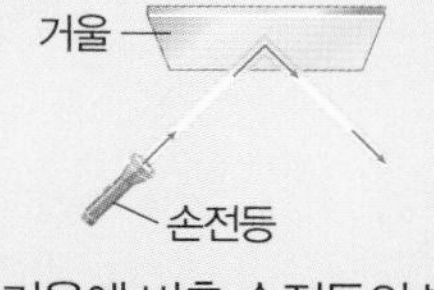

거울에 비춘 손전등의 빛

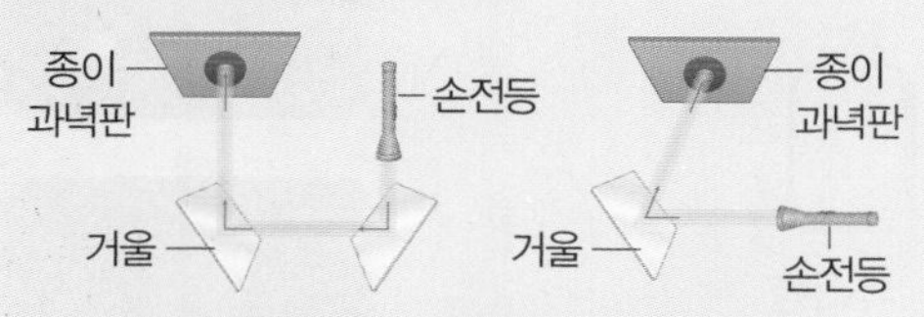

종이 과녁판에 맞춘 손전등의 빛

빛이 나아가다가 거울에 부딪치면 거울에서 빛의 방향이 바뀐다.

Speed OX

빛이 나아가다 거울에 부딪치면 빛이 사라진다.

☐

정답 12쪽

교과서 확인 문제

관련 단원 | 4학년 그림자와 거울

빛과 그림자

01 그림자에 대한 설명으로 옳은 것은 어느 것입니까? (　　　)

① 그림자는 물체만 있으면 생긴다.
② 물체의 그림자는 물체의 양쪽 옆에 생긴다.
③ 모든 물체의 그림자는 진한 정도가 비슷하다.
④ 그림자는 물체 뒤에 빛이 있을 때 물체 뒤에 생긴다.
⑤ 빛이 나아가다가 물체를 만나 빛이 통과하지 못하면 그림자가 생긴다.

02 다음 ㉠~㉢ 중 어느 위치에 물체를 놓아야 손전등의 빛을 비췄을 때 흰 종이에 그림자가 생기는지 기호를 쓰시오.

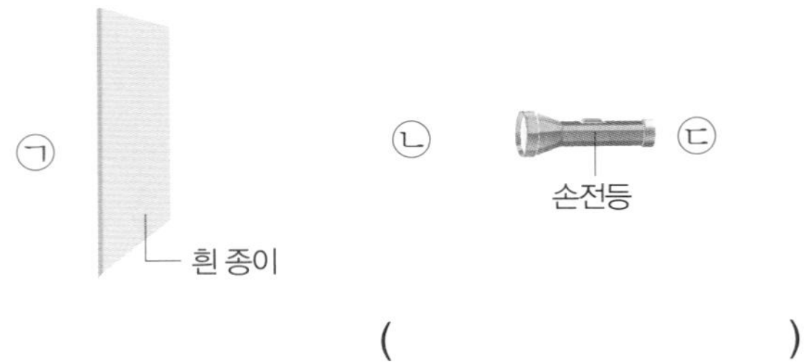

(　　　　　　　　)

03 다음 설명의 밑줄 친 이 물체에 해당하는 것의 기호를 쓰시오.

> 빛이 나아가다가 이 물체를 만나면 연한 그림자가 생긴다.

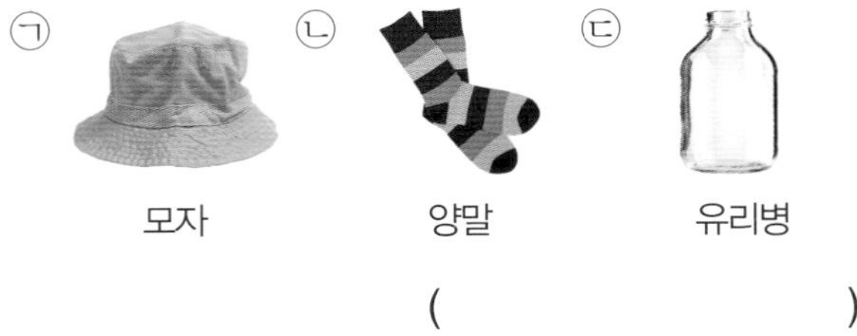

(　　　　　　　　)

그림자의 모양과 크기

04 다음은 구름 사이로 태양 빛이 나아가는 모습입니다. 빛의 어떤 성질을 알 수 있는지 알맞게 말한 친구의 이름을 쓰시오.

> • 희수: 빛이 반사되는 성질을 알 수 있어.
> • 정우: 빛이 곧게 나아가는 성질이 잘 보여.
> • 민아: 빛은 구름을 만나면 사라지는 성질이 있어.

(　　　　　　　　)

05 다음과 같이 ㄱ자 모양 블록을 놓은 방향을 다르게 하여 빛을 비췄을 때 블록 뒤에 위치한 각각의 스크린에 나타나는 그림자 모양으로 알맞은 것끼리 선으로 이으시오.

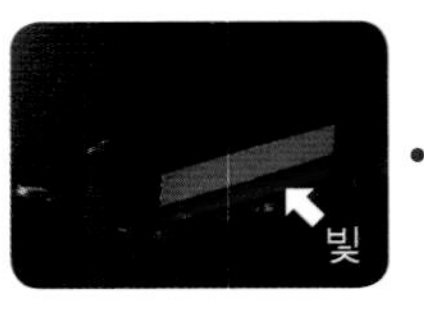

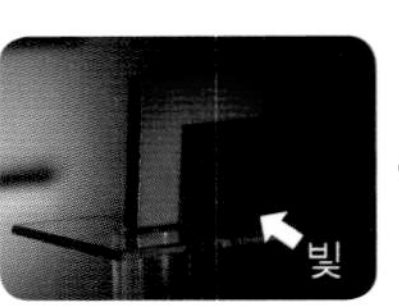

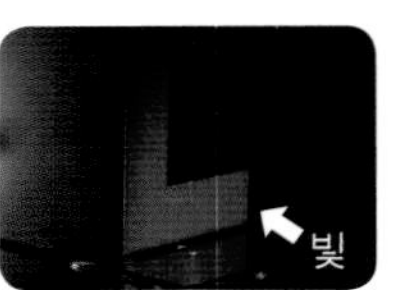

06 다음은 물체에 손전등의 빛을 비춰 스크린에 그림자가 생긴 모습입니다. 물체와 스크린은 그대로 두고 손전등을 움직여 그림자의 크기를 작게 만드는 방법을 쓰시오.

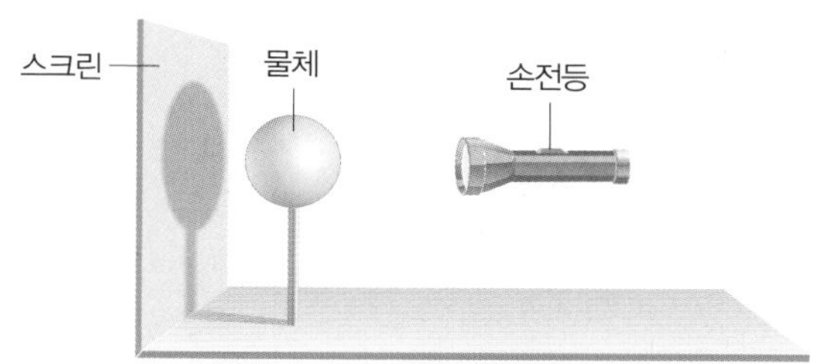

빛의 반사와 거울

07 다음 (　　) 안에 들어갈 알맞은 말을 쓰시오.

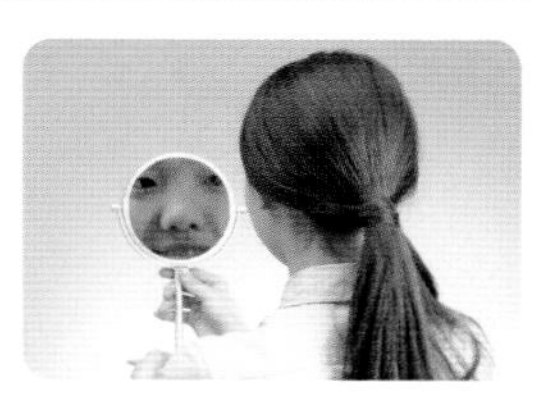

거울은 물체의 모습을 비추는 도구이다. 빛이 나아가다 거울에 부딪치면 거울에서 빛의 방향이 바뀌는 성질을 빛의 (　　　　)(이)라고 한다.

(　　　　　　)

08 오른쪽과 같은 인형을 거울에 비췄을 때 거울에 비친 인형의 모습으로 알맞은 것의 기호를 쓰시오.

㉠ 
㉡ 
㉢ 

(　　　　　　)

09 다음 글자를 거울에 비췄을 때 보이는 모양을 □ 안에 쓰고, 거울에 비친 글자의 모양과 실제 글자의 모양을 비교하여 (　　) 안에 공통으로 들어갈 알맞은 말을 쓰시오.

(1) 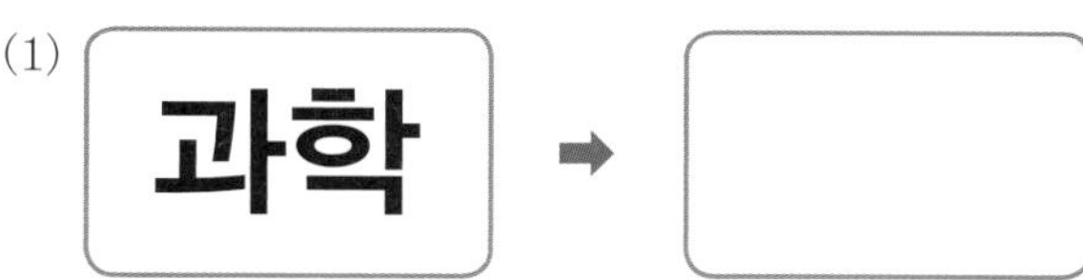

(2) 거울에 물체를 비추면 (　　　　　　)이/가 바뀌어 보인다.

10 다음과 같이 손전등을 비추고 있을 때 손전등의 방향은 그대로 두고 거울 한 개와 빛이 나아가는 모습을 그려 손전등의 빛이 종이 과녁판에 닿게 하시오.

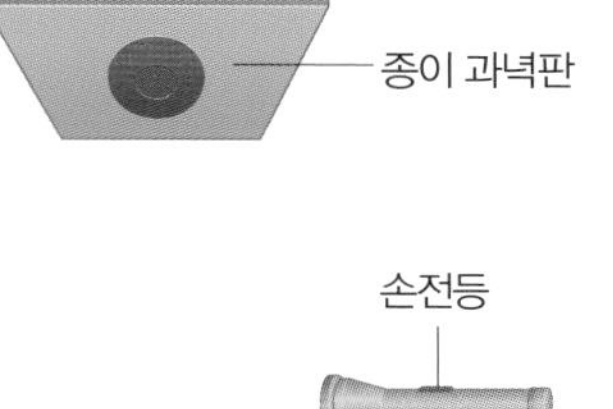

과학 탐구 토론

전기 자동차

전기 자동차란? 전기를 동력으로 하여 움직이는 자동차로, 휘발유와 같은 원료가 아닌 전력으로 전기 모터를 회전시켜 달리는 자동차를 말해요.

전기 자동차의 좋은 점

전기 자동차는 전기만 사용하여 움직이는 친환경 차로, 자동차에서 배출되는 배기가스나 소음이 거의 없어요. 일반 자동차와 같이 휘발유와 같은 화석 연료를 이용하여 움직이는 것이 아니라 전기 에너지로만 움직이기 때문에 자원의 절약은 물론, 환경 공해 문제를 거의 일으키지 않아요.

휘발유 자동차 한 대를 전기 자동차로 바꿀 경우 연간 최대 2.3 t의 이산화 탄소량이 줄어들고 소나무를 약 350그루 심는 효과가 나타난다고 해요. 따라서 전기 자동차 사용이 늘어난다면 배기가스로 인한 환경 공해 문제를 해결할 수 있어 지구를 깨끗하게 유지할 수 있을 거예요.

배기(排 밀칠 배, 氣 기운 기) 속에 든 공기, 가스, 증기 등을 밖으로 뽑아 버림.
공해(公 공평할 공, 害 해할 해) 산업이나 교통의 발달에 따라 사람이나 생물이 입게 되는 여러 가지 피해.

전기 자동차의 한계점

전기 자동차가 일반 자동차를 대신하는 것이 쉽지는 않아요. 전기 자동차를 충전하는 과정은 휴대 전화와 같은 전자 기기를 충전하는 것과 비슷하지만, 배터리 자체의 용량이 크기 때문에 충전 시간이 매우 길어요. 일반 자동차는 5분 이내에 주유가 끝나지만 전기 자동차는 고속 충전을 하더라도 몇 시간 정도 충전을 해야만 일반 자동차만큼의 거리를 이동할 수 있어요.

현재까지 개발된 전기 자동차는 아직 배터리의 용량이 작아서 전기를 배터리 가득 충전해도 일반 자동차보다 짧은 거리를 이동할 수 있어요.

그 밖에 전기 충전소를 설치해야 하는 문제, 일반 자동차보다 비싼 전기 자동차의 가격, 최대 속도가 일반 자동차보다 느리다는 점 등은 전기 자동차의 한계점이에요.

주유(注 부을 주, 油 기름 유) 자동차에 기름을 넣음.
용량(容 얼굴 용, 量 헤아릴 량) 가구나 그릇 같은 데 들어갈 수 있는 분량.

● 정답 12쪽

전기 자동차의 좋은 점과 한계점 정리해 보기

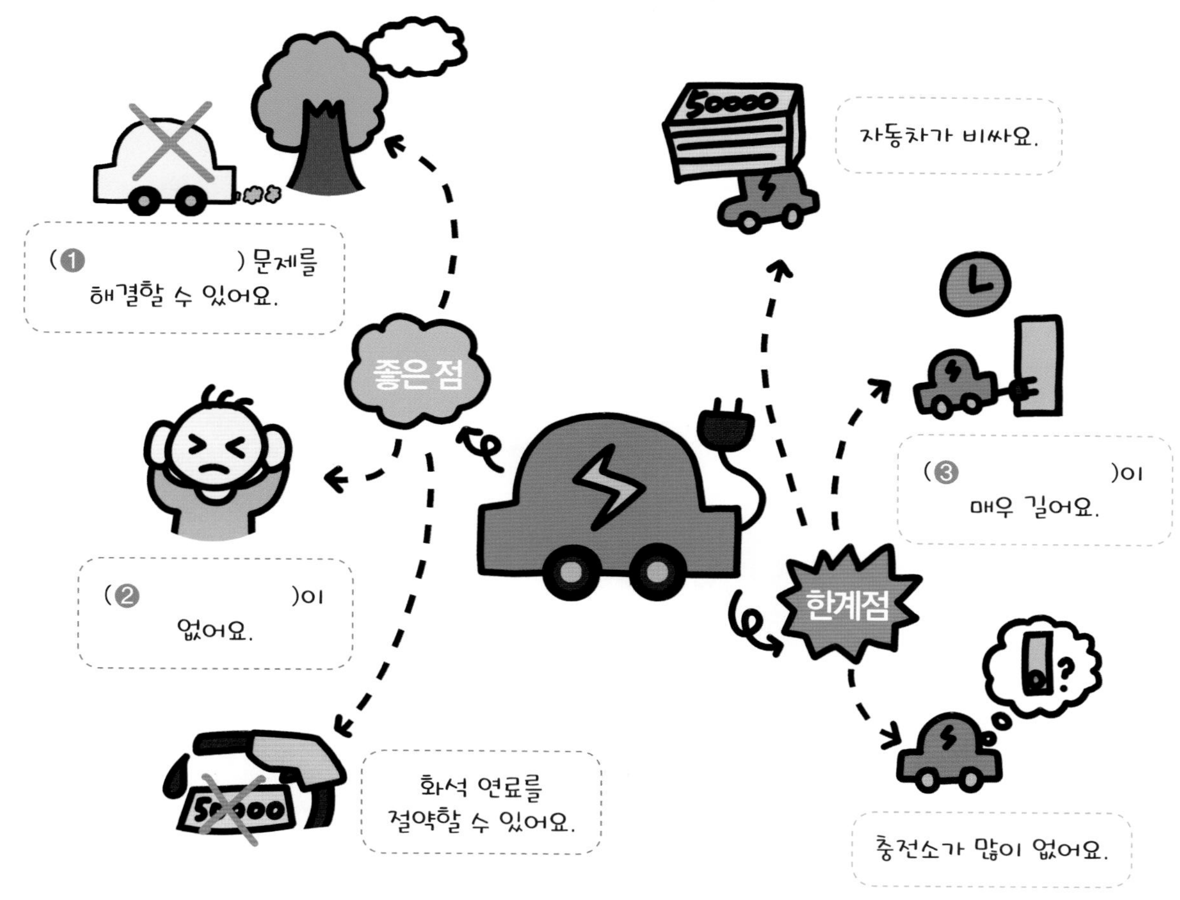

'전기 자동차'에 대한 나의 의견 써 보기

생명

교과서 단원

동물의 암컷과 수컷

동물 중에는 암컷과 수컷의 구별이 쉬운 동물과 어려운 동물이 있어. 암수의 생김새가 다르면 구별이 쉽고, 암수의 생김새가 비슷하면 구별이 어렵지. 꿩, 사자, 사슴, 원앙, 심해아귀, 코끼리물범 등은 암수의 생김새가 뚜렷하게 구별된단다. 암컷과 수컷의 모습이 어떻게 다른지 비교해 볼까?

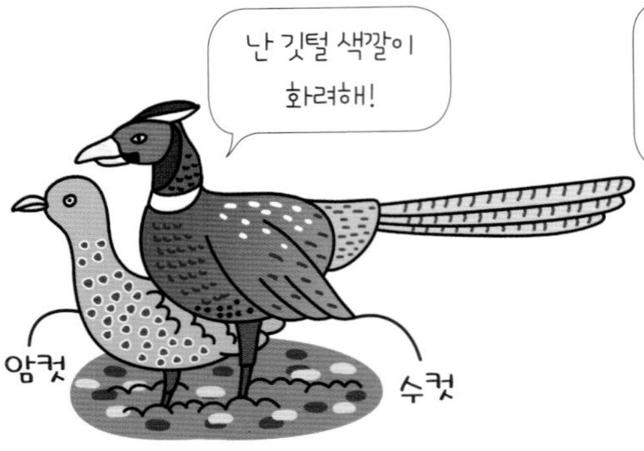

난 깃털 색깔이 화려해!
암컷
수컷
꿩

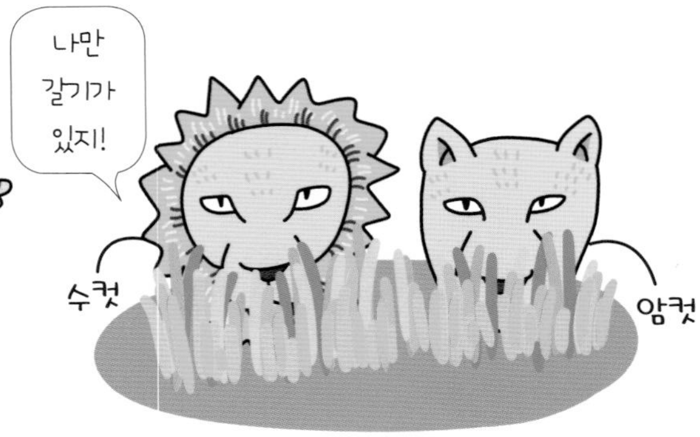

나만 갈기가 있지!
수컷
암컷
사자

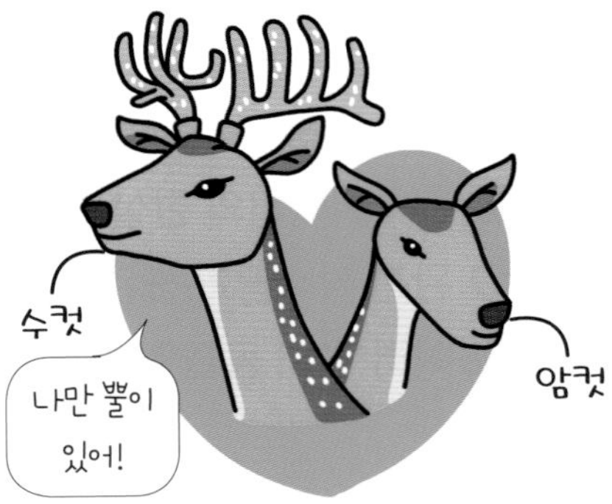

수컷
나만 뿔이 있어!
암컷
사슴

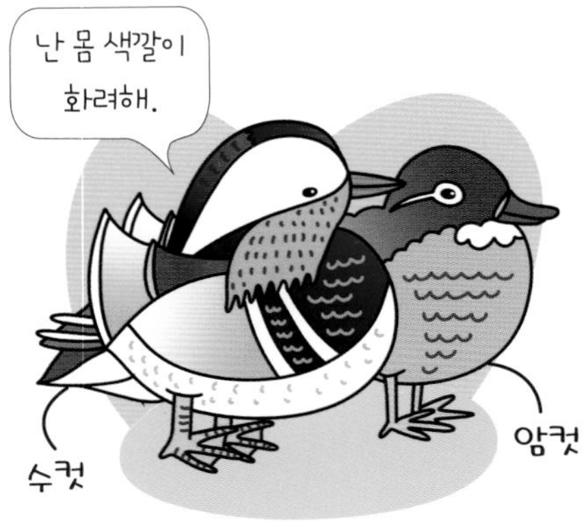

난 몸 색깔이 화려해.
수컷
암컷
원앙

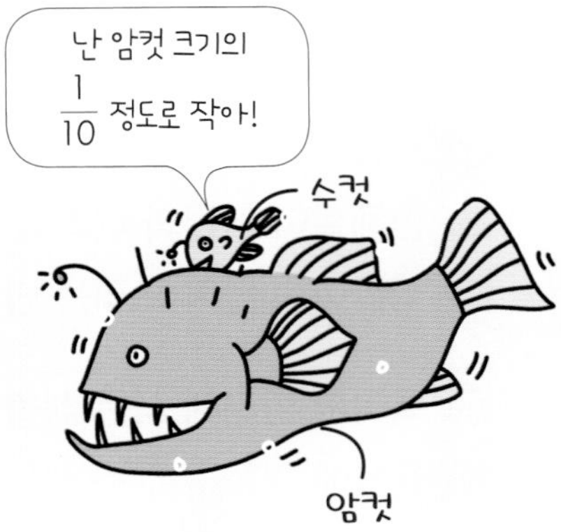

난 암컷 크기의 $\frac{1}{10}$ 정도로 작아!
수컷
암컷
심해아귀

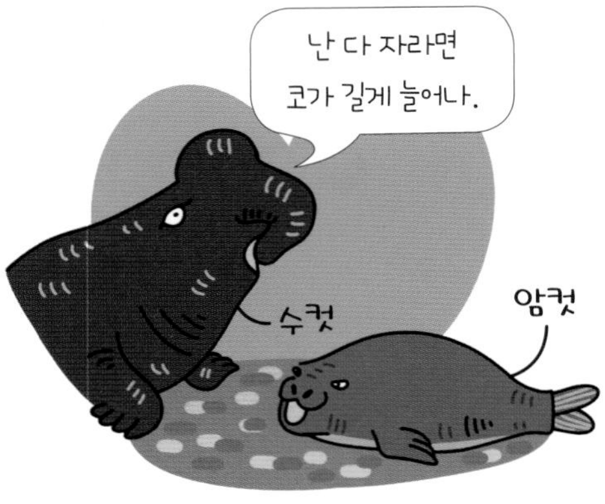

난 다 자라면 코가 길게 늘어나.
수컷
암컷
코끼리물범

도전! 초성 용어

1. ㅇ ㅅ
암컷과 수컷을 아울러 이르는 말.

2. ㅅ ㅋ
암수의 구별이 있는 동물에서 새끼를 배지 않는 쪽.

정답 13쪽

암컷과 수컷의 생김새가 비슷한 동물

우리 주변에서 흔히 볼 수 있는 개나 고양이와 같은 동물은 생식 기관을 살펴보지 않으면 암컷과 수컷을 구별하기가 어려워.
고양이과에 속하는 호랑이, 퓨마, 표범처럼 몸집이 큰 동물들은 수컷이 암컷보다 몸집이 커서 크기 차이를 보고 암수를 어느정도 구별할 수 있지만, 몸집이 작은 고양이는 구별하기가 쉽지 않아. 또 집에서 흔히 기르는 햄스터도 암수 구별이 쉽지 않단다.

확인해 봐요!

정답 13쪽

1 동물에 대해 옳게 말한 친구의 '◁'에 ○표 하세요.

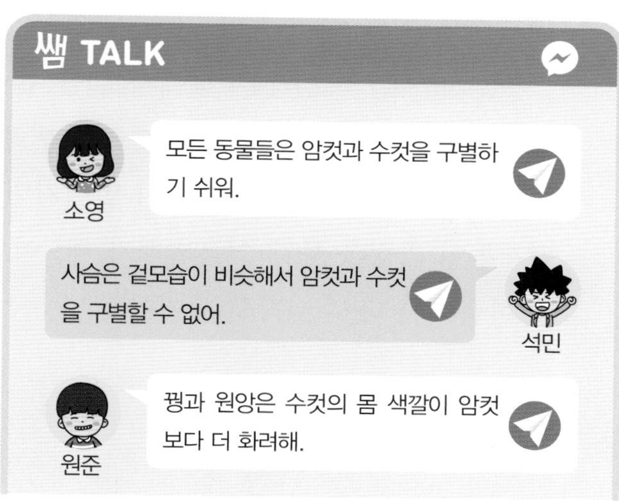

2 암컷과 수컷의 구별이 쉬운 동물을 찾아 (　　) 안에 암컷인지 수컷인지 쓰세요.

(　　　　　　　　)

(　　　　　　　　)

배추흰나비의 한살이

동물이 태어나서 성장하여 자손을 남기는 과정을 동물의 한살이라고 한단다. 우리 주변에서 쉽게 볼 수 있는 배추흰나비알을 찾아 배추흰나비를 키우며 한살이를 관찰할 수도 있어.

배추흰나비알은 화단이나 텃밭에 심은 케일, 배추의 잎에서 찾을 수 있어. 배추흰나비알은 연한 노란색이고 줄무늬가 있어서 마치 옥수수 모양 같아.

배추흰나비알은 시간이 지나면 색깔이 연해지고, 그 속에서 애벌레가 알껍데기를 뚫고 밖으로 나와. 알에서 나온 애벌레는 자신의 알껍데기를 갉아 먹어. 이 애벌레는 처음에는 연노란색이지만 잎을 먹으면서 점차 초록색으로 변해. 애벌레의 몸은 여러 개의 마디로 되어 있고 4번 허물을 벗으며 30 mm까지 자란단다.

충분히 자란 애벌레는 몸에서 실을 뽑아 몸을 묶고 번데기가 돼. 번데기 색깔은 점차 주변의 색깔과 비슷하게 변해서 눈에 잘 띄지 않는단다.

시간이 지나면 번데기 껍질이 벌어지면서 날개가 있는 어른벌레가 나오는 날개돋이 과정을 통해 어른벌레가 돼. 어른벌레가 짝짓기를 한 뒤 알을 낳으면 한살이가 다시 시작되는 거야.

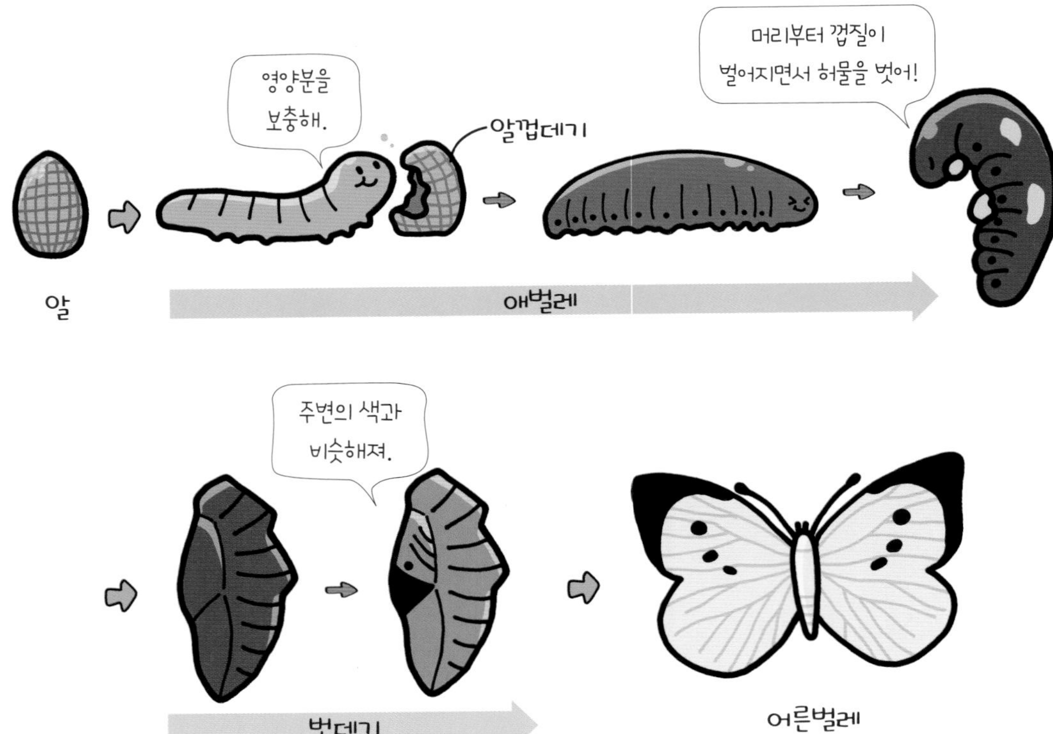

❶ 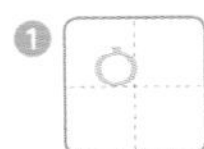

조류, 파충류, 어류, 곤충 등의 암컷이 낳는 둥근 모양의 물질. 일정한 시간이 지나면 새끼나 애벌레로 부화함.

❷ 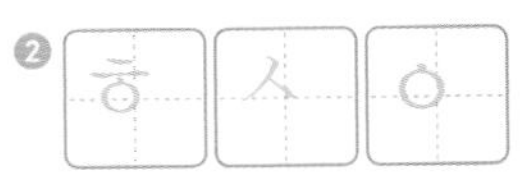

세상에 태어나서 죽을 때까지의 과정.

● 정답 13쪽

곤충들의 기막힌 생존 방식

지구에 살고 있는 곤충들은 100만 종이 넘어. 이렇게 많은 종류의 곤충들은 각자의 방법으로 살아남아.
꽃인 척 먹이를 유혹하는 난초사마귀가 있고, 몸에 독이 없는데도 생김새가 독개구리와 닮은 개구리도 있지. 꽃등에는 말벌과 비슷하게 생겼지만 말벌보다 작아. 몸집이 크면 새의 먹잇감이 되기 쉬워서 일부러 크기를 작게 하여 살아왔단다. 이런 다양한 방법으로 곤충들은 스스로를 보호하며 살고 있어.

확인해 봐요!

정답 13쪽

1 배추흰나비 한살이의 단계와 설명을 알맞게 선으로 이으세요.

알	•	•	생김새가 연한 노란색이고 줄무늬가 있어서 마치 옥수수처럼 생겼다.
어른벌레	•	•	몸에 마디가 있고 처음에는 연노란색이지만 자라면서 초록색으로 변한다.
애벌레	•	•	암수가 만나 짝짓기를 한 뒤 암컷이 알을 낳는다.
번데기	•	•	색깔이 주변의 색깔과 비슷하게 변한다.

2 다음은 배추흰나비 한살이의 과정을 순서 없이 나열한 것이에요. 알부터 시작하는 한살이 과정에 맞게 번호를 쓰세요.

 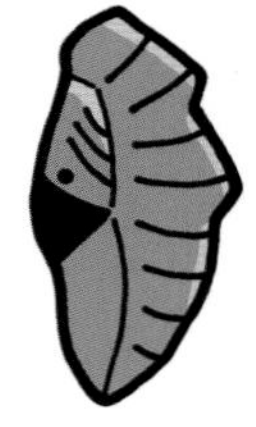  

( ) ( ) ( ) ( )

완전 탈바꿈과 불완전 탈바꿈

쇠똥구리와 메뚜기는 한살이 과정이 달라. 쇠똥구리는 번데기 단계가 있지만, 메뚜기는 번데기 단계가 없어. 곤충의 한살이에서 번데기 단계를 거치는 것을 완전 탈바꿈, 번데기 단계를 거치지 않는 것을 불완전 탈바꿈이라고 해.

완전 탈바꿈을 하는 나비, 무당벌레, 벌 등의 곤충은 번데기 안에서 어른벌레(성충)로 변해. 이때 안전하게 변하기 위해 튼튼한 번데기를 만들지.

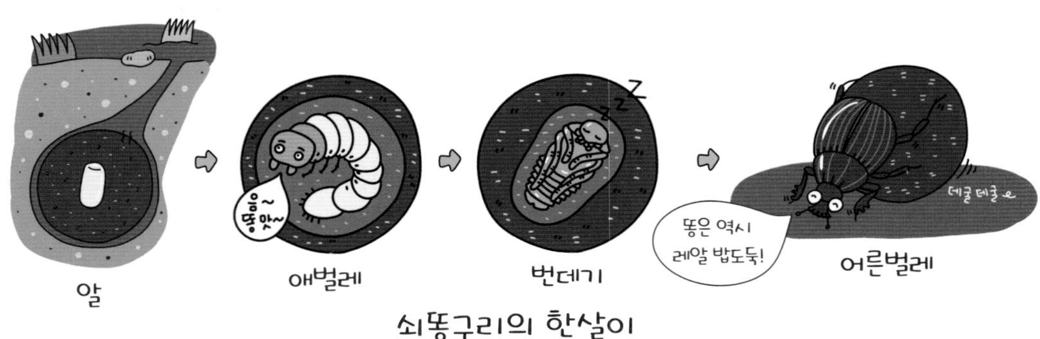

쇠똥구리의 한살이

불완전 탈바꿈을 하는 메뚜기, 매미, 귀뚜라미 등의 곤충은 애벌레에서 바로 어른벌레가 돼. 어른벌레로 변할 시간이 부족해서 애벌레와 어른벌레의 모습이 비슷한 경우가 많아. 하지만 잠자리처럼 불완전 탈바꿈을 해도 모습이 많이 변하는 곤충도 있어.

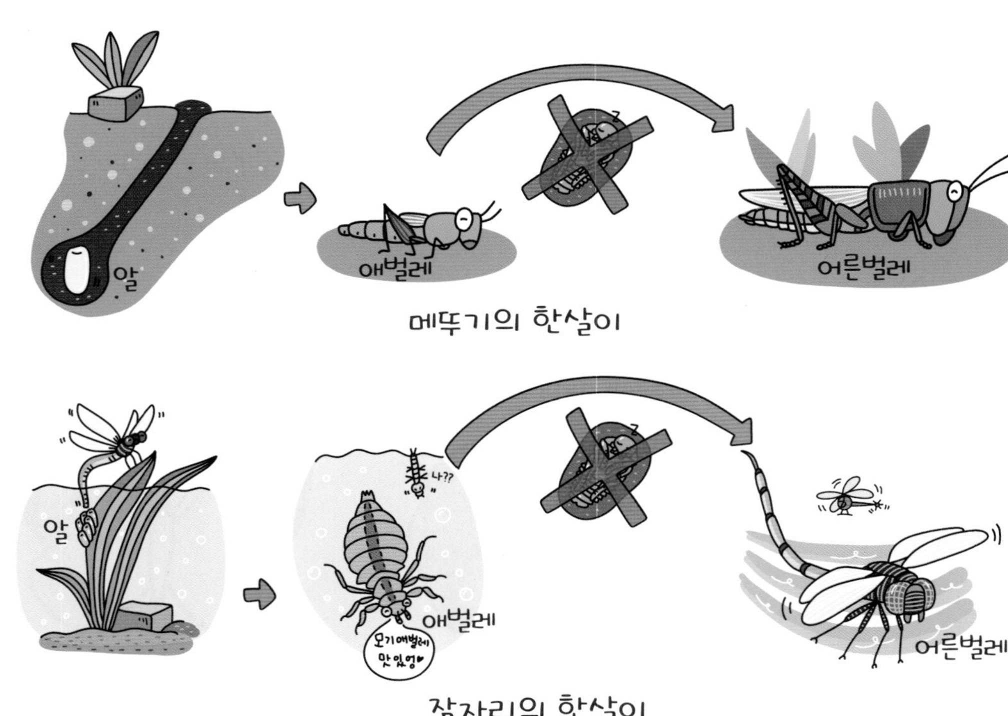

도전! 초성 용어

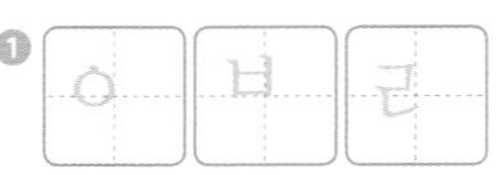

1 알에서 나온 후 아직 다 자라지 않은 벌레.

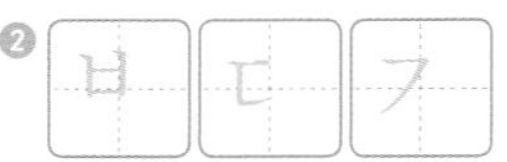

2 완전 탈바꿈을 하는 곤충의 애벌레가 성충으로 되는 과정 중에 한동안 아무것도 먹지 아니하고 고치 같은 것의 속에 가만히 들어 있는 몸.

● 정답 13쪽

혼자서도 자식을 낳을 수 있는 대벌레

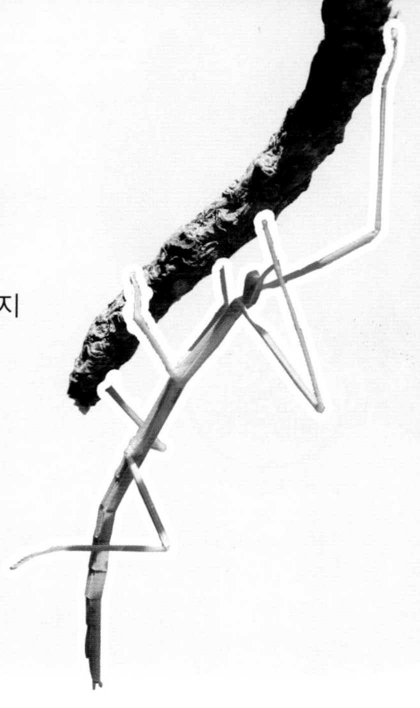

나뭇가지와 비슷하게 생긴 대벌레는 자세히 살펴보지 않으면 나뭇가지인지 대벌레인지 구별하기가 어렵단다.

대벌레의 암컷은 수컷과 만나지 않고 혼자서도 알을 낳을 수 있어. 그 알에서 나온 대벌레는 모두 엄마 대벌레랑 같은 유전 정보를 가지고 있기 때문에 암컷 대벌레로 태어나.

대벌레가 짝짓기를 하게 되면 그때 가끔 수컷 대벌레가 태어나기도 해. 하지만 짝짓기 가능성이 낮아 수컷 대벌레는 찾아보기가 힘들단다.

확인해 봐요!

정답 13쪽

1 곤충의 한살이에는 완전 탈바꿈과 불완전 탈바꿈이 있어요. 완전 탈바꿈과 불완전 탈바꿈 중 참쌤의 퀴즈에 해당하는 것을 쓰세요.

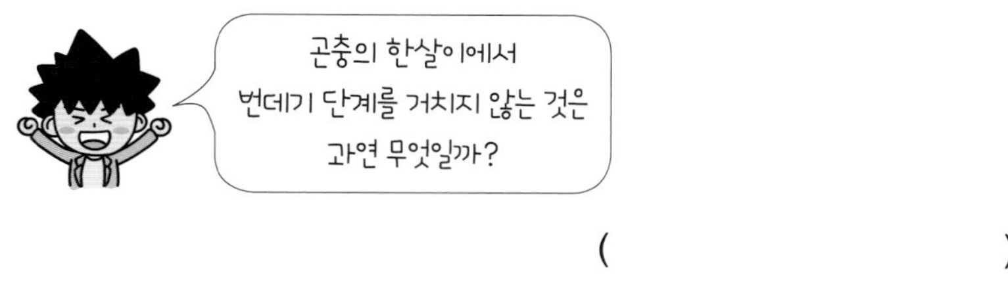

(　　　　　　　　　　)

2 쇠똥구리는 소똥을 굴리는 특징이 있어서 지어진 이름이에요. 다음 ▢ 안에 알맞은 그림을 그려 쇠똥구리의 한살이를 완성해 보세요.

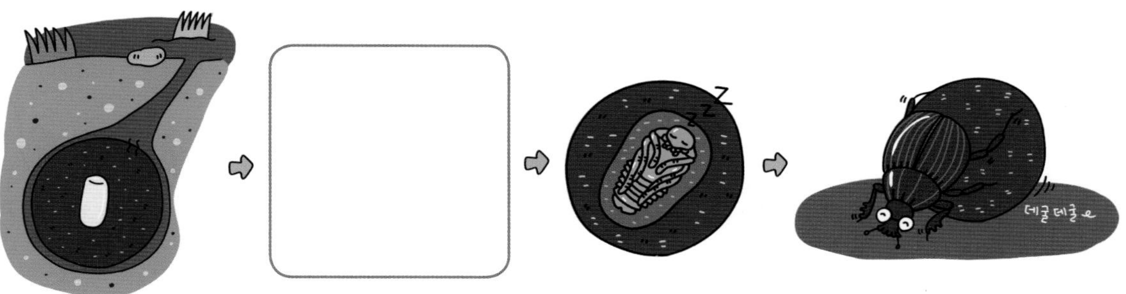

여러 가지 동물의 한살이

우리는 모두 엄마의 몸속에서 자라나 아기로 태어나고, 그 후에 어린이, 청소년, 성인, 노인이 되지. 동물은 알을 낳으면서 한살이가 시작되기도 하고, 새끼를 낳으면서 한살이가 시작되기도 해.

먼저 알을 낳는 동물의 한살이를 살펴볼까? 개구리는 암컷이 알을 낳으면 알, 올챙이, 개구리의 한살이 과정을 거친단다.

이번에는 새끼를 낳는 동물의 한살이를 살펴보자. 주변에서 많이 볼 수 있는 개는 새끼를 낳는 동물이야. 개는 갓 태어난 강아지, 큰 강아지, 다 자란 개의 한살이 과정을 거쳐. 새끼를 낳는 동물은 어미와 비슷한 생김새의 새끼가 태어나고, 새끼가 어미젖을 먹고 자라. 또 암수가 만나 짝짓기를 하여 암컷이 새끼를 낳지. 하지만 동물마다 임신 기간과 한 번에 낳는 새끼 수는 다르단다.

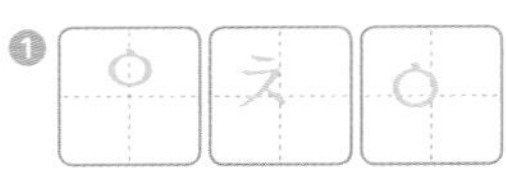

개구리의 어린 것. 몸통은 둥글고, 꼬리로 물속을 헤엄쳐 다니는데 자라면서 꼬리가 없어지고 네 다리가 생김.

배 속에 있거나 태어난 지 얼마 안 되는 어린 짐승.

● 정답 13쪽

오리와 너구리를 닮은 오리너구리

새끼를 낳아 젖을 먹여 키우고 폐로 숨 쉬는 동물을 '포유류', 알을 낳고 날개와 부리가 있으며 몸이 깃털로 덮여 있는 동물을 '조류'라고 해.
그렇다면 오리너구리는 포유류일까? 조류일까?
오리너구리의 입은 오리처럼 부리가 있고, 몸은 털로 덮여 있어.
또 발에는 물갈퀴가 있고, 땅에 알을 낳는단다.
생김새 때문에 헷갈릴 수 있지만, 오리너구리는 젖을 먹여 새끼를 키우고, 체온이 변하지 않기 때문에 포유류야.

확인해 봐요!

● 정답 13쪽

1 알을 낳는 동물과 새끼를 낳는 동물에 대해 잘못 말한 동물의 이름을 쓰세요.

( )

2 개구리는 알을 낳는 동물이에요. 개구리의 한살이 순서에 맞게 ▢ 안에 알맞은 그림을 그려 개구리의 한살이를 완성하세요.

관련 단원 | 3학년 동물의 한살이

27 동물의 암컷과 수컷

1. **암수가 쉽게 구별되는 동물**: 몸의 크기, 생김새, 색깔, 무늬 등이 뚜렷하게 구분된다.

사자	원앙	사슴	꿩
암컷은 갈기가 없고, 수컷은 갈기가 있다.	암컷은 몸 색깔이 화려하지 않고, 수컷은 몸 색깔이 화려하다.	암컷은 뿔이 없고, 수컷은 뿔이 있다.	암컷은 깃털 색깔이 수수하고, 수컷은 깃털 색깔이 화려하다.

2. **암수가 쉽게 구별되지 않는 동물**: 몸의 크기, 생김새, 무늬 등이 비슷하여 차이가 없다. 예 붕어, 무당벌레, 참새, 돼지, 토끼 등

사자는 암컷과 수컷을 구별하기 어렵다.

● 정답 13쪽

28 배추흰나비의 한살이

1. **배추흰나비알과 애벌레의 특징**

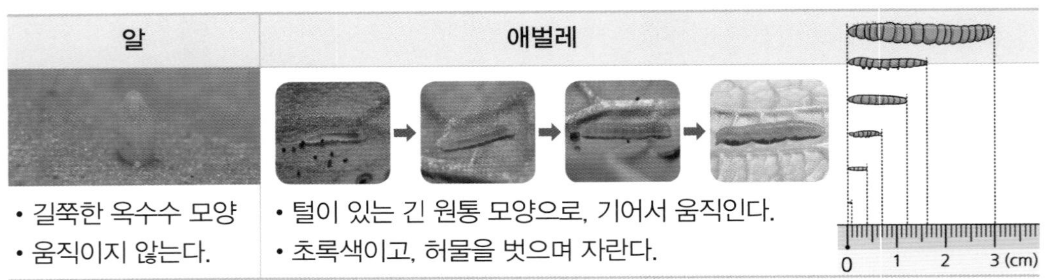

알	애벌레
• 길쭉한 옥수수 모양 • 움직이지 않는다.	• 털이 있는 긴 원통 모양으로, 기어서 움직인다. • 초록색이고, 허물을 벗으며 자란다.

2. **배추흰나비 번데기의 특징**

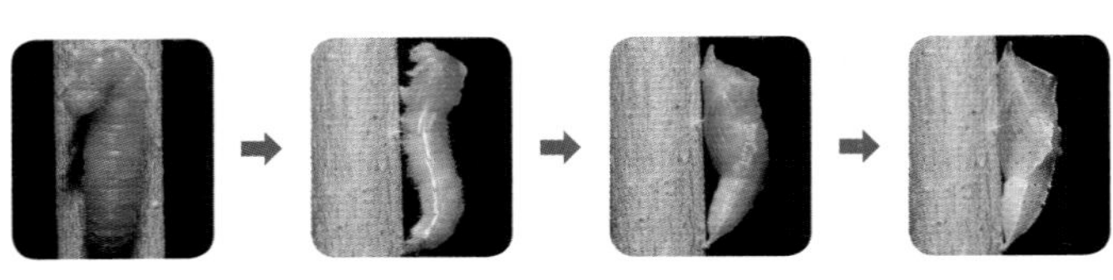

이동하지 않고 한곳에 붙어 있는다. 주변의 색깔과 비슷해서 눈에 잘 띄지 않는다.

3. **배추흰나비 어른벌레의 특징**

① 몸이 머리, 가슴, 배로 구분되며, 배에 마디가 있다.

② 머리에 더듬이 한 쌍, 눈 한 쌍, 긴 대롱 모양의 입 한 개가 있다.

③ 가슴에 다리 세 쌍이 있고, 하얀색의 날개 두 쌍이 있다.

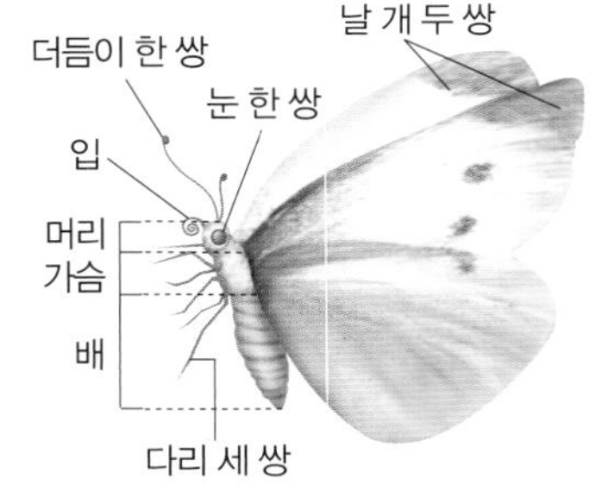

Speed OX

배추흰나비 한살이에는 애벌레 과정이 없다.

● 정답 13쪽

29 완전 탈바꿈과 불완전 탈바꿈

1. **완전 탈바꿈**: 사슴벌레, 나비, 벌, 파리, 풍뎅이, 나방, 개미, 무당벌레 등의 곤충은 한살이에서 번데기 단계를 거친다.

   ㉠ 사슴벌레의 한살이

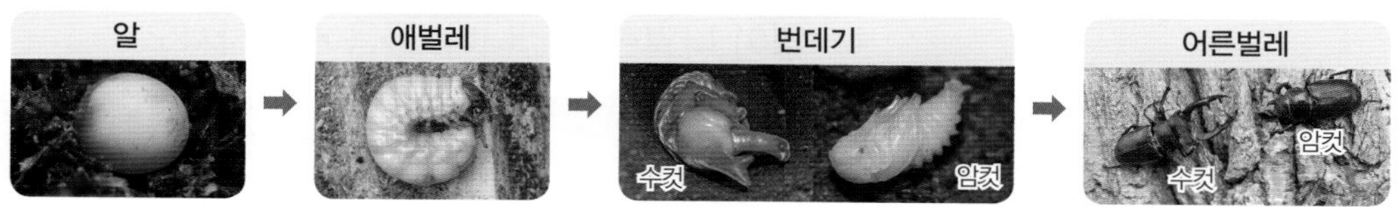

2. **불완전 탈바꿈**: 잠자리, 사마귀, 메뚜기, 방아깨비, 노린재 등의 곤충은 한살이에서 번데기 단계를 거치지 않는다.

   ㉠ 잠자리의 한살이

완전 탈바꿈은 번데기 단계가 있다.

☐

정답 13쪽

30 여러 가지 동물의 한살이

1. **알을 낳는 동물의 한살이**: 동물에 따라 알의 수, 크기, 모양이 다르다. 알에서 깨어난 새끼는 다 자라면 짝짓기를 하여 암컷이 알을 낳는다.

① 물에 알을 낳는 동물: 연어, 개구리 등

② 땅에 알을 낳는 동물: 닭, 뱀, 굴뚝새 등

   ㉠ 닭의 한살이

알	병아리	큰 병아리	다 자란 닭
부화			수컷 암컷
껍데기에 싸여 있고, 한쪽 끝이 뾰족한 공 모양이다.	몸이 솜털로 덮여 있고, 암수 구별이 어렵다.	솜털이 깃털로 바뀐다.	• 몸이 깃털로 덮여 있다. • 이마와 턱에 볏이 있다. • 암수 구별이 쉽다.

2. **새끼를 낳는 동물의 한살이**: 동물마다 임신 기간과 한 번에 낳는 새끼의 수, 새끼가 자라는 기간 등이 다르다. 새끼는 어미와 모습이 비슷하고 어미젖을 먹고 자라다가 점차 다른 먹이를 먹는다. ㉠ 소, 돼지, 개, 사람 등

① 소의 한살이: 갓 태어난 송아지 → 큰 송아지 → 다 자란 소

② 사람의 한살이: 아기 → 어린이 → 청소년 → 다 자란 어른

새끼를 낳는 동물의 새끼와 어미의 모습은 서로 비슷하다.

☐

정답 13쪽

교과서 확인 문제

관련 단원 | 3학년 동물의 한살이

동물의 암컷과 수컷

01 다음 동물 중 암컷이 아닌 것은 어느 것입니까? (　　　)

① 
사자

② 원앙

③ 
사슴

④ 
꿩

02 다음 무당벌레의 암수에 대한 설명으로 옳은 것에 ○표 하시오.

(1) 무당벌레의 암수는 생김새가 비슷하다. (　　)

(2) 무당벌레의 암컷은 수컷보다 점무늬가 더 화려하다. (　　)

(3) 무당벌레의 수컷이 암컷보다 몸의 크기가 훨씬 크다. (　　)

배추흰나비의 한살이

[03~04] 다음은 배추흰나비의 한살이 과정을 순서 없이 나열한 것입니다. 물음에 답하시오.

(가) 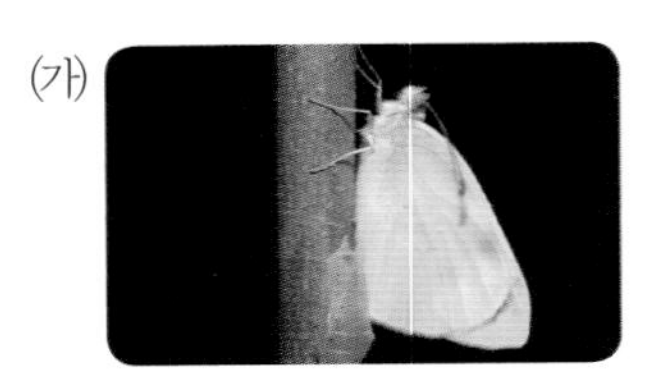

(나) 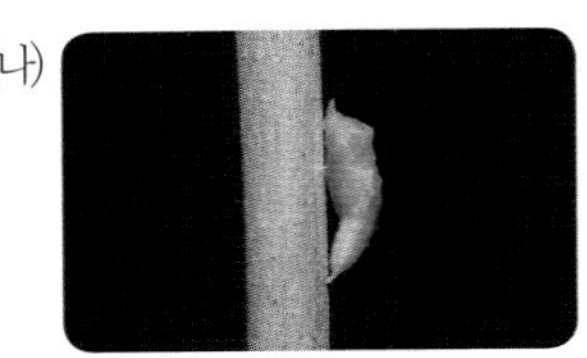

(다) 

(라) 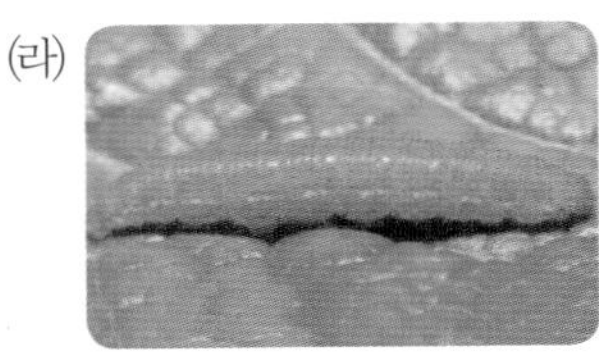

03 위 배추흰나비의 한살이 과정을 알부터 시작하는 한살이 과정에 알맞게 기호를 쓰시오.

(　　　) → (　　　) → (　　　) → (　　　)

04 위 배추흰나비 한살이 과정 중 다음의 특징이 있는 것의 기호를 쓰고, 그때의 이름은 무엇인지 함께 쓰시오.

- 약 25 mm이며, 자라지 않는다.
- 이동하지 않고 한곳에 붙어 있다.
- 여러 개의 마디가 있고 가운데가 불룩하다.

(　　　　　　　)

05 배추흰나비 어른벌레 몸의 각 부분의 이름과 날개와 다리가 각각 몇 쌍인지 숫자를 쓰시오.

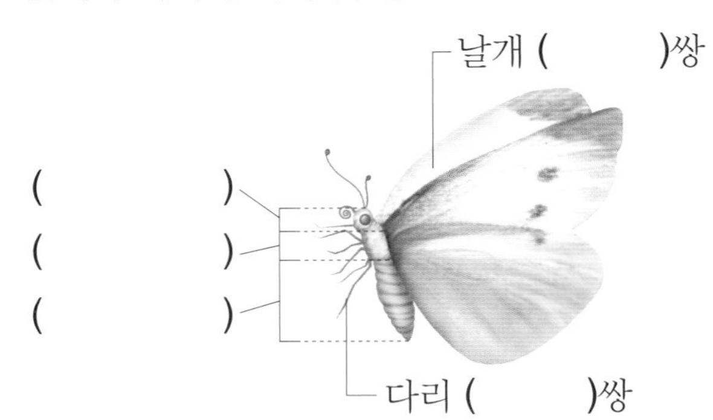

완전 탈바꿈과 불완전 탈바꿈

06 완전 탈바꿈을 하는 곤충의 한살이 과정을 (　　) 안에 써넣으시오.

알 → (　　　　) → (　　　　) → 어른벌레

07 사슴벌레와 잠자리의 한살이 과정에서의 차이점에 대해 옳게 말한 친구의 이름을 쓰시오.

사슴벌레

잠자리

- 예지: 잠자리는 번데기 단계가 없어.
- 수아: 사슴벌레는 암컷만 번데기 단계가 있어.
- 정우: 사슴벌레는 애벌레 단계가 있지만 잠자리는 애벌레 단계가 없어.

(　　　　　　　)

08 다음 곤충이 완전 탈바꿈을 하면 '완', 불완전 탈바꿈을 하면 '불'이라고 쓰시오.

(1) 
개미

(　　　　)

(2) 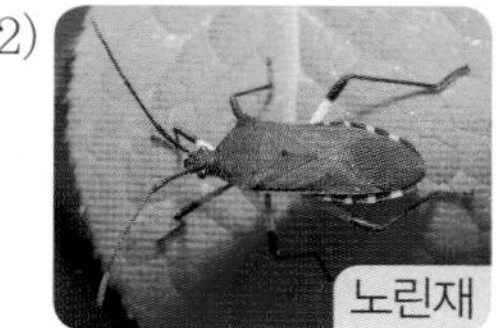
노린재

(　　　　)

(3) 
메뚜기

(　　　　)

(4) 
파리

(　　　　)

여러 가지 동물의 한살이

09 다음은 닭의 한살이 과정 중 일부입니다. 병아리에서 큰 병아리로 자라는 모습에 대한 설명으로 옳은 것의 기호를 쓰시오.

병아리 → 큰 병아리

㉠ 병아리 몸의 솜털이 큰 병아리가 되면서 깃털로 바뀐다.
㉡ 큰 병아리로 자라면서 암수 구별이 점점 더 어려워진다.
㉢ 병아리가 큰 병아리로 자랄수록 볏과 꽁지깃이 사라진다.

(　　　　　　　)

10 닭의 한살이와 개의 한살이 과정의 차이점은 무엇인지 한 가지 쓰시오.

닭

개

관련 단원 | 3학년 동물의 생활

특이한 환경에 사는 동물

지구에는 모래가 많은 사막, 깊고 어두운 동굴, 눈과 얼음으로 덮인 남극 등의 특이한 환경에서도 그 환경에 적응하며 다양한 동물들이 살고 있단다.

비가 많이 내리지 않아 물이 매우 적고 모래바람이 많이 부는 사막에는 낙타, 사막여우, 도마뱀 등의 동물이 살고 있어. 낙타는 등의 혹에 지방이 있어서 먹이가 없어도 며칠 동안 생활할 수 있어. 사막여우는 몸에 비해 큰 귀를 가지고 있어서 열을 몸 밖으로 쉽게 내보낼 수 있단다.

깊은 동굴은 햇빛이 들지 않아 어둡고 축축해. 또한 먹이가 부족하지. 이러한 환경에는 박쥐, 등줄굴노래기 등의 동물이 살고 있어.

아주 추운 남극에 사는 동물에는 대표적으로 펭귄이 있어. 추운 날씨에 적응하여 살아가고 있지.

도전! 초성 용어

1 ㅈ ㅇ

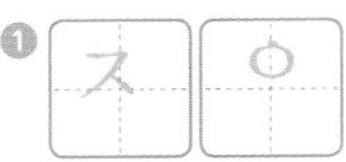

생물이 주변 환경이나 생활 환경에 맞추기 위해 모양이나 생활 습관 등이 변하는 현상.

2 ㄷ ㄱ

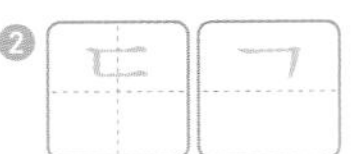

자연적으로 만들어진 깊고 넓은 큰 굴.

• 정답 14쪽

깊은 바다에 사는 특이한 모양의 물고기들

아주 깊은 바닷속 심해는 보통 바다의 깊이가 200 m 이상 되는 곳으로 물의 압력이 매우 높아. 높은 압력 때문에 이 곳에 사는 물고기는 공기가 들어 있는 부레가 없어. 또한 심해에는 햇빛이 들지 않아 매우 깜깜하기 때문에 이곳에 사는 동물들은 시력이 발달하거나 눈이 없는 상태로 환경에 적응했어.
먹이의 양이 적은 환경인 심해에 사는 동물은 먹이를 발견하면 그 먹이를 절대 놓치지 않기 위해 입이 매우 크거나 날카로운 이빨을 가진 동물들이 많아.
환경에 적응하여 살아가는 동물들의 생김새가 정말 신기하지?

확인해 봐요!

정답 14쪽

1 특이한 환경과 그 환경에 적응해 살아가는 동물을 알맞은 것끼리 선으로 이으세요.

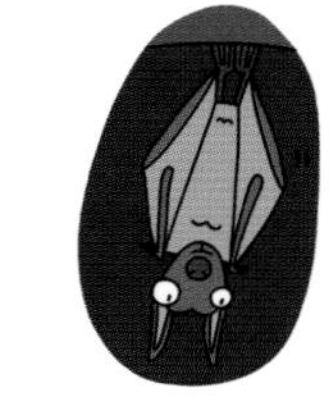

2 지구 온난화가 심해져 오랜 시간동안 기온이 높아진 상황을 상상해 보세요. 사람이 지구 온난화에 적응할 시간이 충분하다면, 사람은 어떻게 적응할지 자신의 생각을 쓰세요.

하늘을 날아다니는 동물

새처럼 날개만 있다면 하늘을 날 수 있는지 궁금하지? 새는 몸의 여러 가지 특징이 있어 하늘을 날 수 있어.

첫째, 새는 뼛속이 비어 있어 몸이 가볍기 때문에 하늘을 잘 날 수 있어. 둘째, 날갯짓을 위해 가슴 근육이 매우 발달되어 있어. 독수리처럼 바람을 타고 활강하여 이동하는 새들도 있지만 벌새처럼 1초에 60번씩 날갯짓을 하는 새들도 있어. 셋째, 새의 몸은 날기 쉽도록 깃털로 덮여 있단다. 깃털은 몸을 따뜻하게 만들어 주어 날개를 움직이기 쉽고, 가볍기 때문에 하늘을 나는데 매우 좋아. 넷째, 소변과 대변, 출산(알)까지 하는 하나의 구멍인 총배설강에서 대변과 소변이 섞여 나오기 때문에 조금이라도 더 빨리 몸을 가볍게 만들 수 있어. 다섯째, 하늘 멀리에서 보기 때문에 시력이 매우 발달되어 있어. 매의 경우 사람보다 8배 정도 더 멀리 볼 수 있다고 해.

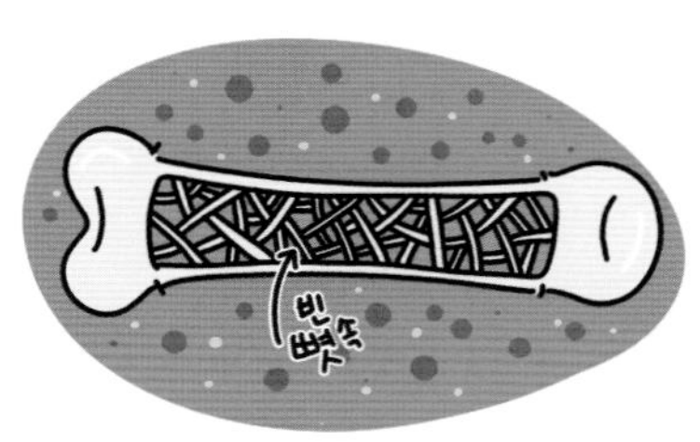

구멍 많은 뼈

발달한 가슴 근육

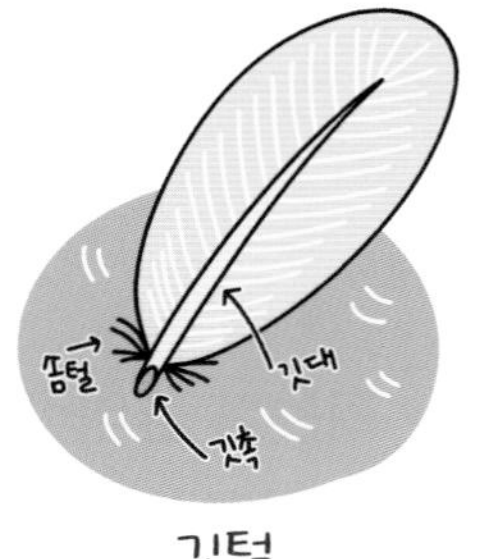

깃털

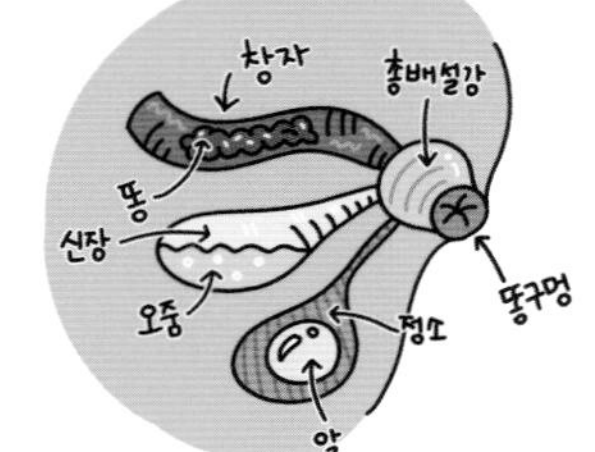

총배설강에서 섞여 나오는 소변과 대변

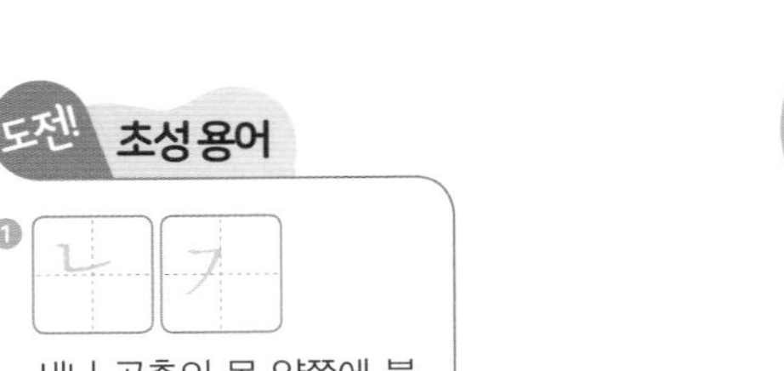

❶ 새나 곤충의 몸 양쪽에 붙어서 날아다니는 데 쓰는 기관.

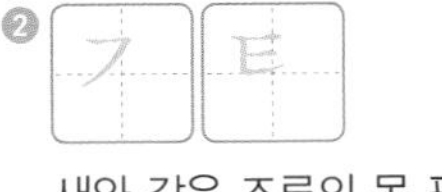

❷ 새와 같은 조류의 몸 표면을 덮고 있는 털.

● 정답 14쪽

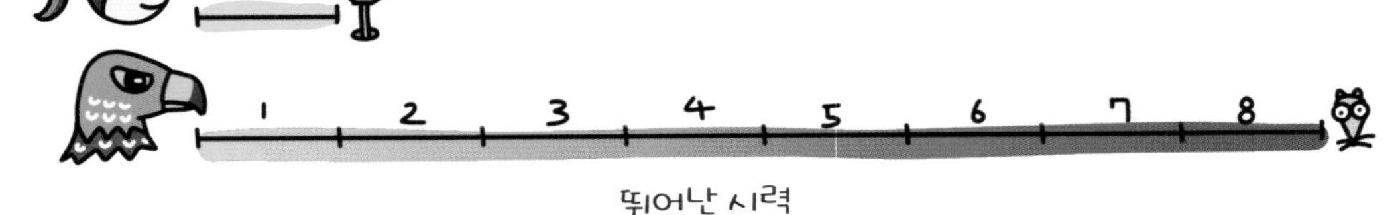

뛰어난 시력

몸의 일부가 날개처럼 되어 있는 동물

새와 같은 조류뿐만 아니라 다른 종류의 동물 중 하늘을 날 수 있는 동물들도 있어. 하늘을 날 수 있는 동물 중 박쥐는 피부가 늘어나서 생긴 고무막처럼 얇은 날개막이 있어.

하늘다람쥐도 몸 옆구리의 피부가 자라서 생긴 날개막으로 날 수 있지. 이 날개막은 털로 덮여 있어.

날치는 위협을 느끼면 양쪽 가슴지느러미와 배지느러미를 활짝 펴고 물 밖으로 튀어나와 날아갈 수 있단다.

정답 14쪽

1 참새나 까치 등의 새가 하늘을 날 수 있는 이유를 옳게 말한 친구의 이름에 ○표 하세요.

민준

보람

소라

2 새는 몸의 여러 가지 특징으로 하늘을 날기에 알맞아요. 새가 날 수 있는 몸의 특징을 한 가지 그림으로 그리고, 설명을 쓰세요.

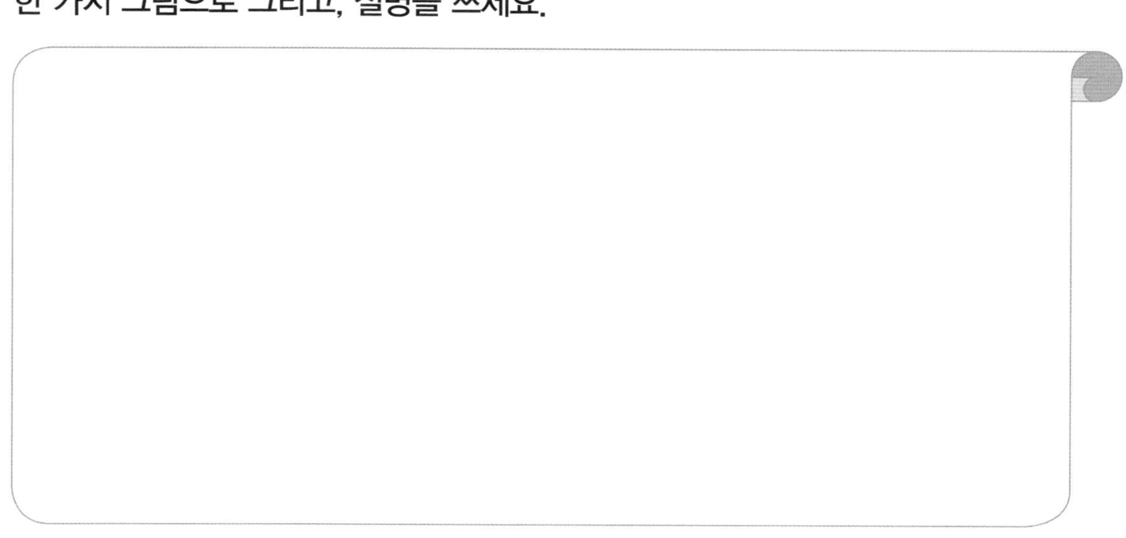

생활에 활용된 동물의 특징

동물이나 식물의 특징을 활용해 우리 생활에 필요한 물건을 만드는 것을 생체 모방이라고 해. 생체 모방에는 어떤 것이 있는지 살펴볼까?

상어는 물속에서 빠른 속도로 이동할 수 있어. 상어의 피부에는 아주 작은 톱니 같은 것이 있는데, 이것을 리블렛이라고 해. 물속을 헤엄칠 때는 물의 저항을 받게 되는데, 리블렛은 이런 물의 저항을 줄여 준단다. 이 리블렛을 활용해서 수영 선수의 전신 수영복을 만들었어. 그래서 물속을 더 빠르게 이동할 수 있어.

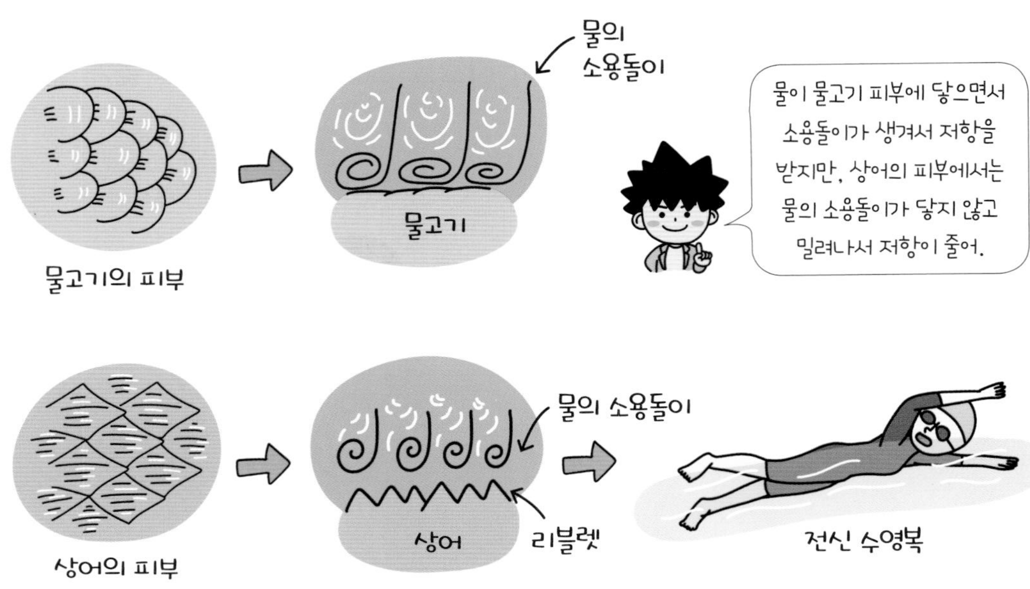

도마뱀과 비슷하게 생긴 도마뱀붙이는 매끄럽고 수직인 표면을 쉽게 기어오를 수 있어. 발바닥에 아주 작은 털들이 많이 있는데, 이 털들 덕분에 표면에 잘 붙을 수 있기 때문이지. 이런 도마뱀붙이의 특징을 활용해 수직 절벽, 고층 빌딩을 기어오를 수 있는 특수 장갑을 만들고 있어.

물체의 운동 방향과 반대 방향으로 작용하는 힘.

손을 보호하거나 추위를 막거나 장식하기 위하여 손에 끼는 물건.

정답 15쪽

개로 변해가는 여우

옛날 러시아에서는 털이 아주 아름다운 은여우를 키워서 가죽을 이용했어. 사람들은 은여우를 다루기 쉽게 만들고 싶어서 사람을 잘 따르는 은여우를 골라 교배하여 새끼를 낳게 했어. 그러다 보니 세대가 지날수록 사람을 잘 따르는 은여우가 늘어났지.
하지만 사람을 잘 따르는 은여우는 성격만 바뀐 것이 아니라 얼굴이 개의 생김새와 비슷해졌고 털색도 얼룩덜룩한 개처럼 변해갔어. 성격에 따라서 생김새가 바뀌다니 정말 신기한 일이지?

정답 15쪽

1 생체 모방에 대해 옳게 말한 친구의 '좋아요 👍'에 ○표 하세요.

2 상어 피부의 특징을 우리 생활에서 어떻게 활용하고 있는지 ▢ 안에 그림을 그리세요.

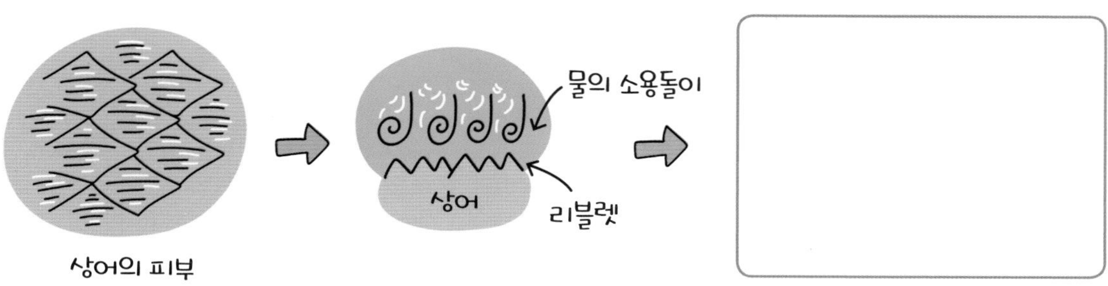

교과서 쏙 개념

관련 단원 | 3학년 동물의 생활

31 특이한 환경에 사는 동물

1. 사막에 사는 동물의 특징

낙타	사막여우	도마뱀
• 등의 혹에 지방이 있다. • 콧구멍을 여닫을 수 있다. • 발바닥이 넓어 모래에 발이 빠지지 않는다.	• 몸에 비해 큰 귀로 체온 조절을 한다. • 귓속에 털이 많아 귓속으로 모래가 잘 들어가지 않는다.	서 있거나 이동할 때 한 번에 두 발씩 번갈아가며 들어 올려 발의 열을 식힌다.
사막 딱정벌레	**전갈**	**사막 거북**
새벽에 땅 위로 나와 몸에 맺힌 이슬을 모아서 마신다.	온몸이 딱딱한 껍데기로 되어 있어 몸에 있는 물이 밖으로 잘 빠져나가지 않는다.	앞다리로 땅을 잘 팔 수 있어서 땅굴을 만들어 뜨거운 낮에 쉴 수 있다.

2. 사막에 사는 동물들이 적응한 사막의 환경

① 비가 많이 내리지 않아 물이 매우 적고 모래바람이 많이 분다. ➡ 물을 잘 모으고, 모래가 몸속에 들어가지 않는 방법 등으로 환경에 적응했다.

② 낮에는 덥고 밤에는 춥다. ➡ 체온 조절을 하는 방법 등으로 환경에 적응했다.

Speed OX

사막여우는 큰 귀로 열을 몸 밖으로 내보낸다. ☐

정답 15쪽

32 하늘을 날아다니는 동물

1. 날아다니는 새의 특징

직박구리	박새	까치
날개가 있고 몸이 깃털로 덮여 있다.	배와 뺨이 하얀색이고, 몸의 크기가 참새와 비슷하거나 작다.	몸이 검은색과 하얀색 깃털로 덮여 있고, 날개가 한 쌍 있다.

2. 날아다니는 곤충의 특징

나비	나방	잠자리	매미
날개 두 쌍, 다리 세 쌍이 있다. 앉을 때 날개를 붙여서 접는다.	날개를 펴고 앉으며, 나비보다 몸이 통통한 편이다.	날개 두 쌍, 다리 세 쌍이 있다. 날개가 얇아 빨리 날 수 있다.	나무 사이를 날아다니고, 수컷은 소리를 낸다. 나무 수액을 먹는다.

3. **날아다니는 동물이 잘 날 수 있는 까닭:** 날개가 있고, 몸의 균형이 잘 맞으며, 몸이 비교적 가볍다.

날개가 있는 새만 하늘을 날 수 있다.

정답 15쪽

33 생활에 활용된 동물의 특징

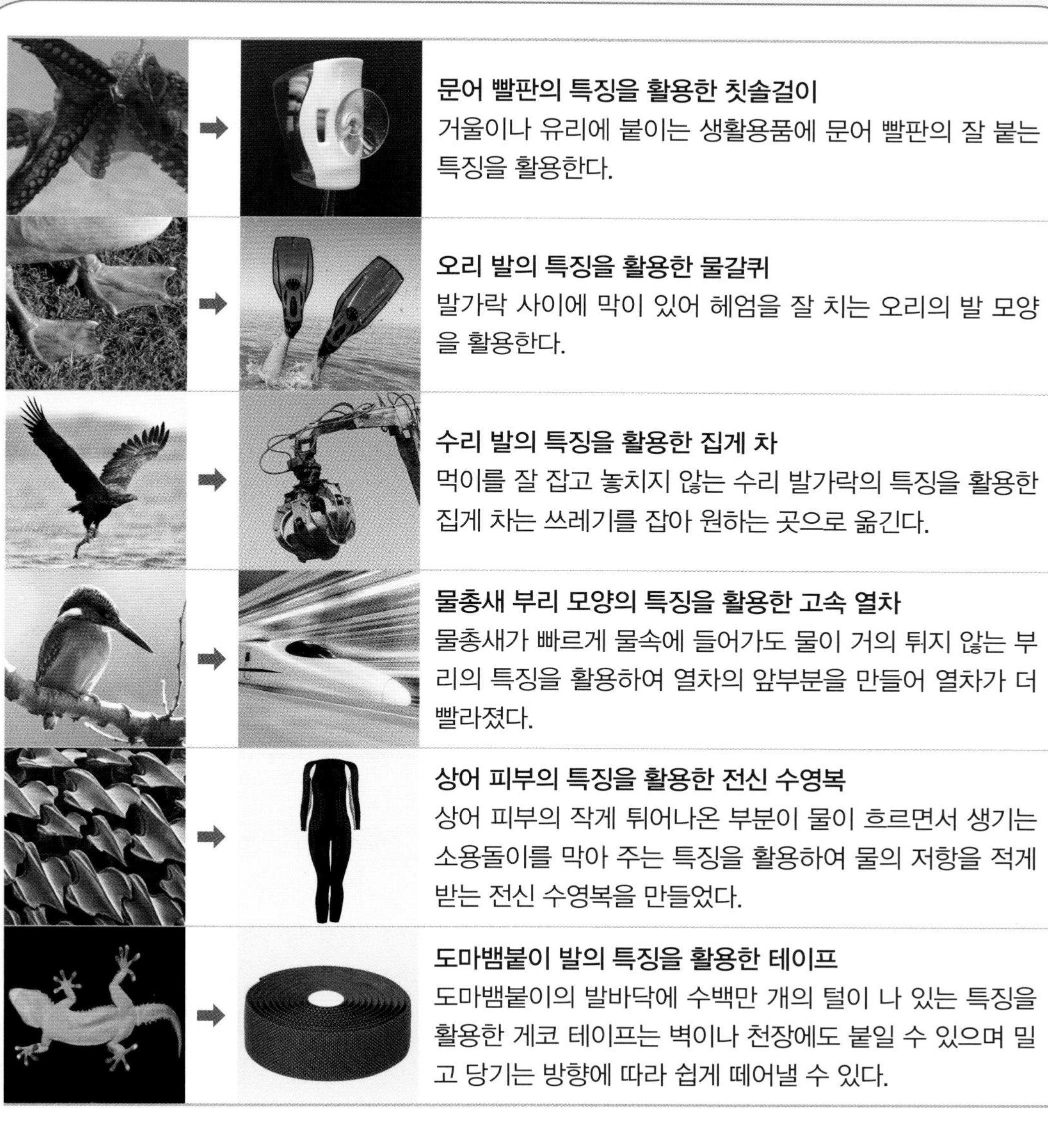

문어 빨판의 특징을 활용한 칫솔걸이
거울이나 유리에 붙이는 생활용품에 문어 빨판의 잘 붙는 특징을 활용한다.

오리 발의 특징을 활용한 물갈퀴
발가락 사이에 막이 있어 헤엄을 잘 치는 오리의 발 모양을 활용한다.

수리 발의 특징을 활용한 집게 차
먹이를 잘 잡고 놓치지 않는 수리 발가락의 특징을 활용한 집게 차는 쓰레기를 잡아 원하는 곳으로 옮긴다.

물총새 부리 모양의 특징을 활용한 고속 열차
물총새가 빠르게 물속에 들어가도 물이 거의 튀지 않는 부리의 특징을 활용하여 열차의 앞부분을 만들어 열차가 더 빨라졌다.

상어 피부의 특징을 활용한 전신 수영복
상어 피부의 작게 튀어나온 부분이 물이 흐르면서 생기는 소용돌이를 막아 주는 특징을 활용하여 물의 저항을 적게 받는 전신 수영복을 만들었다.

도마뱀붙이 발의 특징을 활용한 테이프
도마뱀붙이의 발바닥에 수백만 개의 털이 나 있는 특징을 활용한 게코 테이프는 벽이나 천장에도 붙일 수 있으며 밀고 당기는 방향에 따라 쉽게 떼어낼 수 있다.

도마뱀붙이는 매끄러운 표면을 기어오를 수 없다.

정답 15쪽

교과서 확인 문제

특이한 환경에 사는 동물

[01~02] 다음은 사막에 사는 낙타의 모습입니다. 물음에 답하시오.

01 위 낙타의 특징을 옳게 말한 친구의 이름을 쓰시오.

- 예림: 발바닥이 좁아서 모래에 잘 빠지지 않아.
- 지안: 온몸이 딱딱하여 몸에 있는 물이 밖으로 빠져나가지 않아.
- 시혁: 등의 혹에 지방이 있어서 먹이가 없어도 며칠 동안 생활할 수 있어.

(　　　　　　)

02 위 낙타는 긴 다리가 특징입니다. 긴 다리는 사막 환경에서 살기에 어떤 점이 좋을지 알맞은 것의 기호를 쓰시오.

㉠ 땅을 잘 팔 수 있다.
㉡ 물을 먹지 않아도 살 수 있다.
㉢ 땅바닥의 뜨거운 열기를 피할 수 있다.

(　　　　　　)

03 다음은 사막에 사는 동물입니다. 특징을 보고, 이 동물의 이름을 쓰시오.

몸에 비해 큰 귀를 가지고 있어서 체온 조절을 하며, 작은 소리도 잘 들을 수 있다. 귓속의 털로 인해 모래바람이 불어도 귓속으로 모래가 잘 들어가지 않는다.

(　　　　　　)

04 도마뱀이 뜨거운 사막 환경에 적응해서 살아가는 방법으로 알맞은 것에 ○표 하시오.

도마뱀

(1) 몸의 일부를 들고 옆으로 기어 다니는 것처럼 이동한다. (　　)
(2) 서 있거나 이동할 때 한 번에 두 발씩 번갈아 들어 올린다. (　　)
(3) 온몸이 딱딱한 껍데기로 되어 있어 몸에 있는 물이 밖으로 잘 빠져나가지 않는다. (　　)

하늘을 날아다니는 동물

05 다음 (　　) 안에 들어갈 알맞은 말을 쓰시오.

> 날아다니는 동물은 대부분 (　　　　　)이/가 있고 몸이 비교적 가벼워 날 수 있다.

(　　　　　　　　)

06 다음 동물의 공통점으로 옳은 것을 두 가지 고르시오. (　　　　　)

박새

매미

황조롱이

① 하늘을 날 수 있다.
② 날개가 있는 새이다.
③ 몸의 균형이 잘 맞는다.
④ 몸이 크고 무거운 편이다.
⑤ 피부가 변한 네 장의 날개가 있다.

07 나비와 잠자리의 특징으로 (　　) 안에 들어갈 알맞은 말을 써넣으시오.

구분	나비	잠자리
모습		
다리	(　　　　　) 쌍	(　　　　　) 쌍
날개	(　　　　　) 쌍	(　　　　　) 쌍
날개의 특징	앉을 때 날개를 (　　　　　)	날개의 두께가 (　　　　　)

생활에 활용된 동물의 특징

[08~10] 다음은 생활 속에서 동물의 특징을 활용하는 경우입니다. 물음에 답하시오.

(가) 
물갈퀴

(나) 
집게 차

(다) 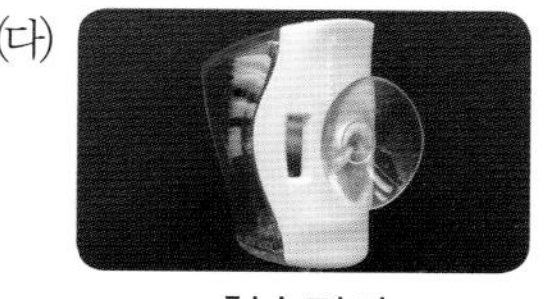
칫솔걸이

(라) 
고속 열차

08 위 (가)~(라) 중 다음과 같은 수리 발가락의 특징을 활용하여 만든 것의 기호를 쓰시오.

(　　　　　　　　)

09 위 (다)에서 활용한 동물의 특징으로 옳은 것에 ○표 하시오.

(1) 문어 빨판의 잘 붙는 특징 (　　)
(2) 좁은 공간을 기어서 이동하는 뱀의 특징 (　　)
(3) 여러 마리가 힘을 합해 자기 무게의 수백 배의 물체를 나르는 개미의 특징 (　　)

10 오른쪽은 오리 발의 모습입니다. 위 (가)~(라) 중 오리 발의 특징을 활용한 것은 무엇인지 기호와 활용한 특징을 함께 쓰시오.

씨가 싹 트고 자라는 과정

식물이 싹 트고 자라기 위해서는 주변의 도움이 필요하단다. 씨가 싹 트는 데 필요한 조건과 싹이 터서 자라는 과정을 알아볼까?

페트리 접시 두 개를 준비해서 각각 강낭콩을 넣고, 하나의 페트리 접시에는 물을 주고 다른 것에는 물을 주지 않으면 어떻게 될까?

물을 준 강낭콩에서는 싹이 트지만 물을 주지 않은 강낭콩은 싹이 트지 않아. 즉, 씨가 싹 트기 위해서는 물이 필요한 거야. 그리고 씨가 싹 트기 위해서는 적당한 온도도 중요해.

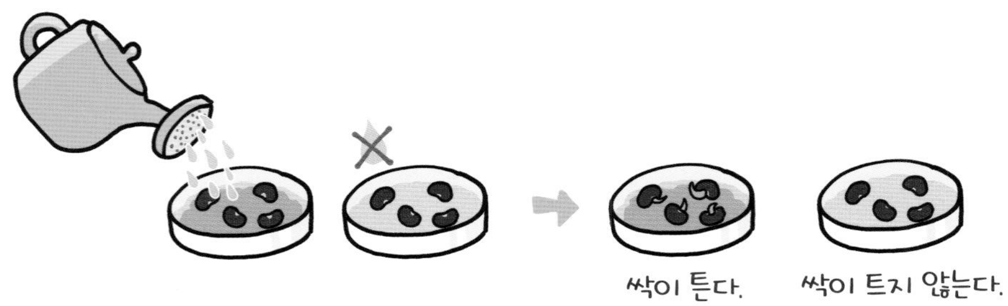

다음으로는 싹이 터서 자라는 과정을 살펴볼까?

딱딱했던 강낭콩이 부풀면 뿌리가 나오고 껍질이 벗겨지면서 떡잎 두 장이 나와. 그 다음에는 떡잎 사이로 본잎이 나오고, 시간이 지나면 떡잎이 시들고 본잎이 커진단다. 식물은 점점 줄기가 굵어지고 키도 자라면서 잎의 개수도 많아지며 멋진 식물로 자란단다.

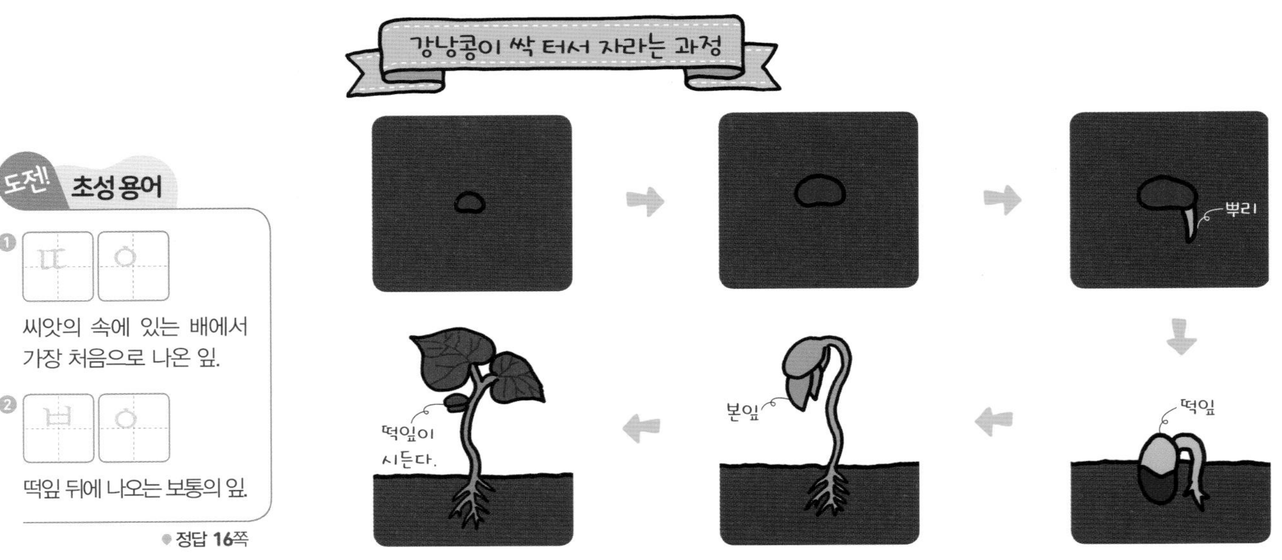

도전! 초성 용어

1. ㄸ ㅇ
씨앗의 속에 있는 배에서 가장 처음으로 나온 잎.

2. ㅂ ㅇ
떡잎 뒤에 나오는 보통의 잎.

● 정답 16쪽

집에서 아보카도 키우기

아보카도는 비타민이 많은 건강 과일이야. 멕시코가 원산지인 이 아보카도를 집에서도 키울 수 있어.
아보카도의 씨를 씻은 뒤 X자로 씨에 이쑤시개를 꽂아. 그 다음 물을 채운 컵 가장자리에 이쑤시개를 꽂은 아보카도 씨를 걸쳐 놓는 거야.
2～3주 후에 씨의 아랫부분에서 뿌리가 자라나는 것을 볼 수 있어.
이제 온도가 15～29.4 ℃인 곳에 뿌리가 자라난 아보카도의 씨를 심으면 집에서도 아보카도 나무를 키울 수 있단다.

확인해 봐요!

정답 16쪽

1 다음 실험을 통해 알 수 있는 씨가 싹 트는 데 필요한 조건을 쓰세요.

물을 준 강낭콩에서는 며칠 후 싹이 튼다.

물을 주지 않은 강낭콩에서는 며칠 후에도 싹이 트지 않는다.

(   )

2 다음 강낭콩이 싹 터서 자라는 과정에서 빠진 부분을 그려 넣으세요.

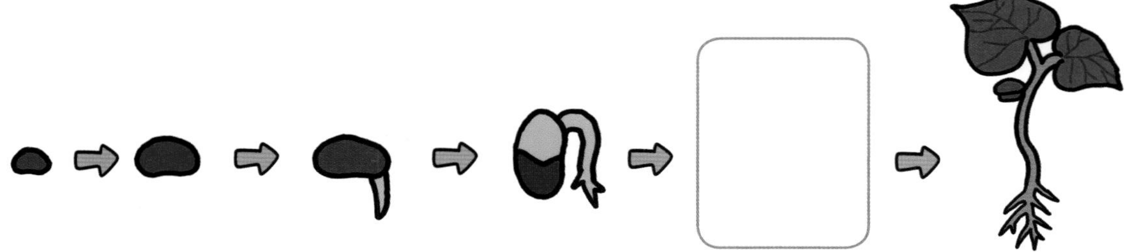

식물의 각 부분

우리 몸에 있는 팔, 다리, 머리는 이름과 역할이 다른 것처럼 식물들도 각 부분마다 이름과 역할이 다르단다. 그럼 식물의 각 부분에 대해 알아볼까?

첫째, 뿌리가 있어. 뿌리는 식물이 땅에 서 있을 수 있게 지지해. 또 물과 양분을 흡수하고, 햇빛을 이용한 광합성으로 스스로 만든 양분을 저장하기도 해.

둘째, 줄기가 있어. 줄기는 식물이 넘어지지 않게 지지하고, 물과 양분이 이동하는 통로 역할을 해. 일부 식물은 양분을 저장하기도 하지.

셋째, 잎이 있어. 잎은 햇빛을 이용해 양분을 만들고, 물을 수증기 형태로 공기 중으로 내보내는 증산 작용을 해. 또 호흡도 한단다.

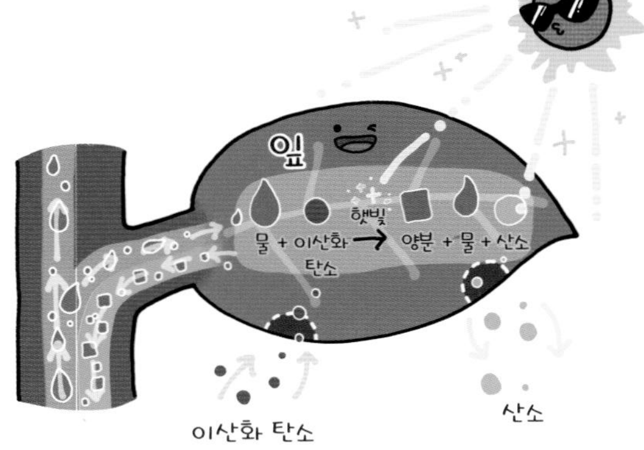

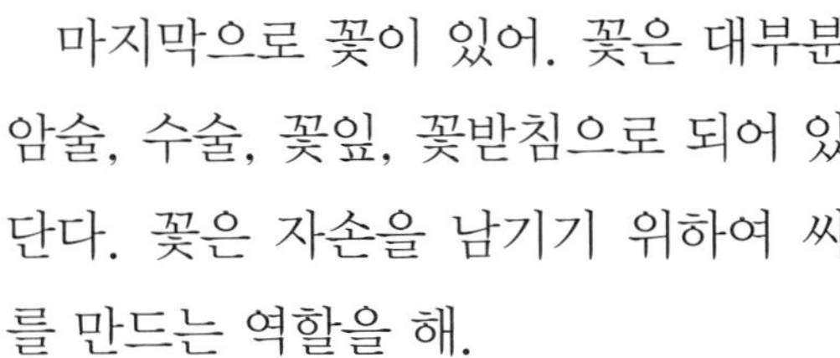
마지막으로 꽃이 있어. 꽃은 대부분 암술, 수술, 꽃잎, 꽃받침으로 되어 있단다. 꽃은 자손을 남기기 위하여 씨를 만드는 역할을 해.

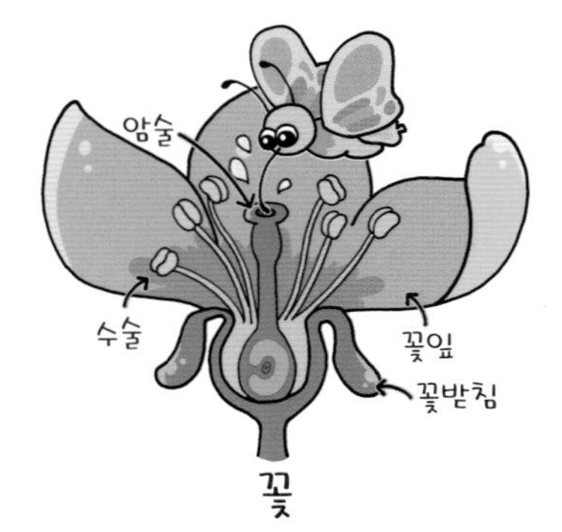

❶ 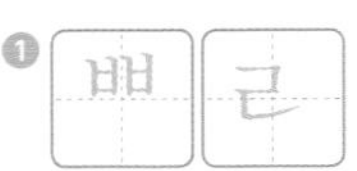

물과 양분을 흡수하는 역할을 하고, 광합성으로 만들어진 양분을 녹말의 형태로 저장하기도 하는 부분.

❷ 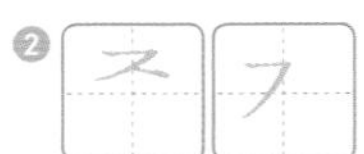

식물체를 지지하기도 하고, 뿌리에서 흡수한 물이나 만든 양분을 식물 전체로 이동시키는 역할을 하는 부분.

● 정답 16쪽

식물의 지능

뇌가 없는 식물에게는 지능이 없다고 생각할 수 있지만 최근 연구에 의해 식물에도 지능이 있다고 주장하는 과학자가 늘고 있어.
파리지옥은 잎 속에 생기는 자극으로 먹잇감이 들어왔는지 알 수 있대. 하지만 자극이 생길 때마다 잎을 닫는 것은 노력에 비하여 얻는 결과가 크지 않겠지. 먹잇감이 아닐 수도 있으니 말이야. 그래서 실제로 파리지옥의 잎은 수십 초 안에 자극이 두 번 이상 생겨야 닫히는데, 이건 파리지옥이 경험에 의해 자극의 횟수를 기억하는 거야.
어때, 보통 지능이 아니지?

확인해 봐요!

정답 16쪽

1 식물 나라에서 온 초대장의 퀴즈를 풀면 식물 나라의 파티에 갈 수 있어요. 퀴즈의 답을 ▢ 안에 쓰세요.

식물을 땅에 서 있을 수 있게 지지하고
물과 양분을 흡수하며, 광합성으로 만들어진
양분을 저장하기도 하는 곳은
식물의 어느 부분일까요?

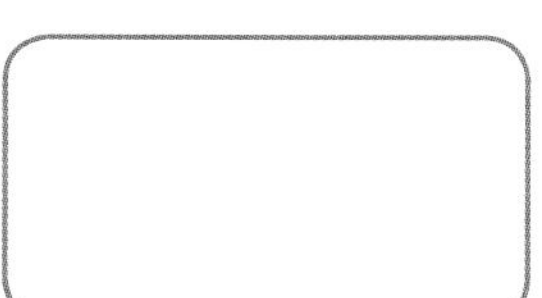

2 일부 식물은 줄기에 양분을 저장하기도 해요. 줄기에 양분을 저장하는 식물을 한 가지 그리고, 이름을 쓰세요.

한해살이 식물과 여러해살이 식물

사람의 일생은 모두 유아 → 청소년 → 성인 → 노인을 거치게 되어 있어.

여러 가지 식물도 일생이 있는데 씨가 싹 터서 자라 꽃이 피고 열매를 맺어 번식을 한단다. 이것을 식물의 한살이라고 해. 여러 가지 식물의 한살이에는 공통점도 있지만 서로 다른 점도 있단다.

한해살이 식물은 한 해 동안 한살이를 거친 후 일생을 마치는 식물을 말해. 한해살이 식물은 봄에 싹이 터서 그해 가을에 열매를 맺고 일생을 마쳐. 대표적으로 벼, 강낭콩, 옥수수, 호박 등이 있지.

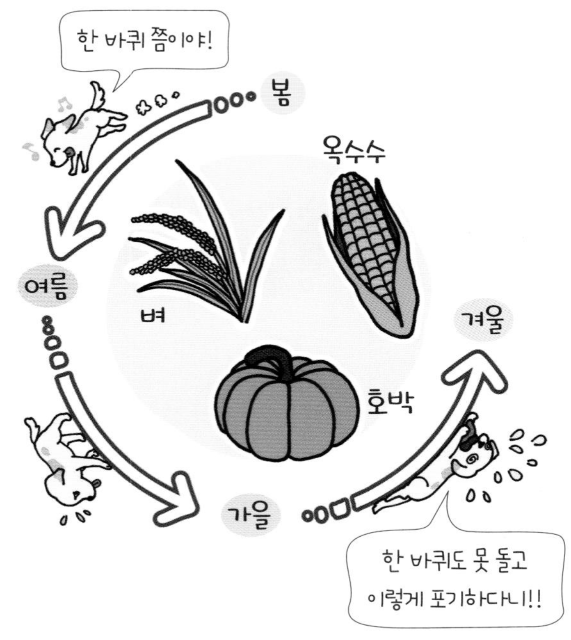

여러해살이 식물은 여러 해 동안 살면서 한살이를 반복하는 식물을 말하지. 여러해살이 식물 중 풀과 나무는 한살이 과정이 달라. 그러나 겨울을 지낸 다음 봄에 새순이 나와 꽃이 피고 열매를 맺는 과정을 매년 반복한다는 공통점이 있어. 대표적으로 감나무, 개나리, 사과나무, 무궁화 등이 있지.

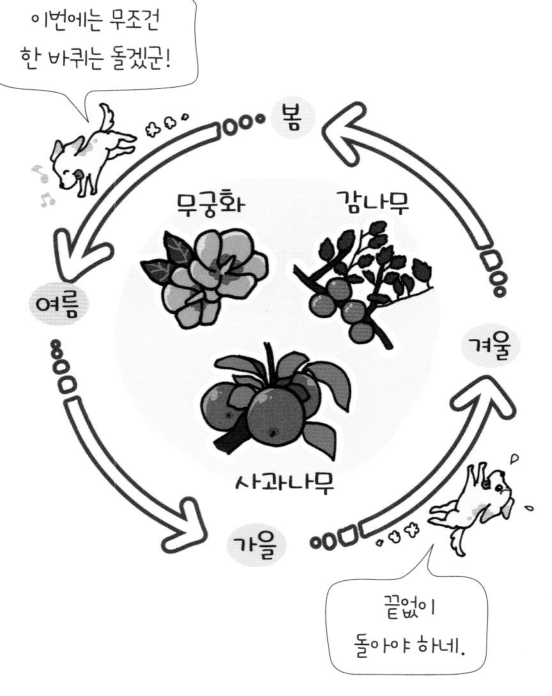

도전! 초성 용어

❶ ㅂ ㅅ
생물의 수가 늘거나 널리 퍼지는 것.

❷ ㅅ ㅅ
새로 돋아 나온 연한 싹.

● 정답 16쪽

산불이 나기만을 기다리는 식물

산속 식물들에게 산불은 큰 위험이라고 생각할 수 있을 거야. 하지만 산불이 나기만을 기다리는 식물이 있어.
바로 지구에서 가장 큰 식물, '자이언트 세콰이어' 나무야. 이 나무는 키가 100 m까지 자라며 한살이 기간이 무려 3,000여 년이라고 해. 이 나무는 기온이 무려 220 ℃가 되어야 자신들의 씨를 퍼뜨려 번식할 수 있어. 이 나무 껍질은 두께가 1 m 정도되기 때문에 산불을 견딜 수 있어.
이제 왜 자이언트 세콰이어 나무가 산불을 기다리는지 알겠지?

확인해 봐요!

정답 16쪽

1 다음의 식물들은 한살이 기간에 따라 공통적으로 '(　　　　　) 식물'이라고 불려요. (　　) 안에 들어갈 알맞은 말을 쓰세요.

벼

호박

옥수수

(　　　　　　　　　　)

2 여러해살이 식물을 한 가지 그리고, 그린 식물의 이름을 쓰세요.

관련 단원 | 4학년 식물의 한살이

식물이 씨를 퍼뜨리는 방법

식물은 보통 한자리에서 자라기 때문에 다양한 방법으로 자손을 퍼뜨리는 방법으로 변화해 왔단다. 식물이 씨를 퍼뜨리는 방법을 알아볼까?

첫째, 씨가 바람을 타고 날아가면서 퍼지는 식물이 있어. 대표적인 식물로 민들레가 있지. 민들레의 씨에는 깃털이라는 솜털이 붙어 있어서 바람을 타고 멀리 퍼져나가. 솜털은 낙하산 같은 역할을 해.

둘째, 도깨비바늘처럼 동물의 털이나 사람의 옷에 붙어서 퍼지는 식물이 있어. 도깨비바늘의 계획대로 우리는 산에 갔다와서 옷에 붙은 도깨비바늘 씨를 하나하나 떼어 버리면서 씨를 퍼뜨려 주는 거지.

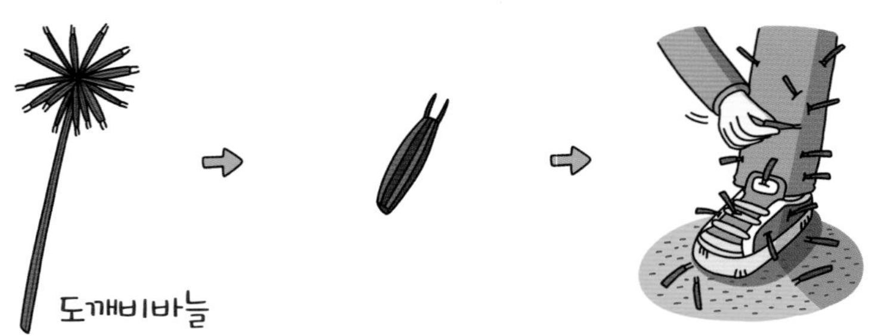

셋째, 동물이 먹고 난 후 똥으로 씨가 나와 퍼지는 식물도 있지. 대표적으로 배나 사과 등이 있어.

넷째, 씨가 물위에 떠서 퍼지는 식물도 있는데, 대표적인 것은 야자나무 열매야. 바다 위를 둥둥 떠다니다가 육지에 다다르면 싹을 틔우는 거지.

도전! 초성 용어

1. 나중에 싹이 터서 하나의 식물로 자라날 수 있게 되는 것.

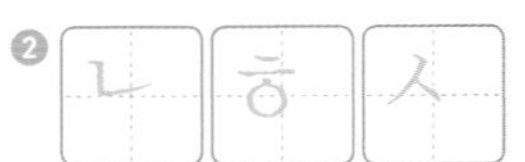

2. 하늘에서 땅으로 내려올 때 안전하게 착륙하기 위한 도구.

정답 16쪽

폭탄처럼 터지는 식물

식물이 씨를 퍼뜨리는 대부분의 방법은 식물 스스로 움직이기보다는 외부의 도움을 받는거야.
하지만 외부의 도움 없이 폭탄처럼 터져서 주변으로 씨를 퍼뜨리는 식물이 있단다. 대표적으로 제비꽃, 봉숭아, 콩 등이 있어. 이들은 폭탄처럼 터지면서 그 힘으로 씨를 넓게 퍼뜨려 번식에 성공하는 거야.

확인해 봐요!

● 정답 16쪽

1 다음 식물들이 씨를 퍼뜨리는 방법과 관련있는 것끼리 선으로 이으세요.

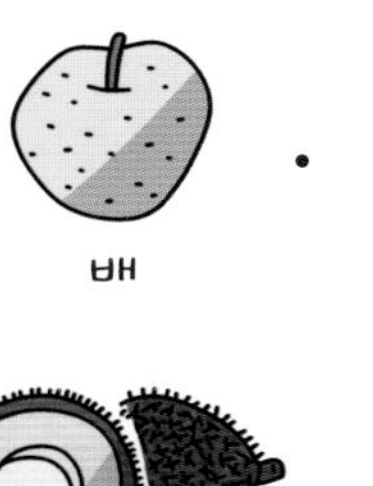
배

야자나무 열매

도깨비바늘

옷과 신발

먹기

물

2 색깔이 예쁘고 달콤한 향기가 나는 다음 열매는 어떤 방법으로 씨를 퍼뜨리는지 생각하고, 자유롭게 쓰세요.

관련 단원 | 4학년 식물의 한살이

34 씨가 싹 트고 자라는 과정

1. 씨가 싹 트는 데 필요한 조건: 씨가 싹 트려면 적당한 양의 물과 적당한 온도가 필요하다.

물을 준 강낭콩	물을 주지 않은 강낭콩
4~5일 뒤 →	4~5일 뒤 →
강낭콩이 싹 텄다.	강낭콩이 싹 트지 않았다.

2. 씨가 싹 터서 자라는 과정

3. 식물이 자라는 데 필요한 조건

① 식물이 자라는 데 물이 미치는 영향: 식물이 잘 자라려면 적당한 양의 물이 필요하다.

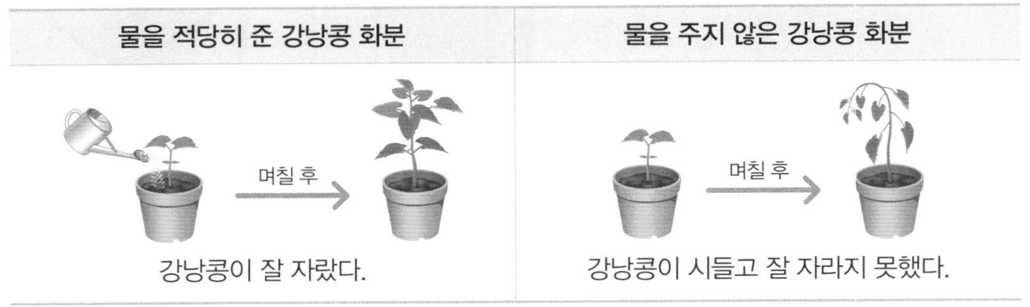

물을 적당히 준 강낭콩 화분	물을 주지 않은 강낭콩 화분
며칠 후 →	며칠 후 →
강낭콩이 잘 자랐다.	강낭콩이 시들고 잘 자라지 못했다.

② 식물을 잘 자라게 하려면 물 이외에도 빛과 적당한 온도가 필요하다.

씨가 싹 트기 위해서는 적당한 양의 물이 필요하다. ☐

● 정답 16쪽

35 식물의 각 부분

1. **잎과 줄기의 자람**: 식물은 자라면서 잎이 점점 넓어지고 개수가 많아진다. 줄기도 점점 굵어지고 길어진다.
2. **꽃과 열매의 변화**: 식물이 자라면 꽃이 피고, 꽃이 지면 열매가 생긴다. 열매 속에 들어 있는 씨를 퍼뜨려 다시 싹이 트고 자라 열매를 맺는다.

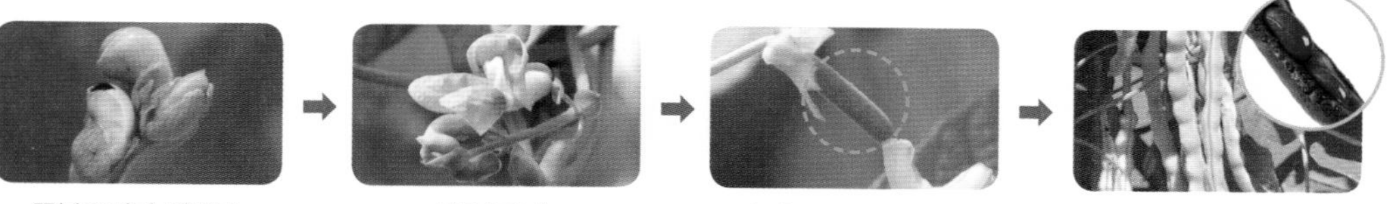

꽃봉오리가 생긴다. → 꽃이 핀다. → 꽃이 지고 꼬투리가 생긴다. → 꼬투리 속에 씨가 자란다.

Speed OX

식물은 자라면서 잎의 개수가 점점 많아진다. ☐

정답 16쪽

36 한해살이 식물과 여러해살이 식물 ~ 37 식물이 씨를 퍼뜨리는 방법

1. **한해살이 식물**: 벼, 강낭콩, 옥수수, 호박 등과 같이 봄에 싹 터서 자라고 꽃이 피며 열매를 맺어 씨를 만들고 일생을 마치는 식물이다.

   예 벼의 한살이

볍씨 → 싹이 튼다. → 잎, 줄기가 자란다. → 꽃이 핀다. → 열매를 맺어 씨를 만든다.

2. **여러해살이 식물**: 감나무, 사과나무 등과 같이 싹 터서 자라고 겨울 동안에도 죽지 않고 살아남는다. 이듬해에 나뭇가지에서 새순이 나오고 자라는 과정이 몇 년 정도 반복된 뒤에 적당한 크기의 나무로 자라면 꽃이 피고 열매를 맺는 것을 반복한다.

   예 감나무의 한살이

3. **한해살이 식물과 여러해살이 식물의 공통점과 차이점**

① 공통점: 씨가 싹 터서 자라며 꽃이 피고 열매를 맺어 번식한다.

② 차이점: 한해살이 식물은 열매를 맺고 한 해만 살고 죽지만, 여러해살이 식물은 여러 해를 살면서 열매 맺는 것을 반복한다.

4. **식물이 자라면 꽃이 피고 열매를 맺는 까닭**: 씨를 맺어 번식하기 위해서이다.

여러해살이 식물에는 벼, 강낭콩, 옥수수, 호박 등이 있다. ☐

정답 16쪽

교과서 확인 문제

관련 단원 | 4학년 식물의 한살이

씨가 싹 트고 자라는 과정

[01~02] 다음은 씨가 싹 트는 데 필요한 조건을 알아보기 위하여 페트리 접시 두 개에 각각 탈지면을 깔고 강낭콩을 올려놓은 모습입니다. 물음에 답하시오.

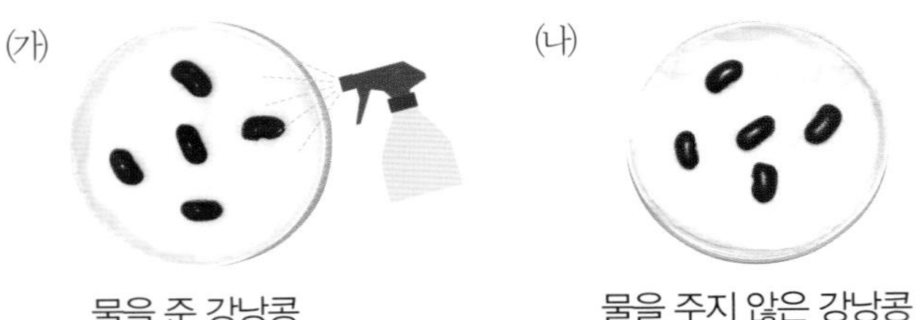

01 위 실험은 씨가 싹 트는 데 무엇이 미치는 영향을 알아보는 것인지 쓰시오.

( )

02 위 (가)와 (나) 중 약 일주일 후에 다음과 같이 강낭콩이 싹 튼 페트리 접시의 기호를 쓰시오.

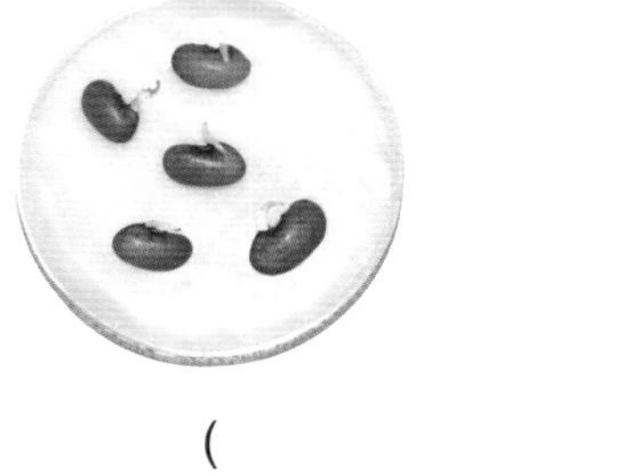

( )

03 다음은 강낭콩을 흙에 심은 후 강낭콩이 싹 터서 자라는 과정을 순서 없이 나열한 것입니다. 순서대로 기호를 쓰시오.

( )→( )→( )→( )

04 다음과 같이 비슷한 크기로 자란 두 개의 강낭콩 화분 중 한 화분에만 물을 주었습니다. 며칠 후 각 화분의 강낭콩 모습으로 알맞은 것끼리 선으로 이으시오.

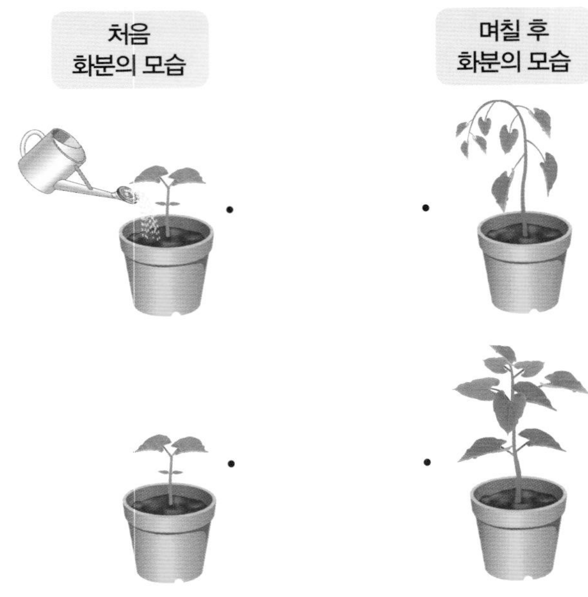

식물의 각 부분

05 식물의 잎과 줄기가 자라면서 변하는 모습으로 옳지 않은 것을 두 가지 고르시오. ( )

① 잎이 넓어진다.
② 줄기가 길어진다.
③ 떡잎이 많아진다.
④ 줄기가 점점 굵어진다.
⑤ 잎의 개수가 적어진다.

06 다음은 강낭콩 꽃과 열매의 모습입니다. 이 꽃과 열매에 대해 옳게 말한 친구의 이름을 쓰시오.

강낭콩 꽃

강낭콩 꼬투리(열매)

- 민아: 열매 속에서 새로운 꽃이 다시 나올 거야.
- 성진: 시간이 지나면서 열매의 크기가 점점 작아져.
- 하윤: 강낭콩 꽃이 피고 진 자리에 꼬투리가 생긴 거야.

( )

한해살이 식물과 여러해살이 식물

07 다음은 어떤 식물의 한살이 과정입니다. ( ) 안에 들어갈 알맞은 말을 쓰시오.

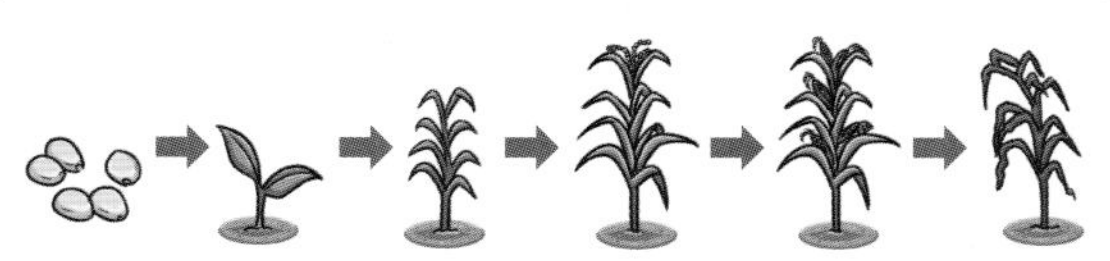

봄에 싹이 터서 자라고 꽃이 피며 열매를 맺어 씨를 만들고 일생을 마치는 식물을 ( ) 식물이라고 한다.

( )

08 씨를 한 번 심고 몇 년이 지나면 다시 씨를 심지 않아도 여러 해 동안 열매를 얻을 수 있는 식물은 어느 것입니까? ( )

① 
벼

② 
호박

③ 
옥수수

④ 
사과나무

09 한해살이 식물과 여러해살이 식물의 공통점으로 옳은 것의 기호를 쓰시오.

㉠ 이듬해에 새순이 난다.
㉡ 열매를 맺고 식물이 죽는다.
㉢ 씨가 싹 터서 자라 꽃이 피고 열매를 맺는다.

( )

식물이 씨를 퍼뜨리는 방법

10 식물이 자라면서 꽃이 피고 열매를 맺는 까닭을 쓰시오.

특이한 환경에 사는 식물

생명체가 살기 어려운 환경에도 식물이 있을까? 놀랍게도 그런 곳에도 식물이 자라고 있다고 해.

먼저 높은 산에 살고 있는 대표적인 식물은 눈잣나무, 산솜다리, 두메양귀비, 구상나무 등이 있어. 이들은 줄기와 가지의 구별이 분명하지 않다는 특징이 있단다. 특히 눈잣나무는 곁가지가 비스듬하고 촘촘해서 생존력이 강하다고 해. 이 식물은 같은 조건에서 떼를 지어 자라는 식물이란다.

다음으로 사막의 대표적인 식물은 선인장과 바오바브나무 등이 있어. 바오바브나무는 키가 크고 줄기가 굵어서 물을 많이 저장할 수 있어. 또한 광합성을 할 때 다른 식물들에 비해 물을 아주 조금 사용하고, 증산 작용으로 수분이 없어지는 것을 줄이기 위해 잎이나 줄기에 있는 구멍인 기공도 조금만 연단다. 선인장도 굵은 줄기에 물을 저장하여 건조한 날씨에도 잘 견딜 수 있단다.

도전! 초성 용어

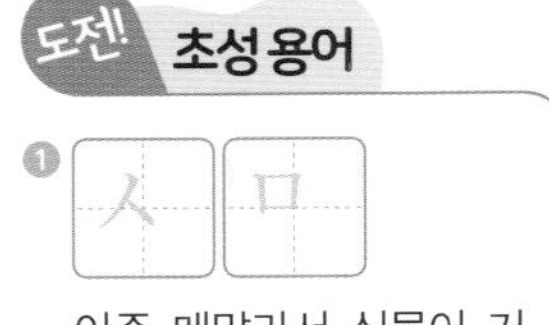

아주 메말라서 식물이 거의 자라지 않으며, 모래와 돌로 뒤덮인 매우 넓은 땅.

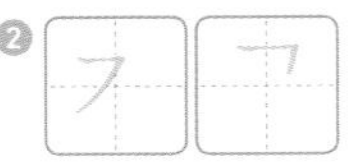

잎 뒷면에 있는 아주 작은 구멍.

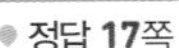

정답 17쪽

밤에만 숨을 쉬는 선인장

생존력이 강하기로 유명한 선인장은 굵은 줄기에 물을 저장하고, 가시로 메마른 사막에서 물을 찾는 동물로부터 자신을 보호해. 일반적인 식물은 잎과 줄기의 작은 기공을 이용하여 광합성에 필요한 이산화 탄소를 흡수하고 산소를 내뿜어. 그러나 물이 부족한 사막에 사는 선인장은 낮에는 기공을 닫고 있다가 밤에만 열어서 필요한 이산화 탄소를 흡수하지. 그리고 낮에 천천히 사용하는 방식으로 물을 조금만 사용한단다.

확인해 봐요!

정답 17쪽

1 다음 식물들을 사는 곳에 따라 모두 분류하여 쓰세요.

선인장	산솜다리	눈잣나무	바오바브나무

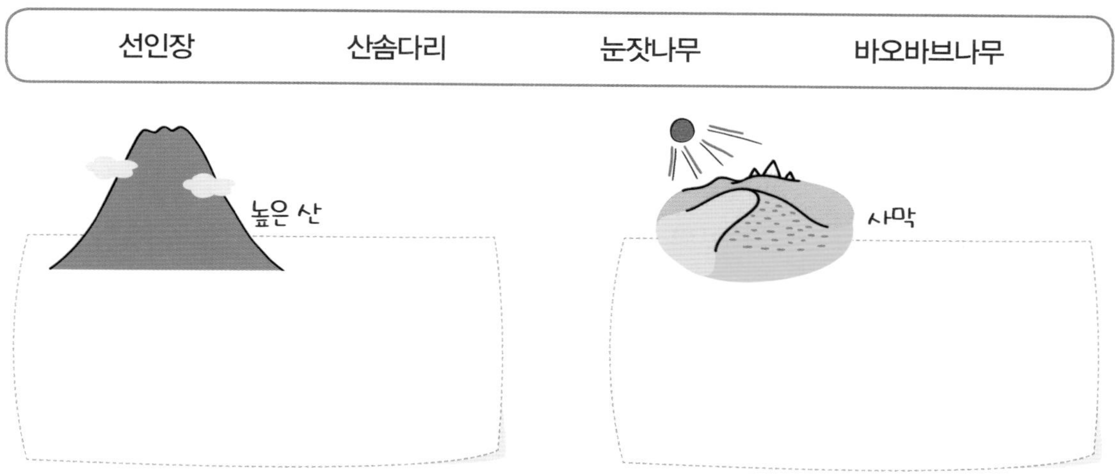

2 바오바브나무가 비가 잘 오지 않는 건조한 환경에서 잘 자랄 수 있는 비결은 무엇인지 아래 바오바브나무 그림의 빈칸에 쓰세요.

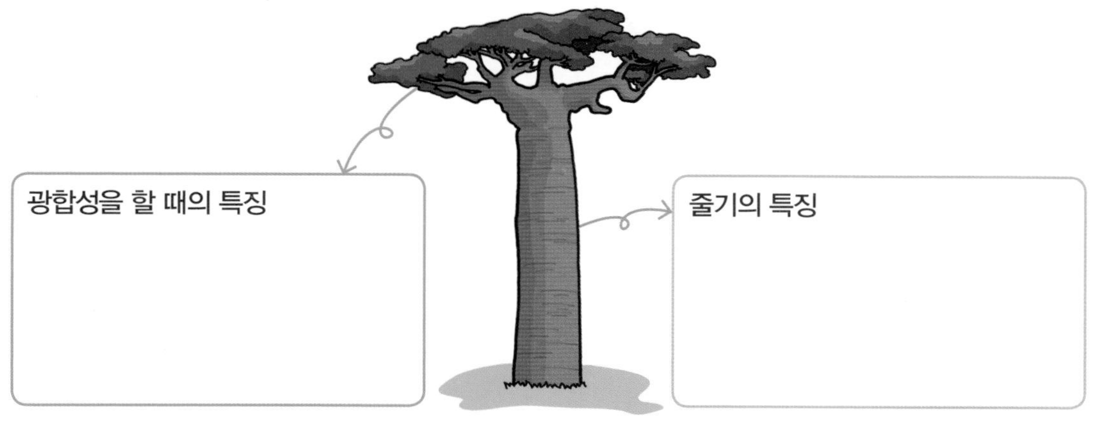

생활에 영향을 주는 식물

식물은 우리의 삶에 중요한 영향을 미치고 있어.

먼저, 식물은 공기를 깨끗하게 하고 음이온을 내보내서 우리가 쾌적하게 살 수 있도록 도와줘. 식물은 새집에서 생기는 나쁜 물질을 없애 줄 뿐만 아니라 음이온으로 눈에 보이지 않을 정도로 크기가 작은 실내의 미세먼지와 악취 등의 오염 물질을 줄여 주기도 해.

다음으로, 식물은 높은 온도와 습도의 무더운 날씨를 줄여 주는 역할도 해. 특히 잎의 모양이나 빛깔의 아름다움을 보고 즐기기 위하여 재배하는 관엽 식물은 비가 잘 내리지 않는 지역이나 건조한 지역에서 자라다 보니 습기를 없애는 데 뛰어나. 공기 중에 수분이 많을 때 수분을 빨아들여 저장하기도 하고, 증산 작용을 통해 건조한 실내 공기를 촉촉하게 하는 천연 가습기의 역할도 한단다.

도전! 초성 용어

❶ 

실내의 미세먼지와 악취 등의 오염 물질을 중화시킬 수 있는 음전하를 띠는 물질.

❷ 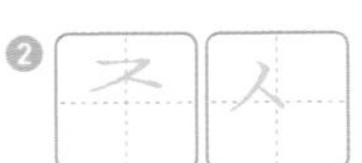

잎 뒷면의 기공을 통해 물이 빠져 나가는 것으로, '○○ 작용'이라고 함.

● 정답 17쪽

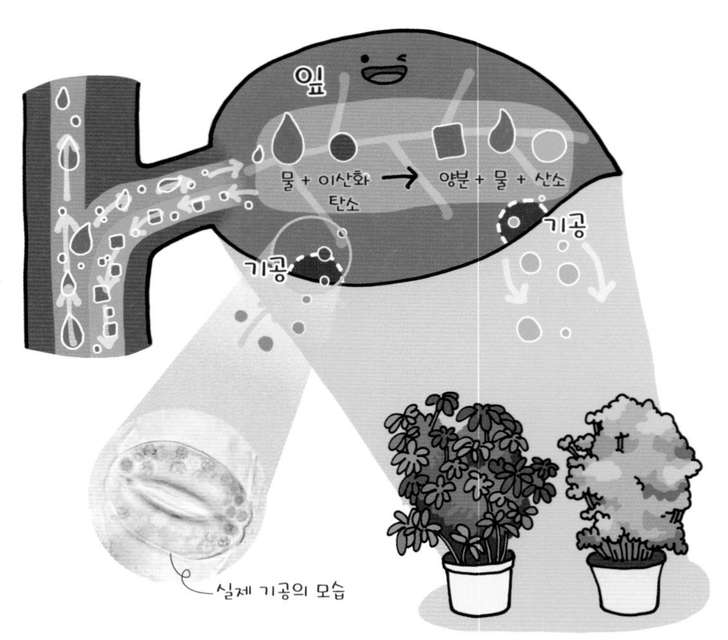

식물 향기의 역할

숲에 가면 상쾌한 자연의 향을 느낄 수 있어. 식물에서 이러한 향기가 나는 까닭을 알고 있니?
우리가 식물의 향기로 알고 있는 것은 사실은 피톤치드야. 피톤치드는 박테리아나 곰팡이로부터 자신을 보호하기 위해 식물이 만들어 내는 살균 물질이란다. 또한 식물의 향기는 나무들끼리 자신의 영역을 나타내기 위한 역할뿐만 아니라 번식을 하거나 자기 보호를 하는 역할을 한단다.

확인해 봐요!

정답 17쪽

1 다음 식물이 말하는 내용 중 ( ) 안에 들어갈 알맞은 말을 쓰세요.

나는 새집에서 생기는 나쁜 물질을 없애 주고,
(   )(으)로 실내의 미세먼지와 악취 등의
오염 물질을 줄여 주기도 해.

(   )

2 무더위와 높은 습도로 인해 견디기 어려워하는 유미에게 도움을 줄 수 있는 식물을 선물로 주려고 해요. 선물로 알맞은 식물을 자유롭게 그리고, 이 식물을 선택한 까닭을 쓰세요.

관련 단원 | 4학년 식물의 생활

38 특이한 환경에 사는 식물

1. 들이나 산에서 사는 식물

① 대부분 땅에 뿌리를 내리며, 줄기와 잎이 잘 구분된다.

식물	특징	풀/나무
민들레	잎이 한곳에서 뭉쳐나고 하나의 잎은 톱니 모양으로 갈라져 있다. 꽃은 노란색이고 열매는 바람에 날아간다.	풀
소나무	키가 크고 솔방울이 달려 있다. 잎은 한 곳에 두 개씩 뭉쳐나고 바늘같이 뾰족하다. 줄기는 굵고 거칠다.	나무
명아주	민들레보다 키가 크다. 잎의 가장자리는 톱니 모양이다. 잎은 삼각형 모양이다.	풀
떡갈나무	키가 크고, 줄기는 회갈색이다. 잎은 전체적으로 끝이 더 넓은 달걀 모양이다. 잎의 가장자리는 톱니 모양이고 잎에 털이 있다.	나무

② 풀과 나무의 공통점과 차이점

구분	풀	나무
공통점	• 뿌리, 줄기, 잎이 있으며, 잎은 초록색이다. 필요한 양분을 스스로 만든다.	
차이점	• 나무보다 키가 작다. • 줄기가 나무보다 가늘다. • 대부분 한해살이 식물이다.	• 풀보다 키가 크다. • 줄기가 풀보다 굵다. • 모두 여러해살이 식물이다.

2. 강이나 연못에서 사는 식물

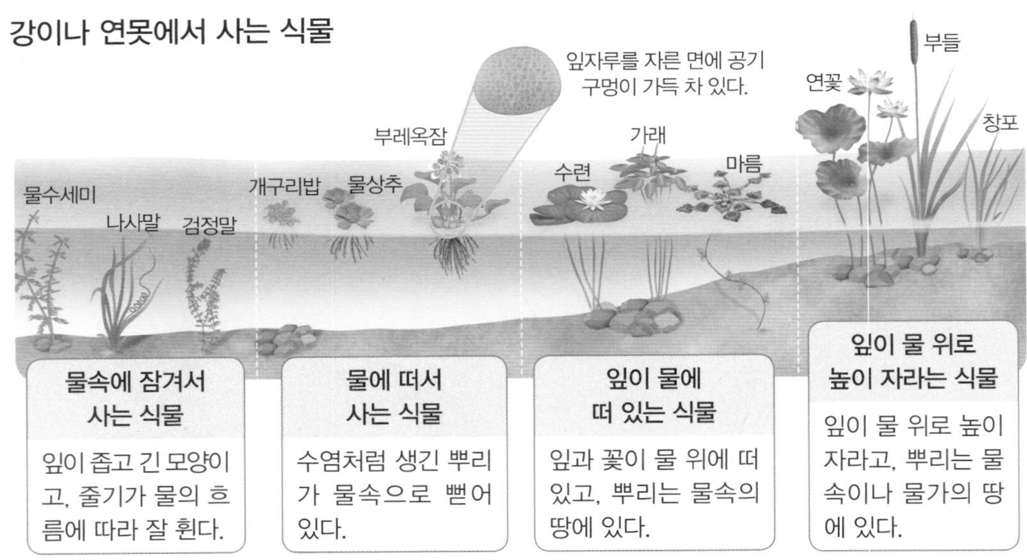

3. 사막에서 사는 식물: 햇빛이 강하고 낮과 밤의 온도 차가 크며 물이 적은 환경에 적응한 식물이 살고 있다.

기둥선인장 / 금호선인장 / 용설란 / 바오바브나무

선인장	• 바늘과 같이 뾰족한 가시가 있어 동물이 함부로 먹지 못한다. • 굵고 통통한 줄기에 물을 저장한다.
용설란	크고 두꺼운 잎에 물을 저장한다.
바오바브나무	키가 크고 줄기가 굵어서 물을 많이 저장할 수 있다.

Speed OX

햇빛이 강하고 물이 적은 사막에는 식물이 살 수 없다.

정답 18쪽

39 생활에 영향을 주는 식물

1. 생활에서 식물의 특징을 활용한 경우

도꼬마리 열매 가시 끝 갈고리 모양이 잘 붙는 성질 ➡ 찍찍이 테이프를 신발에 사용

떨어지면서 회전하는 단풍나무 열매의 생김새 ➡ 날개가 하나인 선풍기

느릅나무 잎의 생김새 ➡ 물이 부족한 지역에서 빗물을 모으는 장치

비에 젖지 않는 연잎의 특징 ➡ 물이 스며들지 않는 옷, 자동차 코팅제

2. 생활에서 식물의 특징을 활용하는 여러 가지 경우

① 허브를 활용해 방향제와 해충 퇴치제를 만든다.
② 식물의 꽃이나 잎을 활용해 옷을 염색한다.
③ 산나물이나 곡식과 같은 여러 가지 식물을 활용해 음식을 만든다.
④ 단풍나무 열매의 생김새를 활용해 드론을 만든다.
⑤ 식물의 단단한 줄기를 활용해 가구를 만든다.

찍찍이 테이프는 도꼬마리 열매가 잘 붙는 성질을 활용하여 만들었다.

정답 18쪽

특이한 환경에 사는 식물

[01~02] 다음은 들이나 산에서 사는 여러 식물입니다. 물음에 답하시오.

(가) 
토끼풀

(나)
소나무

(다) 
민들레

(라) 
명아주

01 위 (가)~(라) 식물 중 다음과 같은 특징이 있는 것의 기호를 쓰시오.

- 풀이다.
- 열매는 바람에 날아간다.
- 잎이 한곳에서 뭉쳐나고 하나의 잎은 톱니 모양으로 갈라져 있다.

(　　　　　　　)

02 위 (가)~(라) 식물을 풀과 나무로 분류할 때 나머지 셋과 다른 식물의 기호를 쓰시오.

(　　　　　　　)

03 풀과 나무의 공통점으로 알맞지 않은 것을 골라 기호를 쓰시오.

㉠ 잎이 초록색이다.
㉡ 뿌리, 줄기, 잎이 있다.
㉢ 대부분 한해살이 식물이다.

(　　　　　　　)

04 다음은 강이나 연못에서 사는 식물 중 물속에 잠겨서 사는 식물입니다. 이 식물들의 특징으로 알맞은 것에 ○표 하시오.

물수세미

나사말

(1) 잎이 물 위로 높이 자란다. (　　)
(2) 줄기가 물의 흐름에 따라 잘 휜다. (　　)
(3) 수염처럼 생긴 뿌리가 물속으로 뻗어 있다. (　　)

05 다음은 잎이 물 위로 높이 자라는 식물입니다. 이 식물들에 대한 설명으로 옳은 것은 어느 것입니까? (　　)

연꽃

부들

① 뿌리가 없다.
② 잎의 크기가 작다.
③ 잎자루가 부풀어 있다.
④ 잎이 가늘고 긴 모양이다.
⑤ 뿌리는 물속이나 물가의 땅에 있다.

06 기둥선인장과 금호선인장이 사막 환경에 적응한 모습을 옳게 말한 친구의 이름을 쓰시오.

기둥선인장

금호선인장

- 시아: 줄기가 가늘어.
- 준형: 키가 작게 자라.
- 채연: 바늘과 같이 뾰족한 가시가 있어.

( )

07 다음은 사막에서 사는 용설란입니다. 이 식물이 사막 환경에 적응한 특징은 무엇인지 쓰시오.

생활에 영향을 주는 식물

08 연잎에 물을 떨어뜨리면 오른쪽과 같이 물에 젖지 않고 그대로 흘려보냅니다. 이러한 연잎의 특징을 이용하여 만든 것은 어느 것입니까? ( )

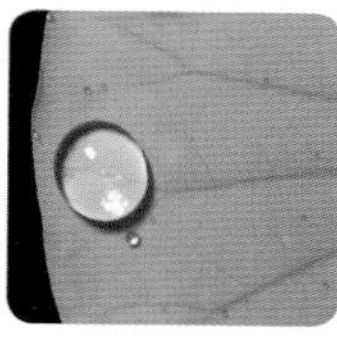

① 방수복 ② 선풍기
③ 낙하산 ④ 찍찍이 테이프
⑤ 헬리콥터의 프로펠러

09 오른쪽과 같은 찍찍이 테이프를 만들 때 활용한 식물의 특징으로 옳은 것의 기호를 쓰시오.

㉠ 
허브의 향기

㉡ 
도꼬마리 열매의 생김새

㉢ 
느릅나무 잎의 생김새

( )

10 오른쪽의 단풍나무 열매는 떨어질 때 회전하는 특징이 있습니다. 이러한 특징을 활용하여 만들었을 생활용품의 기호를 쓰시오.

㉠
가구

㉡ 
방향제

㉢ 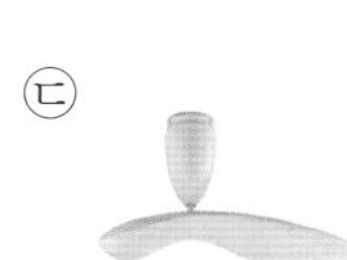
날개가 하나인 선풍기

( )

과학 탐구 토론

유전자 조작 식품

유전자 조작 식품이란? 유전자 조작 식품(GMO: Genetically Modified Organism)은 생물의 유전자를 변형하여 더 나은 특성을 가지도록 바꾼 생물이나 식품을 말해요.

유전자 조작 식품의 좋은 점

유전자 조작과 같은 최첨단 기술로 생물이 원래 가지고 있던 유전자를 조작하여 더 많이 생산하고, 더 좋은 식품의 원료로 만들 수 있어요. 예를 들어 자연적으로 자라는 토마토가 달걀만한 크기로 1년에 5개 열린다면, 유전자 조작으로 만들어진 토마토는 사과만한 크기로 1년에 30개가 열릴 수 있지요. 이미 인류는 먼 옛날부터 좋은 품종의 식물끼리 수분시켜 더 좋은 품종의 식물을 만들어 왔어요. 비타민 A가 강화된 쌀, 해충에 강한 옥수수 등과 같이 말이죠. 인구는 갈수록 늘어나지만 지구 자원의 양은 한정되어 있으므로 유전자 조작 식품을 통해 인류의 미래 식량을 보장할 수 있을 거예요.

- **수분**(受 받을 수, 粉 가루 분) 식물에서 수술의 꽃가루가 암술머리에 옮겨 붙는 일.
- **한정**(限 한할 한, 定 정할 정) 무엇의 수량이나 범위를 넘지 못하게 정하는 것. 정해진 끝.
- **보장**(保 지킬 보, 障 막을 장) 어떤 일이 어려움 없이 이루어지도록 조건을 마련하여 보호함.

유전자 조작 식품의 문제점

유전자 조작 과정 중 어떤 문제들이 생겨날지 전부 알 수는 없어요. 최근 연구 결과에서 유전자 조작을 할 때 유전자를 자르는 면이 정확하지 않을 수 있고 이로 인해 다른 물질이 생겨날 가능성도 있다고 해요. 이렇게 생겨난 물질이 동식물에게 어떤 영향을 끼칠지 예상하기도 힘들고요. 영화에서 보던 이상한 생물이 만들어질 수도 있어요! 유전자 조작 식품은 가축의 사료로 많이 쓰이는데, 이를 먹는 소와 돼지는 물론 소와 돼지를 먹는 인간에게 이것이 어떤 영향을 줄 것인지 알 수 없기 때문에 유전자 조작 식품은 줄이는 것이 옳다고 생각해요. 당장 많은 이익이 된다고 해도 유전자 조작 식품은 미래 인류에게 어떤 영향을 끼칠지 아무도 예상할 수 없어요.

- **사료**(飼 기를 사, 料 헤아릴 료) 가축의 먹이.
- **이익**(利 이로울 이, 益 더할 익) 물질적으로나 정신적으로 보탬이 되는 것.

● 정답 18쪽

유전자 조작 식품의 좋은 점과 문제점 정리해 보기

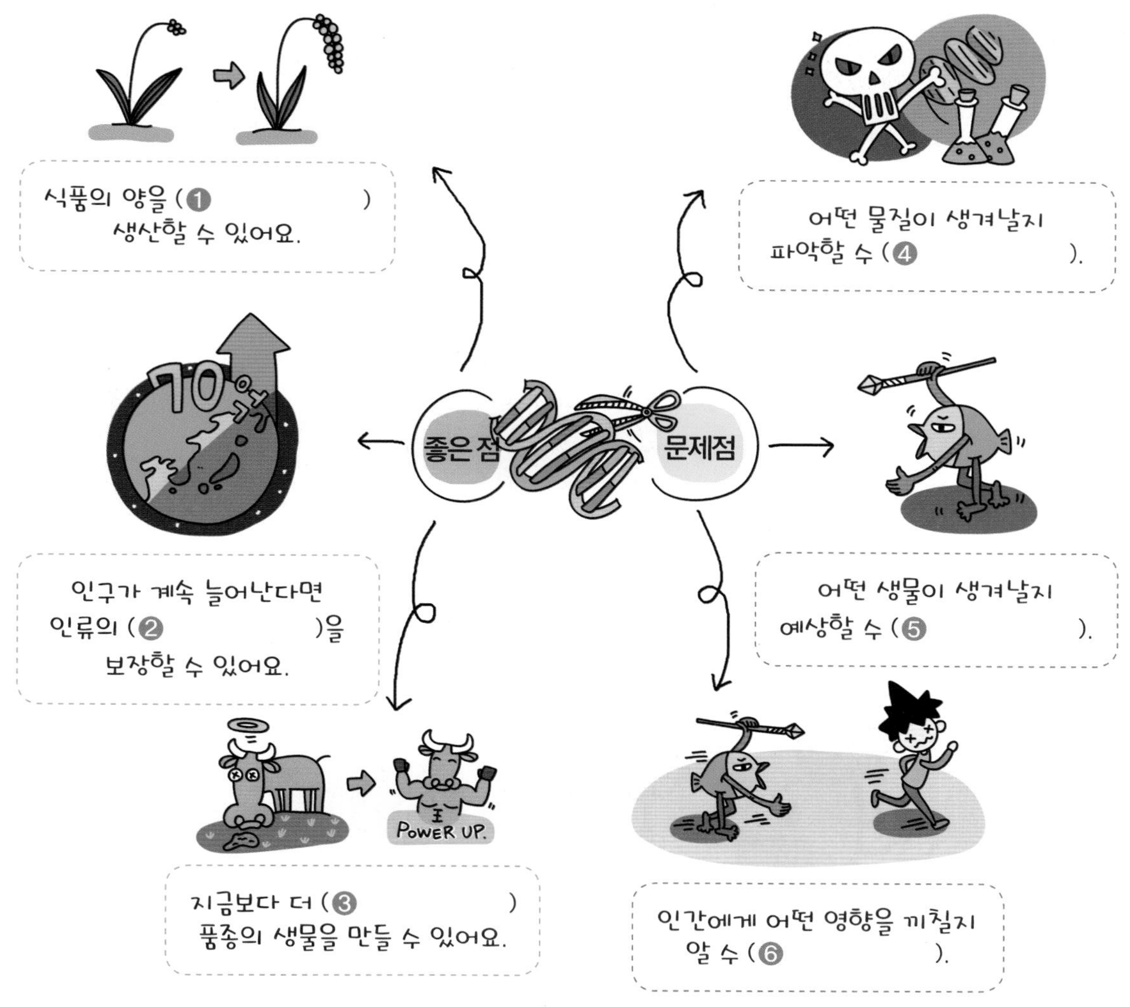

'유전자 조작 식품'에 대한 나의 의견 써 보기

지구와 우주

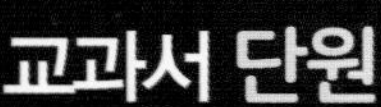

교과서 단원

다양한 지구의 모습

우리가 살고 있는 지구에서는 수많은 아름다움을 찾을 수 있어.

지구의 표면에서는 다양한 모습들을 관찰할 수 있어. 우선 우뚝 솟아 있는 산을 볼 수 있지. 산에서 조금만 내려오면 넓고 편평한 들이 펼쳐져 있어. 또 우리나라 지도를 펼쳐 놓고 동쪽, 서쪽, 남쪽을 보면 삼면이 바다로 둘러싸여 있어. 바다는 산에서 내려오는 강과 만나.

우리나라에서는 쉽게 볼 수 없지만 외국에서는 사막과 빙하, 화산 등도 볼 수 있어. 각 지역마다 땅의 모양, 날씨, 바람 등의 환경이 다르기 때문에 각 나라마다 볼 수 있는 지구의 모습이 달라.

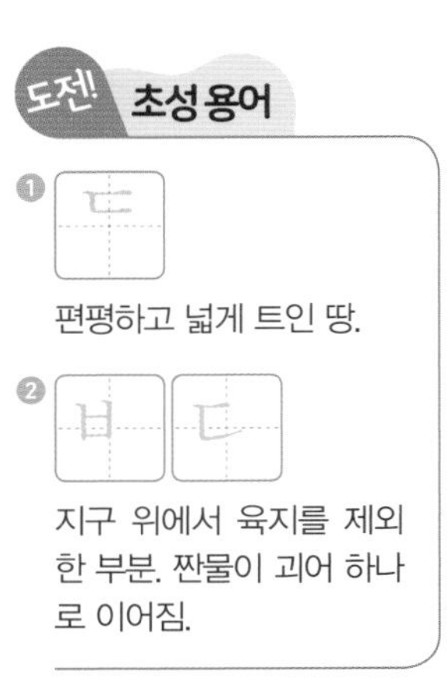

정답 19쪽

끊임없이 변하는 지구

지구의 표면은 쉬지 않고 변하고 있어.
한반도에서는 약 1,000년 전에 큰 폭발이 있었고, 그 뒤에도 백두산은 몇 번 폭발했지. 백두산 꼭대기에 있는 커다란 호수인 천지는 화산이 폭발하면서 분화구 주변이 무너져서 생긴 큰 구덩이에 물이 고여 만들어진 거야. 천지가 만들어지기 전에는 백두산 꼭대기도 우뚝 솟은 모양이었겠지.
지금도 세계 곳곳에서는 화산 활동이 일어난단다. 지구는 끊임없이 변하고 있어.

정답 19쪽

1 다음은 지구의 표면에서 볼 수 있는 다양한 모습들이에요. 무엇의 모습인지 각각 보기에서 찾아 쓰세요.

보기
들 산 사막 화산 바다 빙하

( ) ( ) ( )

2 지구 표면의 모습을 정리한 것이에요. 빈칸에 들어갈 알맞은 말을 각각 쓰세요.

지구를 둘러싼 공기

우리 눈에 보이지 않는 공기는 우리가 살아가는 데 꼭 필요한 역할을 해. 무더운 여름날 부채질을 할 때나 선풍기 바람을 쐴 때 공기가 있어 시원함을 느낄 수 있어. 무엇보다 공기의 가장 중요한 역할은 우리가 숨을 쉴 수 있게 해 주는 거야.

또 공기는 비행기가 날 수 있게 해 주고, 열기구나 튜브를 탈 수 있게 해 주지. 종이비행기, 연, 바람개비 등 우리가 놀잇거리를 즐기거나, 음악 시간에 리코더를 불 수 있는 것도 다 공기 덕분이야. 이처럼 공기는 우리에게 꼭 필요하지.

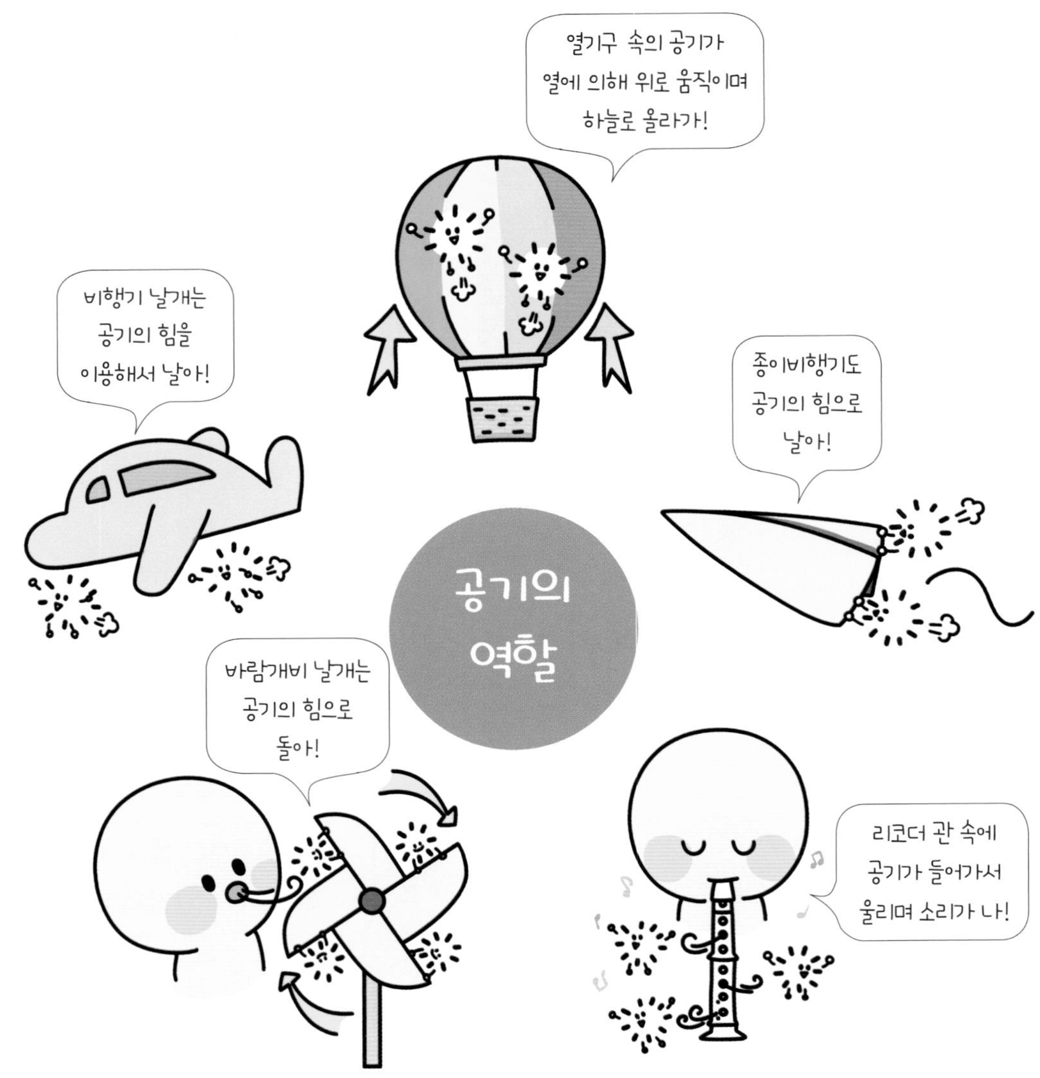

도전! 초성 용어

❶ 

지구를 둘러싼 물질로, 냄새가 없고 투명한 기체.

❷ 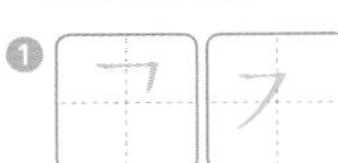

사람이나 동물이 코나 입으로 공기를 들이마시고 내쉴 때의 기운.

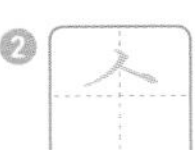

● 정답 19쪽

공기의 힘

공기는 눈에 보이지도 않고 모양도 자유자재로 변하기 때문에 우리가 평상시에 느낄 수 없지만, 어마어마한 힘을 가지고 있어. 우선, 공기에 열을 가하면 공기 입자들이 활발한 운동을 시작해. 열기구의 풍선 속 공기를 가열하면, 활발하게 움직이는 공기는 무려 2000 kg이 넘는 무게를 들 수 있게 돼. 또 공기를 압축시켰던 힘을 없애면 어마어마한 힘을 내. 이러한 원리를 이용해서 총알이 발사되도록 만든 공기총은 사슴이나 곰과 같은 동물 사냥에 이용할 정도로 힘이 강해.

● 정답 19쪽

1 공기의 역할에 대해 옳게 말한 친구의 '좋아요 👍'에 ○표 하세요.

2 우리 주변에는 공기가 있어야 되는 일들이 많아요. 다음 그림과 관련 있는 공기의 역할을 한 가지 포함하여 문장을 완성하세요.

공기가 있어서 ________________________

____

달의 모습

밤하늘에 반짝이는 별 사이로 빛나는 달은 둥근 공 모양이고, 색깔은 회색빛이야. 달의 표면을 관찰해 보면 매끈매끈한 면도 있고 울퉁불퉁한 면도 있어. 또 달 표면의 어떤 곳은 어둡고 어떤 곳은 밝아. 달 표면에서 밝은 부분을 '달의 육지'라고 하고, 어둡게 보이는 부분을 '달의 바다'라고 불러. 달의 바다에는 지구와 다르게 물이 없어. 그러나 옛날 사람들이 달 표면의 어두운 곳에 물이 가득 차 있을 것이라고 생각했기 때문에 달의 바다라고 불러.

달 표면에는 크고 작은 구덩이가 많아. 이것을 '충돌 구덩이'라고 해. 우주 공간을 떠돌던 돌덩이가 달 표면에 충돌하면서 받은 충격으로 움푹 파인 충돌 구덩이가 생긴 거지. 충돌한 돌덩이의 크기나 충돌할 때 충격의 세기 등에 따라 충돌 구덩이의 크기가 다양하단다.

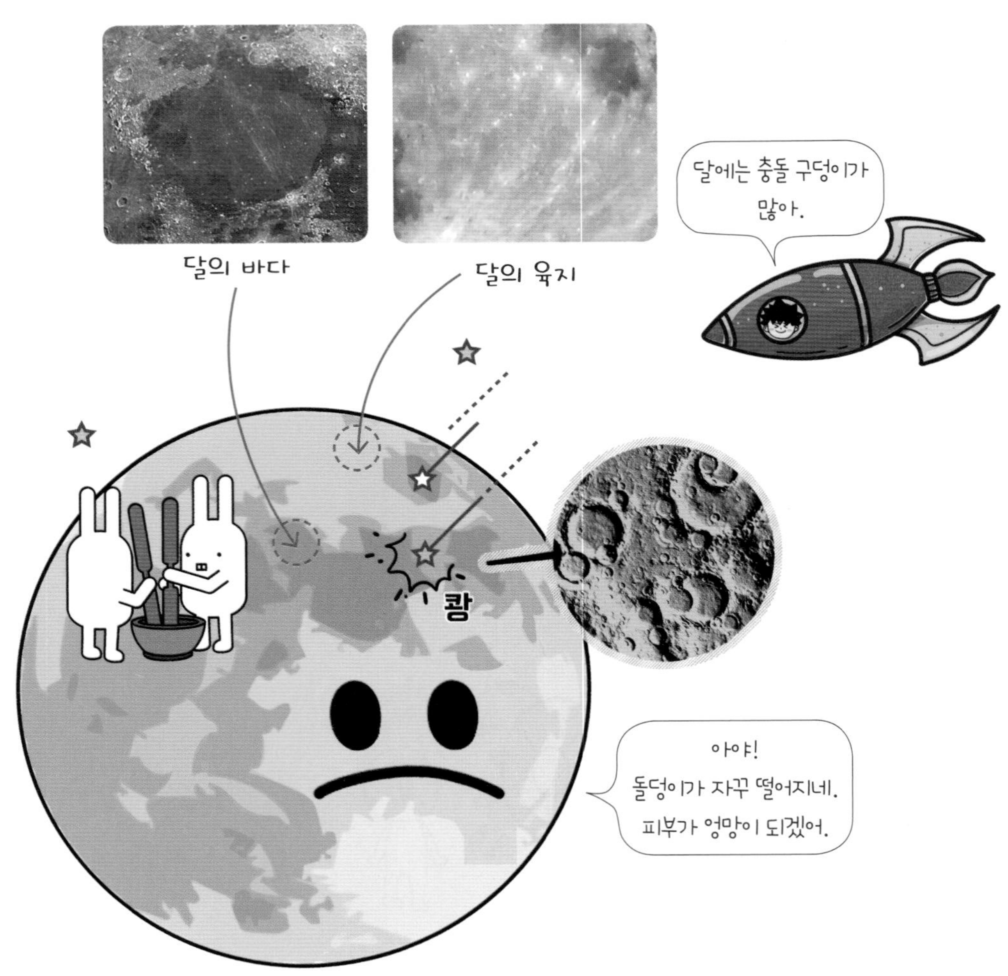

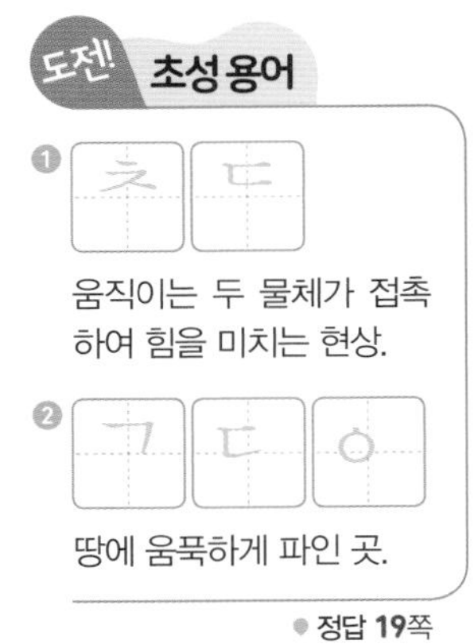

정답 19쪽

매일매일 다른 모양의 달

우리가 보는 달의 모양은 매일매일 달라져. 달은 빛을 내지 않아. 우리가 달을 볼 수 있는 것은 태양 빛이 달 표면에 반사되기 때문이야. 그런데 달은 지구 주위를 돌기 때문에 태양 빛을 많이 받는 위치에 있을 때는 동그란 원 모양으로 보여. 그리고 태양 빛을 받는 부분이 지구에서 거의 보이지 않으면 우리는 달을 볼 수 없거나 손톱만큼 작은 달을 보게 되는 거야. 우리는 달의 모양에 따라 초승달, 보름달, 그믐달 등 이름을 붙여서 부른단다.

확인해 봐요!

정답 19쪽

1 달에 대해 옳게 말한 친구의 '좋아요 👍'에 ○표 하세요.

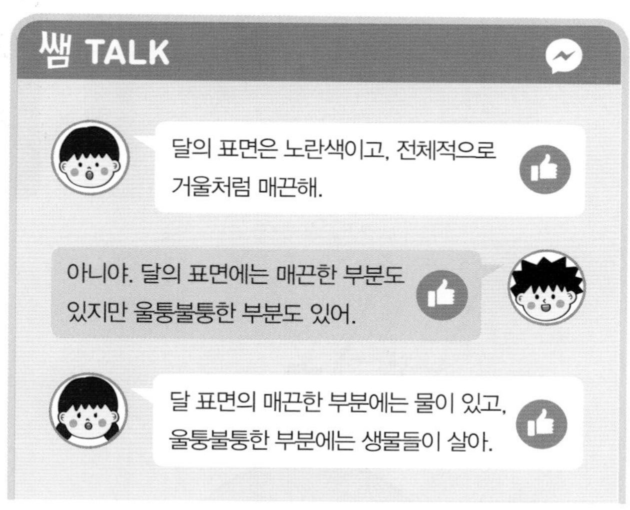

2 다음 달의 이름에 맞도록 색연필로 달을 표현해 보세요.

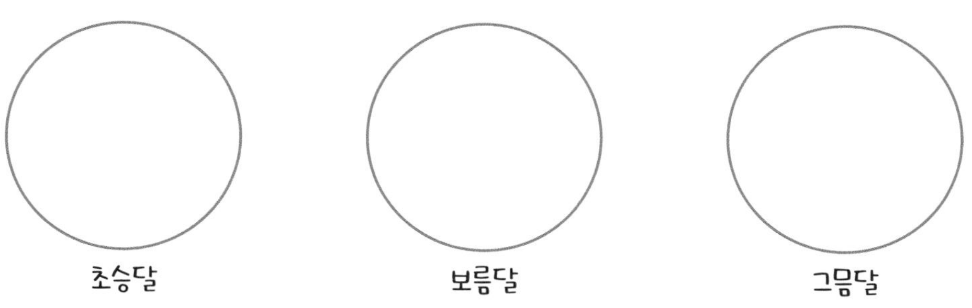

지구와 달의 차이점

지구와 달은 둥근 공 모양으로 표면 등이 비슷하게 생겼지만, 자세히 살펴보면 차이점이 참 많단다.

우선 하늘을 보면 지구의 하늘은 구름이 없는 맑은 날 파란색이지만, 달의 하늘은 온통 검은색이지. 지구에는 공기가 있기 때문에, 태양에서 오는 여러 색깔의 빛 중에서 파란색이 공기에 부딪혀 반사되어 하늘이 파랗게 보이거든. 그러나 달에는 공기가 없어서 태양 빛을 반사하지 못하기 때문에 하늘이 검은색으로 보이는 거야.

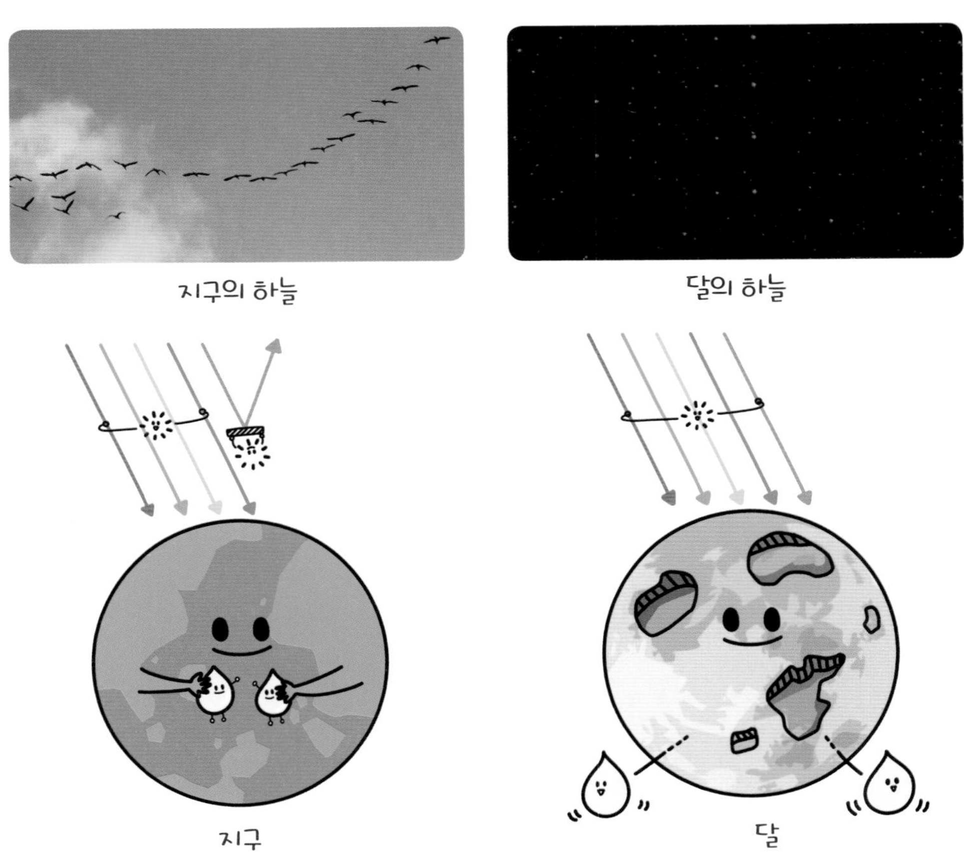

지구의 바다는 바닷물로 가득 차 있고 달의 바다에는 물이 없어. 달에 물이 없는 까닭은 달의 중심에서 물체를 당기는 힘이 지구의 중심에서 물체를 당기는 힘보다 약해서 물이 달 표면에 붙어 있을 수가 없기 때문이야. 그래서 지구의 바다에는 물고기와 여러 생물들이 살 수 있지만 달에서는 살 수 없어. 물론 달에는 공기도 없기 때문에 생물이 살 수 없단다.

도전! 초성 용어

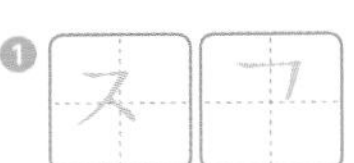

❶ 물과 공기가 있어 생물이 살 수 있는 행성.

❷ 사물의 가장 바깥쪽 또는 윗부분으로, 우리는 지구의 이곳에서 살고 있음.

● 정답 19쪽

달에 가는 우주 비행사의 장비

지구는 우리가 살아가기에 알맞은 환경이지만 달은 그렇지 않아. 그래서 우리가 달에 가려면 여러 장비들이 필요해.

우선 달의 온도는 매우 낮거나 높아. 이런 온도를 견디려면 우주복을 입어야 해. 또 달에는 공기가 없기 때문에 숨을 쉴 수 없어. 그래서 숨을 쉴 수 있게 헬멧과 산소를 공급해 주는 장치를 매달고 다녀야 해. 이런 장비를 모두 갖추고 있으려면 갑갑하고 무겁지 않냐고?

달은 중력이 약해서 지구에서 느끼는 무게의 $\frac{1}{6}$ 밖에 되지 않아.
그래서 이 장비들이 그렇게 무겁게 느껴지지는 않는단다.

● 정답 19쪽

1 지구와 달의 공통점과 차이점을 보기에서 찾아 빈칸에 쓰세요.

보기
둥근 공 모양이다. / 하늘이 검은색이다. / 바다에 물이 있다. /
다양한 생물이 살고 있다. / 하늘이 파란색이다. / 구름이 없다.

	지구	달
공통점		
차이점		

2 진희는 빈칸에 각각 지구의 하늘과 달의 하늘을 그려 비교해 보려고 해요. 진희를 도와 색연필로 지구의 하늘과 달의 하늘에 알맞은 색을 칠해 보세요.

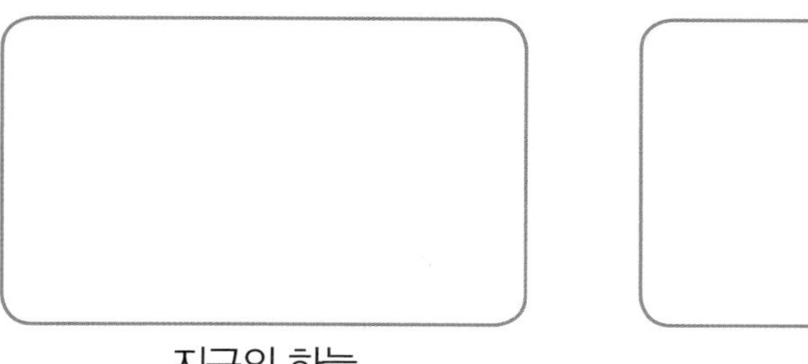

지구의 하늘　　　　달의 하늘

관련 단원 | 3학년 지구의 모습

40 다양한 지구의 모습

1. 지구의 모양과 지구 표면의 모습

① 우리가 사는 지구는 둥근 공 모양이다.

② 우리나라에서는 산, 들, 강, 계곡, 호수, 갯벌, 바다 등 여러 모습을 볼 수 있다.

산 들 강

계곡 갯벌 바다

③ 세계 여러 곳에서는 사막, 빙하, 화산 등도 볼 수 있다.

사막 빙하 화산

2. 지구의 육지와 바다의 특징

① 지구 표면의 많은 부분은 바다로 덮여 있어 바닷물이 육지의 물보다 훨씬 많다.

② 바닷물은 육지의 물보다 짜서 사람이 마시기에 적당하지 않다.

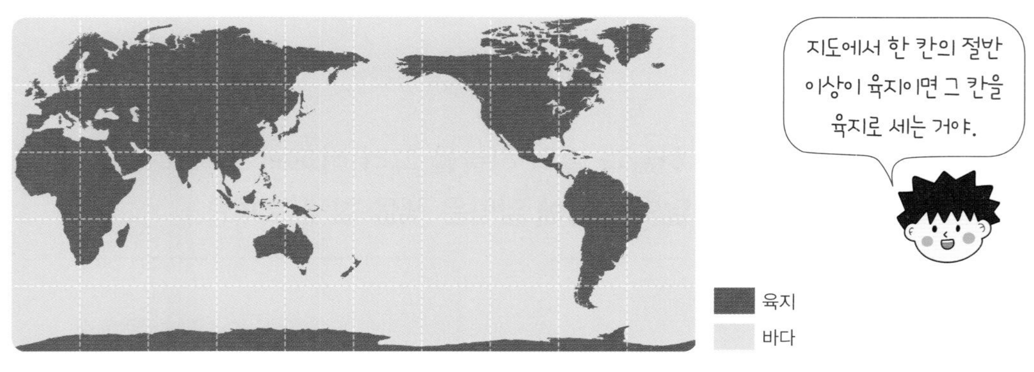

지도의 전체 칸 수	육지 칸의 수	바다 칸의 수
50칸	14칸	36칸

우리나라에서는 사막, 화산, 빙산을 쉽게 볼 수 있다.

☐

정답 20쪽

41 지구를 둘러싼 공기

1. 공기의 역할: 공기는 지구를 둘러싸고 있으며 눈에 보이지 않지만 느낄 수 있다.

① 새가 하늘을 날 수 있게 해 주고, 생물이 숨을 쉬고 살 수 있도록 해 준다.

② 비나 눈이 내리게 하고, 바람이 불게 해 준다.

2. 공기를 이용하는 다양한 방법: 튜브 속에 넣어서 이용하고, 열기구나 비행기를 띄울 수 있게 하며 바람은 풍력 발전소로 전기를 만들 수 있게 한다.

3. 지구에 공기가 없다면 일어날 수 있는 일: 바람이 불지 않을 것이고, 구름이 없고 비가 오지 않을 것이다.

공기는 눈에 보이지 않기 때문에 우리 주위에 있다고 할 수 없다.

☐

정답 20쪽

42 달의 모습

① 달은 둥근 공 모양이고 표면에 돌이 있다.

② 달 표면은 회색빛이고, 밝은 곳과 어두운 곳, 매끈매끈한 면과 울퉁불퉁한 면이 있다.

③ 달 표면에서 어둡게 보이는 곳을 '달의 바다'라고 하지만 실제로 물이 있는 것은 아니다.

④ 달 표면에는 우주 공간을 떠돌던 돌덩이가 충돌하여 만들어진 크고 작은 충돌 구덩이가 많다.

Speed

달 표면에서 어둡게 보이는 곳을 '달의 바다'라고 한다.

☐

정답 20쪽

43 지구와 달의 차이점

1. 지구와 달의 모습 비교

구분	지구의 하늘	달의 하늘	지구의 바다	달의 바다
모습				
특징	• 새가 있다. • 구름이 있다. • 공기가 있다.	• 새가 없다. • 구름이 없다. • 공기가 없다.	• 물이 있다. • 생물이 있다.	• 물이 없다. • 생물이 없다.

2. 달과 다르게 지구에서 생물이 살 수 있는 까닭

① 지구에는 물과 공기가 있어서 생물이 살 수 있다.

② 지구는 생물이 살기에 알맞은 온도지만, 달은 생물이 살기에 알맞은 온도가 아니다.

Speed

달에서는 별도의 장비가 없어도 숨을 쉴 수 있다.

☐

정답 20쪽

교과서 확인 문제

관련 단원 | 3학년 지구의 모습

다양한 지구의 모습

01 다음 이야기를 읽고 (   ) 안에 들어갈 알맞은 말을 쓰시오.

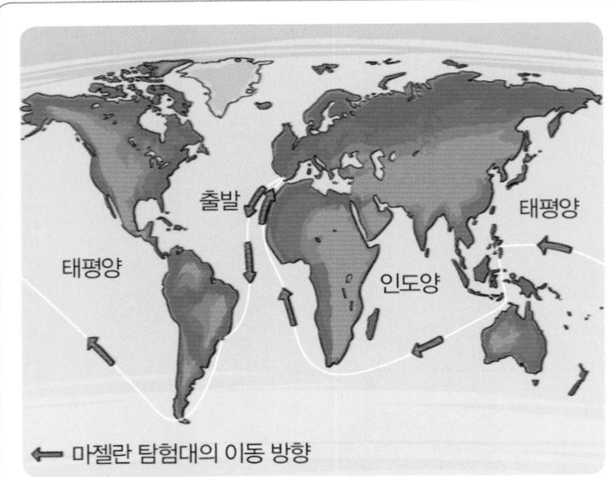

마젤란 탐험대는 배를 타고 세계 일주를 했다. 마젤란 탐험대가 세계 일주를 한 뱃길을 따라가 보면 출발한 곳으로 다시 돌아온 것을 알 수 있다. 이것은 지구가 (   ) 모양이기 때문에 가능하다.

(   )

02 다음은 지구 표면에서 볼 수 있는 모습 중 어떤 모습을 표현한 것인지 (보기)에서 골라 쓰시오.

(보기)
산 들 계곡 화산 사막 바다

(1) (2)

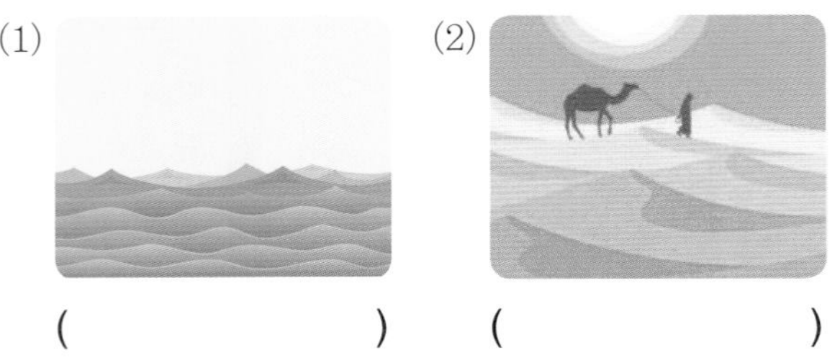

(1) (   ) (2) (   )

03 다음은 지구의 바다와 육지의 넓이를 비교하기 위하여 지도에 50칸을 그려 놓은 것입니다. 이 그림을 보고 알 수 있는 사실로 알맞은 것을 골라 기호를 쓰시오.

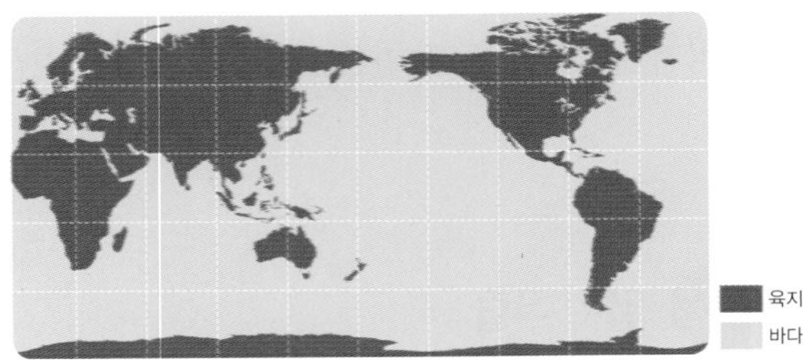

지도의 전체 칸	육지 칸	바다 칸
50칸	14칸	36칸

㉠ 바다가 육지보다 더 넓다.
㉡ 바다와 육지의 넓이는 비슷하다.
㉢ 바다와 육지의 넓이를 비교하기는 어렵다.

(   )

지구를 둘러싼 공기

04 공기를 느낄 수 있는 방법은 어느 것입니까? (   )

① 맛을 본다.
② 사진을 찍는다.
③ 냄새를 맡아 본다.
④ 눈으로 확인해 본다.
⑤ 손으로 바람을 일으켜 본다.

05 공기를 이용하는 경우를 모두 골라 기호를 쓰시오.

㉠ 종이비행기를 날린다.
㉡ 수영장에서 튜브를 사용한다.
㉢ 체중계로 몸무게를 측정한다.

(   )

06 우리가 사는 지구에서 생물이 숨을 쉬면서 살 수 있는 까닭은 무엇인지 쓰시오.

____

____

달의 모습

07 다음은 달 표면의 한 부분을 확대한 모습입니다. 이에 대한 설명으로 옳은 것은 어느 것입니까? ( )

① 물이 있다.
② 달의 바다라고 부른다.
③ 달의 육지라고 부른다.
④ 달 표면의 다른 곳보다 밝다.
⑤ 살아있는 생명체가 살고 있다.

08 다음은 달 표면의 일부를 나타낸 것입니다. 이러한 모습이 나타난 까닭을 옳게 말한 친구의 이름을 쓰시오.

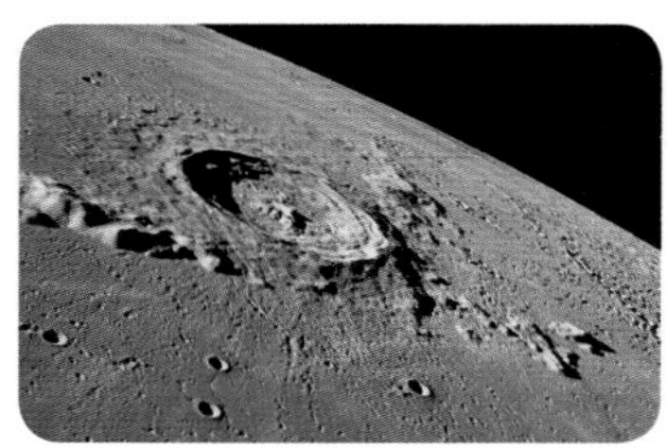

- 애리: 물이 흘러서 생겼어.
- 가연: 식물이 자라면서 생긴 흔적이야.
- 서준: 우주 공간을 떠돌던 돌덩이가 충돌하여 생겼어.

( )

지구와 달의 차이점

09 다음 ㉠～㉣을 (1)과 (2)에서 볼 수 있는 모습으로 각각 분류하여 기호를 쓰시오.

(1)

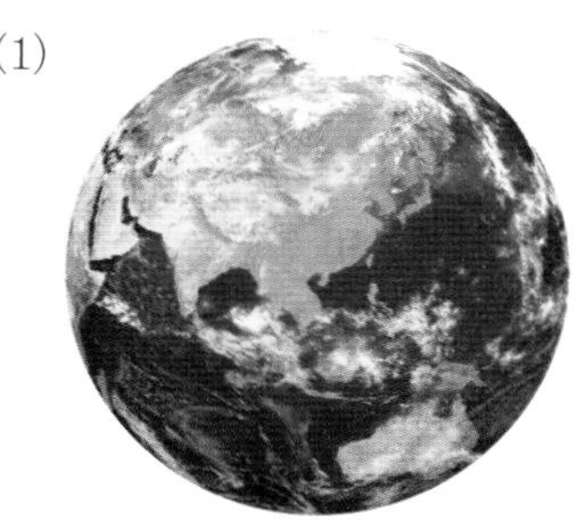

( )

(2)

( )

10 지구에는 생물이 살 수 있지만 달에는 생물이 살 수 없는 까닭을 한 가지 쓰시오.

____

____

흙이 만들어지는 과정

산을 오르다 보면 엄청나게 큰 바위부터 우리가 앉아서 쉬어가기도 하는 돌, 그리고 바닥에 깔려 있는 흙을 만날 수 있어. 이러한 바위와 돌, 흙은 어떻게 만들어질까?

바위나 돌은 바람과 물 등에 의해 자연스럽게 조금씩 부서져. 작은 바위틈에 물이 들어가 얼고 녹기를 반복하면, 점점 틈이 벌어지면서 바위가 부서지지. 또 나무뿌리가 바위 속에서 점점 자라면서 바위가 부서지기도 해. 큰 바위는 부서져서 돌이 되고, 돌이 부서지면서 작은 알갱이가 되지. 여기에 낙엽과 같은 식물과 죽은 지렁이나 개미 등의 생물이 섞여서 흙이 되는 거야.

그렇다면 큰 바위가 흙이 되는 데 걸리는 시간은 얼마나 될까? 바위의 크기와 주변 환경에 따라 다르기 때문에 정확하게 얘기할 수는 없어. 그러나 한 사람이 살고 있는 동안 바위가 흙이 되는 것을 관찰하기는 어려워. 바위는 아주 천천히 조금씩 깎이며 흙이 되기 때문이지.

도전! 초성 용어

1. ㅂ ㅇ
부피가 매우 큰 돌.

2. ㄴ ㅇ
말라서 떨어진 나뭇잎.

정답 20쪽

사람이 만드는 흙

과학 기술이 발달하면서 사람들은 흙을 직접 만들기 시작했어. 사람이 만들어 내는 인공 흙은 정원이나 화분 등을 가꾸는 데 많이 쓰인단다.

인공 흙을 만드는 방법은 여러 가지인데, 보통은 돌이나 나무껍질, 이끼 등의 재료를 갈거나 뭉쳐서 만들어. 살균 과정을 거치기 때문에 벌레 등이 없어서 실내에서 식물을 키우는 화분 등에 넣어 사용하기에 좋아.

최근에는 화성에서 가져온 흙과 성분이 비슷한 인공 흙을 만들어서 우주 연구에도 사용하기 시작했어.

정답 20쪽

1 시원이와 아랑이가 흙이 만들어지는 과정에 대해 이야기하고 있어요. 시원이와 아랑이의 잘못된 설명을 바르게 고쳐 쓰세요.

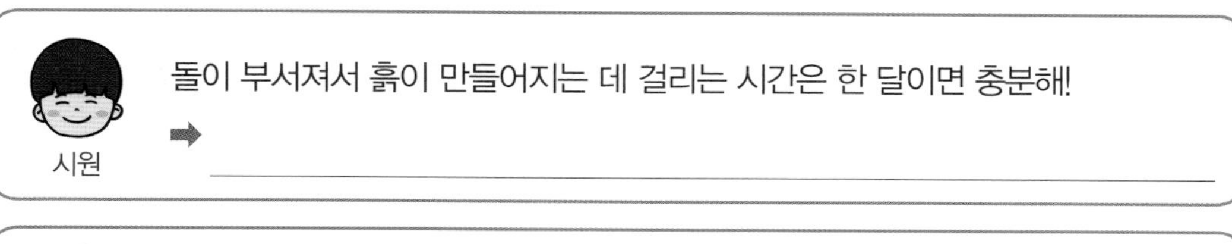

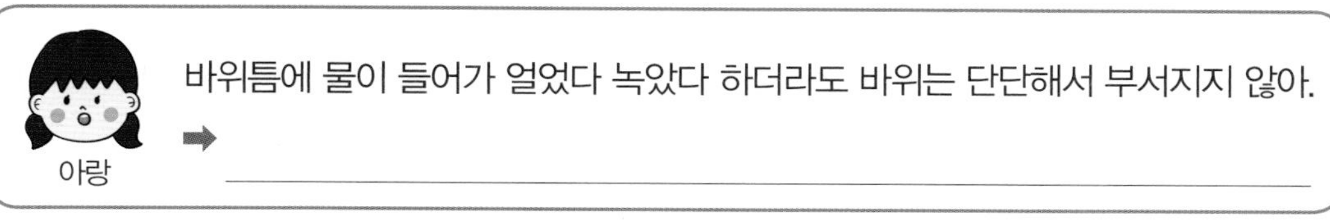

2 다음은 흙이 만들어지는 과정이에요. 빈칸에 알맞은 그림을 그려 완성하세요.

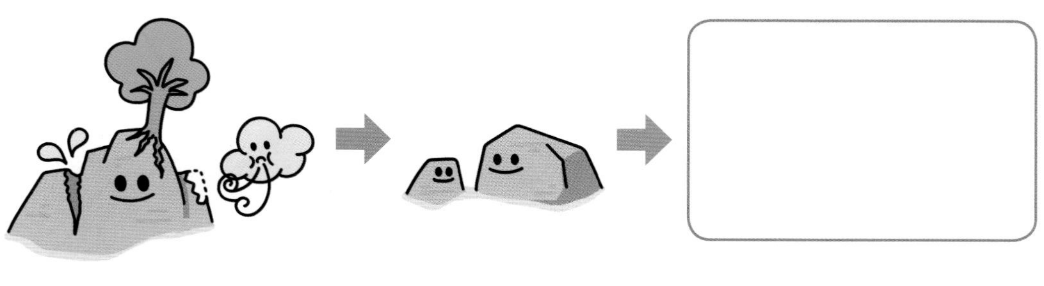

관련 단원 | 3학년 지표의 변화

물에 의한 지표의 변화

지구 표면의 물은 대부분 바다에 있고, 그중 일부가 육지에 있어. 육지의 물은 산속에 흐르는 폭포와 계곡, 우리 주변에서 쉽게 볼 수 있는 강, 호수 등이 있어. 또 눈에 보이지는 않지만 땅속에 흐르는 지하수도 있지.

육지에 있는 여러 종류의 물은 대부분 높은 곳에서 낮은 곳으로 흘러. 흐르는 물은 바위나 돌, 흙 등을 깎아 낮은 곳으로 운반하여 쌓아 놓으면서 지표의 모습을 변화시킨단다. 지표의 바위나 돌, 흙 등이 깎여 나가는 것을 '침식 작용'이라고 하고, 운반된 돌이나 흙이 쌓이는 것을 '퇴적 작용'이라고 해.

흐르는 물에 의한 지표의 모습 변화는 흙 언덕 실험으로 확인할 수 있어. 흙 언덕을 만들고 흙 언덕 위쪽에서 물을 흘려보내면서 흙이 깎인 곳과 흙이 쌓인 곳을 관찰하면 돼. 이때 흙 언덕 위쪽에 색 모래를 뿌리면 흙이 이동하는 모습을 쉽게 확인할 수 있어. 흐르는 물은 침식 작용으로 흙 언덕 위쪽의 흙을 깎아 내고, 퇴적 작용으로 깎아 낸 흙을 운반하여 흙 언덕의 아래쪽에 쌓이게 한단다.

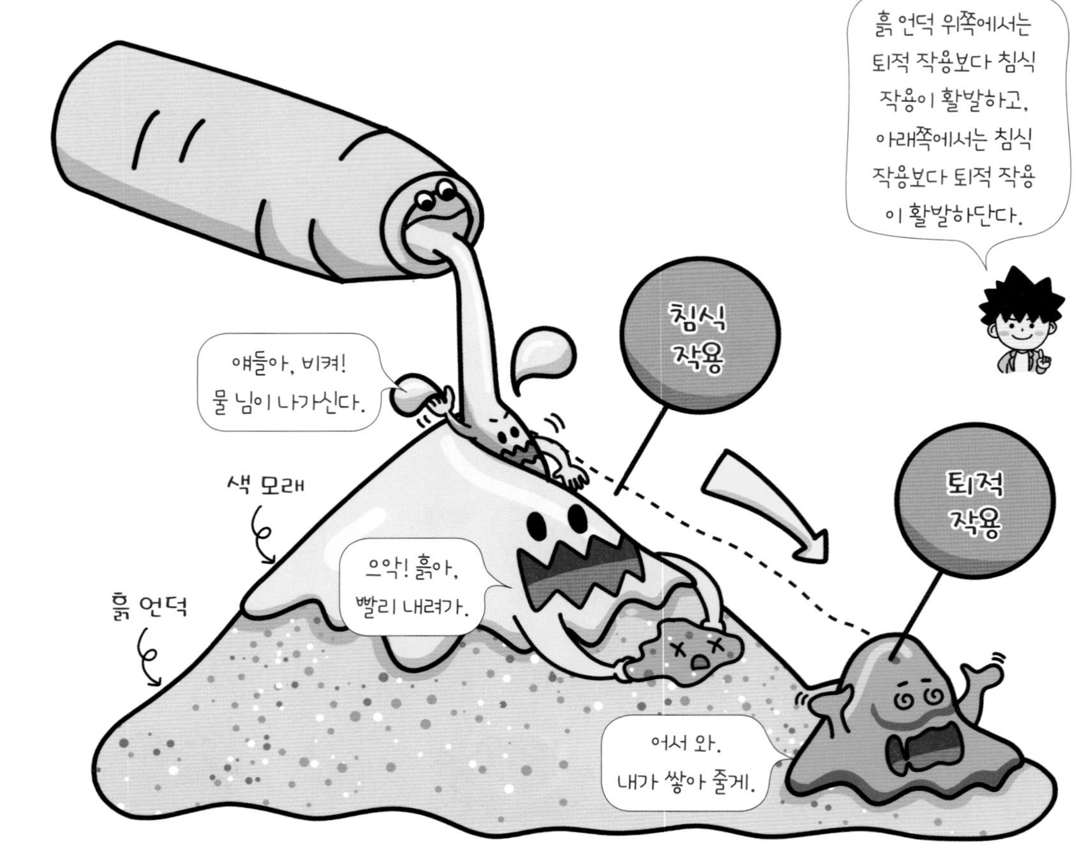

도전! 초성 용어

1. ㅊ ㅅ
바위, 돌, 흙 등이 깎여 나가는 것.

2. ㅌ ㅈ
운반된 돌이나 흙이 쌓이는 것.

● 정답 20쪽

소리 없이 강한 물의 힘

물은 우리가 살아가는 데 꼭 필요한 것이지만 때로는 엄청난 힘을 보여 줘.
뉴스에서 여름철 장마나 태풍으로 인해 많은 양의 비가 와서, 산에 있던 돌과 흙들이 빠르게 이동해 도로를 덮치거나 건물이 묻히는 등 크고 작은 피해가 생겼다는 이야기를 들을 수 있어.
지난 2011년에는 짧은 시간에 엄청난 양의 비가 쏟아져서 서울과 춘천에서 아주 큰 산사태 피해가 발생했고, 사람들이 사는 곳을 덮쳐 수십 명이 다치거나 죽었어.
이러한 엄청난 피해를 막기 위해 전 세계적으로 나무를 심고 하수 시설을 정비하는 등 많은 노력을 한단다.

정답 20쪽

1 흐르는 물에 의한 지표의 모습 변화를 관찰하기 위해, 흙 언덕 위쪽에 색 모래를 뿌리는 까닭으로 다음 (　　) 안에 들어갈 알맞은 말을 쓰세요.

색 모래를 뿌리는 까닭은 흐르는 물에 의해서 흙이 어떻게 (　　　　　　　　　　　　　　) 쉽게 알아보기 위해서야.

2 다음과 같이 흙 언덕을 만들어 흙 언덕 위쪽에서 물을 흘려보내려고 해요. 침식 작용이 가장 활발한 곳을 찾아 ○표 하고, 흙의 이동 방향을 화살표로 나타내세요.

바닷가의 지형

바닷가 주변에서는 주로 바닷물에 의해 만들어진 지형들을 발견할 수 있어. 강과 같이 바닷물도 침식 작용과 퇴적 작용을 해. 가파른 해식 절벽이나 해식 동굴은 바닷물의 침식 작용으로 암석이 깎이면서 만들어지지. 여기서 '해식'이라는 말이 바다에 의해 침식된다는 뜻이야.

또 위와 같은 과정에서 깎인 돌과 흙은 파도가 약하고 물살이 느린 바닷가에 운반되어 쌓이는 퇴적 작용으로 인해 모래사장이나 갯벌과 같은 넓은 땅이 되기도 해.

바닷가 주변에서 볼 수 있는 여러 지형은 바닷물의 작용으로 오랜 시간에 걸쳐 깎이고, 운반되어 쌓이면서 서서히 만들어진단다.

도전! 초성 용어

❶ ㅈ ㅂ

바위가 깎아 세운 것처럼 아주 높이 솟아 있는 험한 낭떠러지.

❷ ㄷ ㄱ

자연적으로 생긴 깊고 넓은 큰 굴.

정답 21쪽

보물 창고 바다

바다는 수많은 생태계 생물들이 살아가는 곳이며, 사람들에게 도움을 주는 역할을 해. 대표적으로 바닷속에는 우리가 먹을 수 있는 수많은 물고기가 있어. 그리고 색깔이 곱고 자그마한 물고기는 어항에 담아 키우기도 해. 또 바닷가 주변의 갯벌에서는 게나 조개와 같은 생물들을 얻을 수 있지. 우리는 바다에서 미역이나 김 같은 해조류를 얻기도 하고, 바닷물을 증발시켜서 소금을 얻기도 한단다. 우리에게 많은 자원을 주는 보물 창고 바다가 오염되지 않도록 노력해야 해.

확인해 봐요!

정답 21쪽

1 다음은 바닷가 주변에서 볼 수 있는 지형이에요. 침식 작용으로 만들어진 지형에는 '침식', 퇴적 작용으로 만들어진 지형에는 '퇴적'이라고 쓰세요.

갯벌
(　　　　　　)

바위의 구멍
(　　　　　　)

해식 동굴
(　　　　　　)

모래사장
(　　　　　　)

2 바닷가 주변에서 볼 수 있는 모습과 설명을 알맞게 선으로 이으세요.

모래사장 •

해식 절벽 •

• 바닷물에 깎인 돌과 모래들이 운반된 뒤, 쌓여서 만들어졌어.

• 바닷물이 바위와 닿는 부분을 깎고 무너뜨려서 만들어졌어.

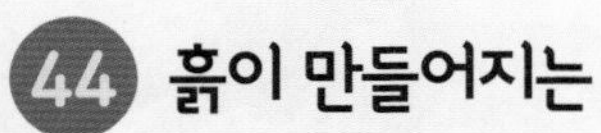

관련 단원 | 3학년 지표의 변화

44 흙이 만들어지는 과정

1. 흙이 만들어지는 과정: 바위나 돌이 작게 부서진 알갱이와 생물이 썩어 생긴 물질들이 섞여서 흙이 만들어진다.

물에 의해 부서진 바위	나무뿌리에 의해 부서진 바위

겨울에 바위틈에 있는 물이 얼었다 녹았다를 반복하면서 바위가 부서진다.	바위틈에서 나무뿌리가 자라면서 바위가 부서진다.

2. 운동장 흙과 화단 흙 비교하기

운동장 흙	화단 흙

• 밝은 갈색이다. • 알갱이가 비교적 크다. • 만졌을 때 거칠다. • 물에 뜬 물질이 거의 없다.	• 어두운 갈색이다. • 알갱이가 큰 것도 있고 작은 것도 있다. • 만졌을 때 약간 부드럽다. • 물에 뜬 물질이 많다.

3. 흙 보존하기

① **흙을 보존해야 하는 까닭**: 흙은 만들어지는 데 오랜 시간이 걸리고, 흙이 사라지면 생물이 살아가기 힘들기 때문이다.

② **흙을 보존할 수 있는 시설물**: 흙을 덮어 주거나 고정하여 주는 시설물을 설치하여 흐르는 물에 의해 흙이 떠내려가는 것을 막을 수 있다.

바위나 돌은 햇빛을 받으면 흙이 된다.

☐

● 정답 21쪽

45 물에 의한 지표의 변화

1. **흐르는 물**: 바위나 돌, 흙 등을 깎아서 낮은 곳으로 운반하고, 쌓아 놓아 지표의 모습을 변화시킨다.

① **침식 작용**: 지표의 바위나 돌, 흙 등이 깎여 나가는 것이다.

② **퇴적 작용**: 운반된 돌이나 흙이 쌓이는 것이다.

교과서 실험 흐르는 물에 의한 지표의 모습 변화 관찰하기

실험 동영상

| 과정 ❶ 흙 언덕을 만들고, 위쪽에 색 모래를 뿌린다.

❷ 흙 언덕 위쪽에서 물을 흘려보내면서 흙 언덕에서 흙이 깎인 곳과 쌓인 곳을 관찰한다.

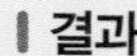

| 결과

➡

흙이 많이 깎인 곳 흙 언덕의 위쪽

흙이 많이 쌓인 곳 흙 언덕의 아래쪽

2. **강 주변의 모습**: 강 상류에서 하류로 갈수록 강폭이 넓어지고, 경사가 완만해지며, 돌의 크기가 작아진다.

강 상류: 침식 작용이 활발함.

강 하류: 퇴적 작용이 활발함.

Speed O X

물에 의해 바위, 돌, 흙 등이 깎이는 것을 운반 작용이라고 한다.

정답 21쪽

46 바닷가의 지형

침식 작용에 의한 지형		퇴적 작용에 의한 지형	

바위 가운데 구멍이 있다.	해안가에 가파른 절벽이 있다.	모래가 넓게 쌓여 있다.	고운 흙이나 모래가 넓게 쌓여 있다.

⬇

바닷가 지형은 바닷물의 침식 작용이나 퇴적 작용으로 오랜 시간에 걸쳐 만들어진다.

Speed O X

바닷가 주변에서는 침식 작용과 퇴적 작용이 함께 일어난다.

정답 21쪽

교과서 확인 문제

관련 단원 | 3학년 지표의 변화

흙이 만들어지는 과정

01 다음 ( ) 안에 공통으로 들어갈 알맞은 말을 쓰시오.

> 지구의 생물이 살아가는 터전이 되는 ( ) 이/가 만들어지기까지는 오랜 시간이 걸린다. 따라서 ( )을/를 덮거나 고정하는 시설물을 설치하여 흐르는 물에 의해 ( )이/가 떠내려가는 것을 막고 보존해야 한다.

( )

02 자연에서 흙이 만들어지는 과정에 알맞은 순서대로 기호를 쓰시오.

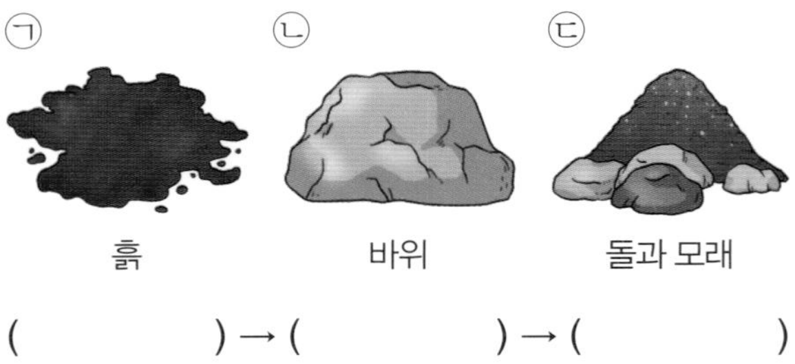

흙 / 바위 / 돌과 모래

( ) → ( ) → ( )

03 다음 관찰 결과를 보고, 혜주가 관찰한 흙으로 알맞은 것에 ○표 하시오.

> [혜주의 관찰 결과]
> • 밝은 갈색이다.
> • 알갱이가 비교적 크다.
> • 주로 모래나 흙 알갱이만 보인다.
> • 만졌을 때 거칠고, 잘 뭉쳐지지 않는다.

운동장 흙 / 화단 흙

( ) ( )

물에 의한 지표의 변화

04 다음을 알맞은 것끼리 선으로 이으시오.

침식 작용 •	• 운반된 돌이나 흙이 쌓이는 것
퇴적 작용 •	• 흐르는 물에 의해 지표의 바위나 돌, 흙 등이 깎여 나가는 것

05 다음과 같이 흙 언덕을 만들고 위쪽에서 물을 흘려보냈을 때 물이 화살표 방향으로 이동하였습니다. 이때, 흙 언덕에서 주로 흙이 쌓이는 곳을 골라 ○표 하시오.

06 강 상류보다 강 하류에 모래가 더 많은 까닭을 가장 알맞게 말한 친구의 이름을 쓰시오.

> • 태희: 원래부터 강 하류에만 모래가 있었기 때문이야.
> • 한민: 강 하류의 바위가 강 상류로 이동했기 때문이지.
> • 윤지: 강물이 강 상류에 있는 바위를 깎고 운반해서 강 하류에 쌓기 때문이야.

( )

07 강 상류와 강 하류의 강폭과 강의 경사를 비교해 보고, ( ) 안의 알맞은 말에 모두 ○표 하시오.

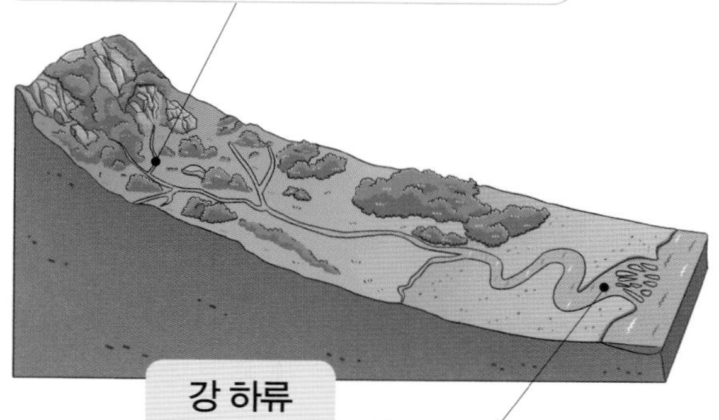

08 강폭이 매우 좁고 경사가 급하며 흐르는 물의 양이 많지 않은 강 주변에서 볼 수 있는 돌의 모습으로 가장 알맞은 것은 어느 것입니까?
( )

①  ② 

③  ④ 

바닷가의 지형

09 바닷가 지형 중 다음과 같이 모래가 넓게 쌓여 있는 곳에 대한 설명으로 옳은 것을 두 가지 골라 기호를 쓰시오.

㉠ 바닷물이 모래를 쌓아서 만들어졌다.
㉡ 바닷물에 의해 모래가 서서히 깎인 것이다.
㉢ 침식 작용보다 퇴적 작용이 활발하게 일어나는 곳이다.

( )

10 다음과 같은 바닷가 지형은 어떻게 만들어지는지 쓰시오.

관련 단원 | 4학년 지층과 화석

지층이 만들어지는 과정

산과 바다의 절벽을 보면 암석들이 층층이 쌓여 있는 것을 볼 수 있어. 마치 우리가 먹는 햄버거나 샌드위치처럼 아래층부터 서로 다른 특징의 암석들이 쌓이다 보니 그런 층이 만들어졌단다. 이렇게 자갈, 모래, 진흙 등으로 이루어진 암석들이 층을 이루고 있는 것을 '지층'이라고 해. 지층은 수평인 지층, 끊어진 지층, 휘어진 지층 등이 있어. 지층의 모양은 지구 내부의 힘에 의해 바뀌거든.

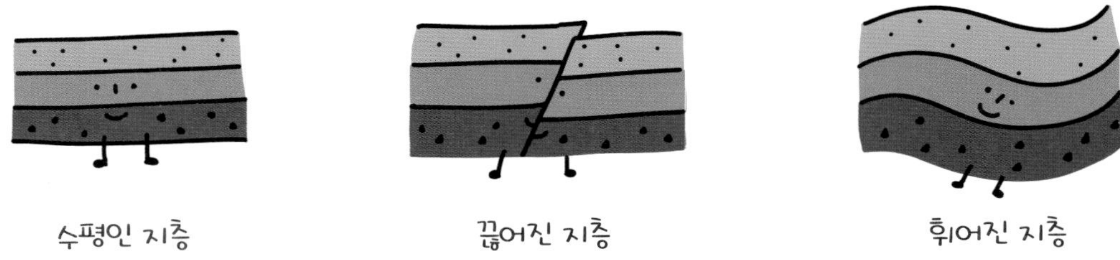

지층의 공통점은 모두 줄무늬가 보이는 층으로 이루어진 것인데, 여러 가지 알갱이가 쌓이게 되면서 줄무늬가 생기게 되었단다. 지층의 차이점은 모양과 색깔, 층의 두께가 다른 것 등이지. 지층은 오랜 시간 동안 만들어져서 지층을 통해 그 지역의 과거 환경과 흔적들을 알 수 있어. 그래서 지층을 지구의 역사책, 일기장이라고 부르기도 해.

도전! 초성 용어

❶ 

자갈, 모래, 진흙 등으로 이루어진 암석들이 층을 이루고 있는 것.

❷ 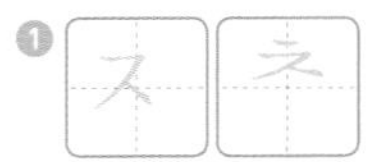

기울지 않고 평평한 상태.

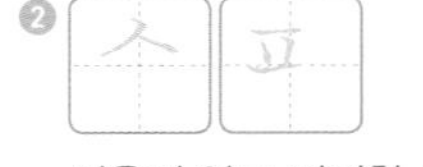

● 정답 22쪽

우리나라에서 볼 수 있는 다양한 지층

우리나라 지층에는 특이한 모양을 가진 지층들이 많은데 그 중에 대표적인 것이 오른쪽 사진에서 볼 수 있는 두무진의 '코끼리 바위' 지층과 서귀포 '용머리 해안' 지층이야. 코끼리 바위 지층에서는 겹겹이 수평으로 쌓인 지층의 모습을 관찰할 수 있는데 전체적인 모양이 코끼리를 닮았어.
서귀포의 용머리 해안 지층은 용이 바다 속으로 들어가는 모습을 닮아서 붙여진 이름이래. 지층이 구불구불한 모습으로 쌓여있는 것을 볼 수 있단다.

확인해 봐요!

정답 22쪽

1 아래 지층들의 모습에서 공통적으로 볼 수 있는 특징을 두 가지 쓰세요.

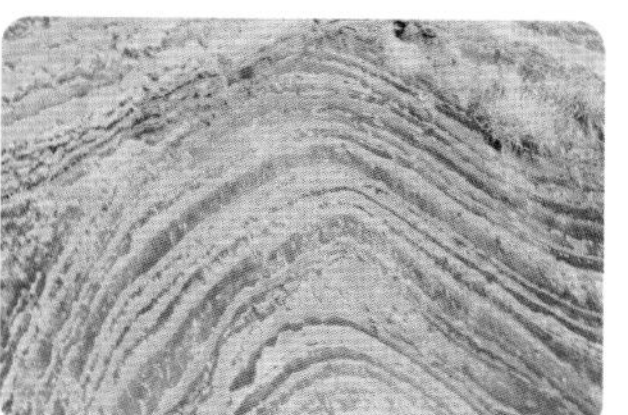

2 줄무늬가 구분되어 보이도록 자신만의 지층을 꾸미세요.

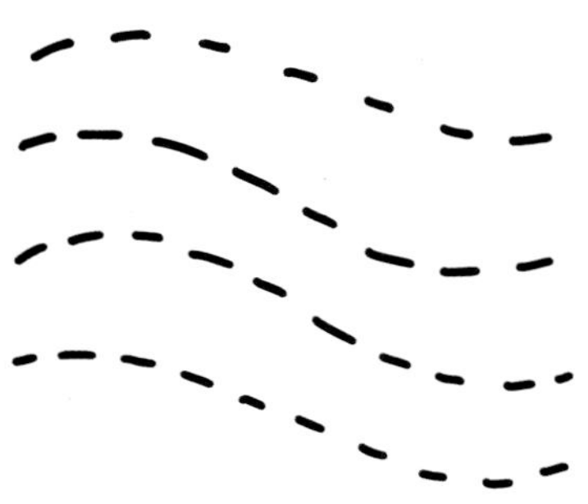
휘어진 지층

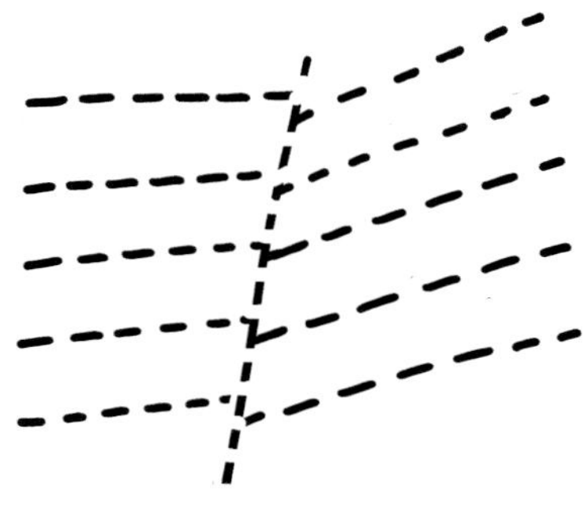
끊어진 지층

퇴적암이 만들어지는 과정

지층은 자갈, 모래, 진흙 등으로 이루어진 암석들이 층을 이루고 있는 거야. 그렇다면 지층의 층을 이루고 있는 암석의 종류는 무엇일까?

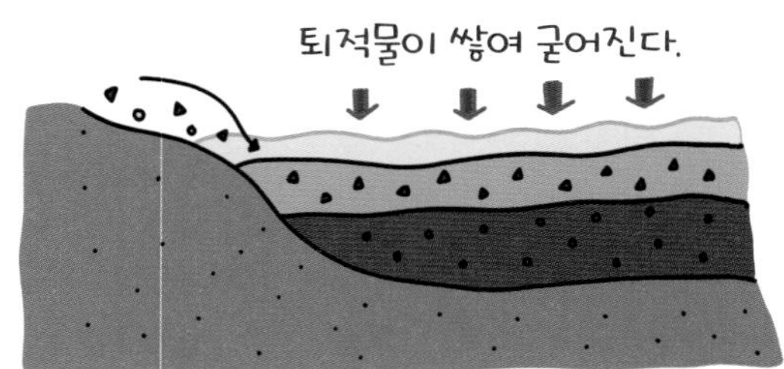

지층이 만들어지는 과정에서 진흙, 모래, 자갈처럼 운반되어 쌓이는 것을 '퇴적물'이라고 해. 그리고 이러한 퇴적물이 굳어져 만들어진 암석을 '퇴적암'이라고 한단다.

퇴적암은 알갱이의 크기에 따라 알갱이의 크기가 가장 작은 이암, 이암과 역암의 중간인 사암, 알갱이의 크기가 가장 큰 역암으로 나눌 수 있어. 이암은 진흙과 같은 작은 알갱이로 이루어져 있고 사암은 주로 모래로 이루어진 암석이야. 역암은 자갈, 모래 등 큰 알갱이들로 이루어져 있는 암석이지. 이암은 알갱이가 작은 진흙 등으로 만들어져서 손으로 만졌을 때 부드러워. 그러나 역암은 약간 거친 부분이 있고 매끈한 부분도 있어.

도전! 초성 용어

❶ ㅌ ㅈ ㅁ
지층이 만들어지는 과정에서 진흙, 모래, 자갈처럼 운반되어 쌓이는 것을 말함.

❷ ㅌ ㅈ ㅇ
퇴적물이 굳어져 만들어진 암석.

● 정답 22쪽

다양한 퇴적암

퇴적암에는 이암, 사암, 역암 이외에도 다양한 종류가 있어.
대표적으로 이암과 비슷한 알갱이의 크기를 가졌지만 주로 짙은 회색을 띠는 '셰일'이 있지. 셰일은 충격을 주면 층층이 잘 쪼개지는 성질이 있어.
그리고 이암과 셰일처럼 눈에 보이지 않을 만큼 작은 알갱이로 이루어진 '석회암'도 있어. 조개 껍질이나 산호 등으로 이루어졌지.
석회암은 다른 퇴적암들과 달리 묽은 염산을 떨어뜨리면 거품이 발생하는 특징을 가지고 있단다.

확인해 봐요!

정답 22쪽

1 퇴적암에 대해 옳게 말한 친구를 모두 골라 ○표 하세요.

( ) ( ) ( )

2 퇴적암의 종류인 이암, 사암, 역암을 구분하는 기준을 생각하여 암석 캐릭터를 그려서 완성하세요.

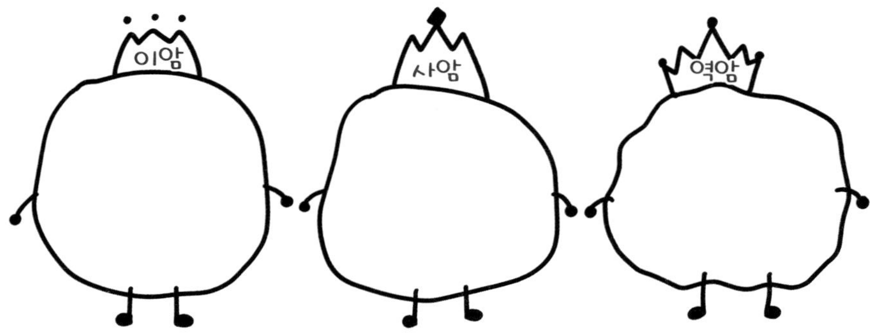

화석이 만들어지는 과정

옛날 동식물의 몸체나 흔적이 암석과 지층 속에 남아있는 것을 '화석'이라고 해. 화석은 매우 단단하고 색깔과 무늬가 선명해서 옛 생물의 모습을 알 수 있게 해줘. 이러한 화석들은 어떤 과정을 거쳐서 만들어지는 걸까?

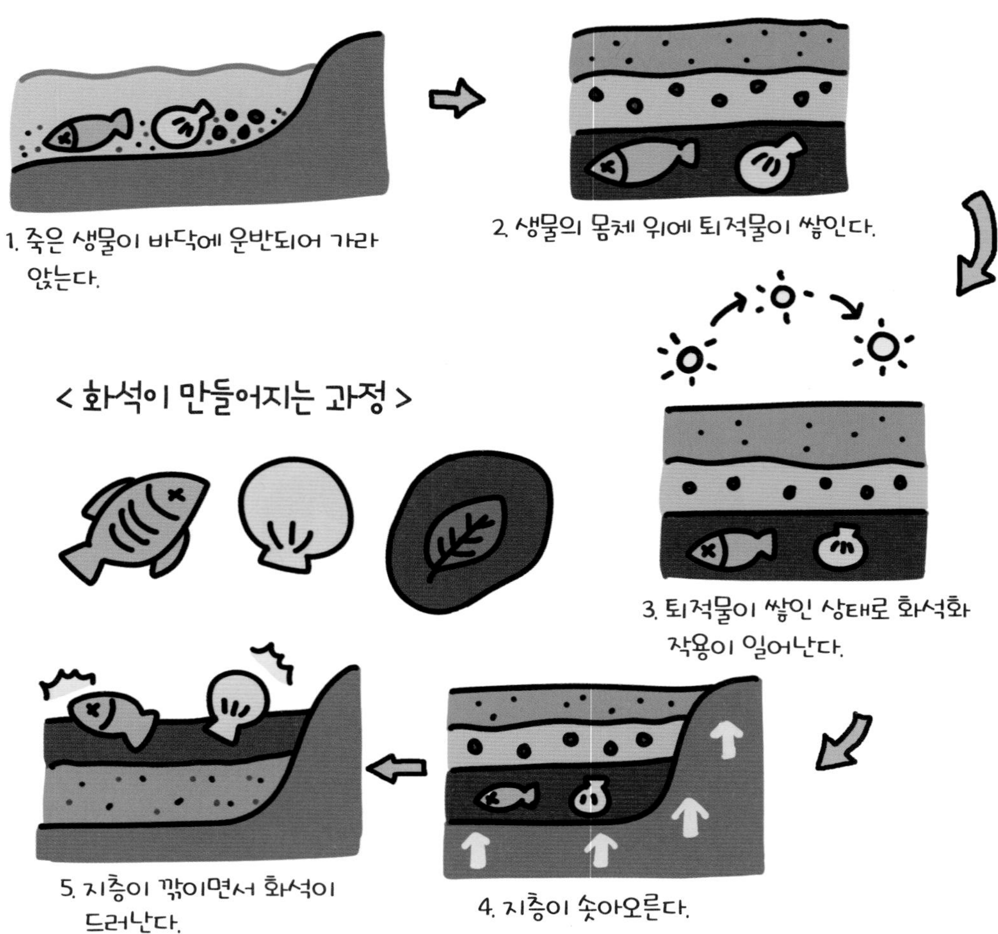

화석이 만들어지기 위해서는 우선 죽은 동물이나 식물이 호수나 바다의 바닥으로 운반되어야 해. 그리고 그 위에 퇴적물이 두껍게 쌓이기 시작하지. 퇴적물이 계속 쌓이다보면 지층이 만들어지고, 그 속의 생물이 변해서 화석이 된단다. 여기서 지층 속 생물이 돌처럼 단단한 화석이 되는 과정을 화석화 작용이라고 불러.

이렇게 만들어진 화석이 발견되기 위해서는 지층이 높게 솟아오르고 침식되는 과정을 거쳐. 솟아오른 지층이 깎이면서 묻혀있던 화석이 드러나는 거지.

1 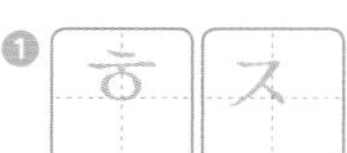

어떤 현상이나 실제 물체가 없어졌거나 지나간 뒤에 남은 자국이나 자취.

2 

땅 속에 묻혀있던 생물체가 단단한 화석으로 변하는 과정.

정답 22쪽

화석을 통해 알 수 있는 것

화석을 통해 옛날에 살았던 생물의 모습을 알 수 있다고 했는데, 생물의 모습 말고 무엇을 더 알 수 있을까?
발견된 화석의 종류를 보고, 화석이 발견된 장소의 옛날 환경을 알 수 있어. 대표적으로 물고기 화석이나 조개 화석이 발견된 곳은 그 장소가 오랜 옛날에 물이 있는 강이나 바다였다는 것을 알 수 있지.
고사리 화석이 발견된다면 그 지역은 과거에 따뜻하고 습한 육지였다는 거야.
또 나뭇잎 화석이 발견된 곳은 나무가 많은 숲이나 들이었을 거야.

확인해 봐요!

● 정답 22쪽

1 다음 화석이 발견된 곳의 옛날 자연 환경으로 알맞은 것의 기호를 찾아 모두 쓰세요.

• 과거에 육지였던 곳 : (　　　　　　　)　　• 과거에 바다였던 곳 : (　　　　　　　)

2 화석이 만들어지는 과정을 순서에 맞게 그림으로 나타냈어요. 과정의 비어 있는 (나) 부분을 그려 완성하세요.

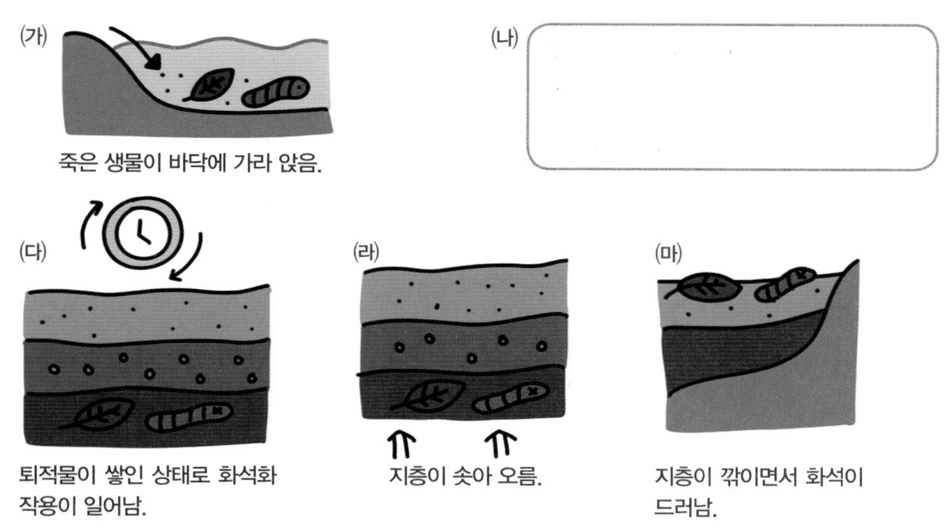

교과서 쏙 개념

관련 단원 | 4학년 지층과 화석

47 지층이 만들어지는 과정

1. 지층: 자갈, 모래, 진흙 등으로 이루어진 암석들이 층을 이루고 있는 것이다.

수평인 지층	끊어진 지층	휘어진 지층
• 줄무늬가 보인다. • 층이 수평으로 쌓여 있다. • 층마다 두께와 색깔이 조금씩 다르다.	• 줄무늬가 보인다. • 층이 끊어져 어긋나 있다. • 같은 두께와 색깔의 층이 연결되어 있지 않다.	• 줄무늬가 보인다. • 층이 구부러져 있다. • 층마다 색깔이 조금씩 다르다.

① 공통점: 여러 개의 층으로 이루어져 있고, 줄무늬가 보인다.

② 차이점: 지층의 모양, 층의 두께, 색깔 등이 서로 다르다.

2. 지층이 만들어져 발견되는 과정

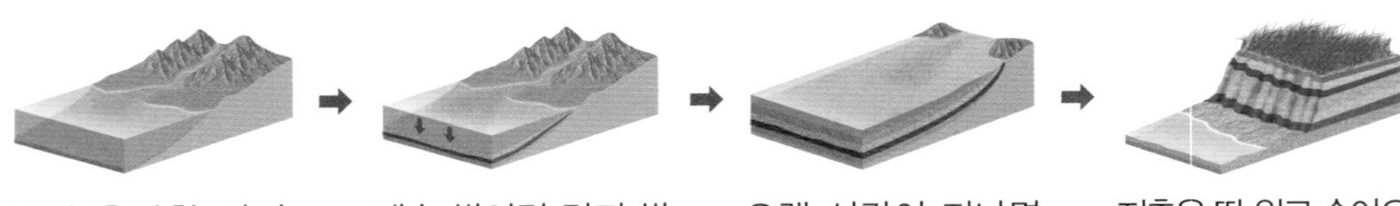

물이 운반한 자갈, 모래, 진흙 등이 쌓인다. → 계속 쌓이면 먼저 쌓인 것들이 눌린다. → 오랜 시간이 지나면 단단한 지층이 만들어진다. → 지층은 땅 위로 솟아오른 뒤 깎여서 보인다.

지층에는 공통적으로 줄무늬가 보인다.

☐

정답 22쪽

48 퇴적암이 만들어지는 과정

1. 퇴적암: 물이 운반한 자갈, 모래, 진흙 등의 퇴적물이 굳어져 만들어진 암석이다.

퇴적암	이암	사암	역암
모습			
알갱이의 크기	매우 작다.	중간이다.	가장 크다.
퇴적물	진흙과 같이 작은 알갱이	주로 모래	주로 자갈, 모래 등
만졌을 때 느낌	부드럽고 매끄럽다.	약간 거칠다.	부드럽기도 하고 거칠기도 하다.

2. 퇴적암이 만들어지는 과정

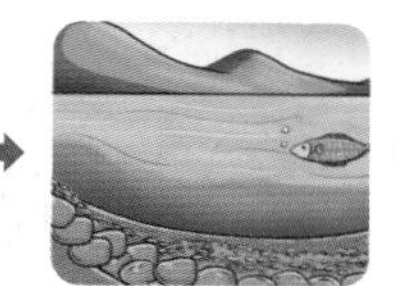

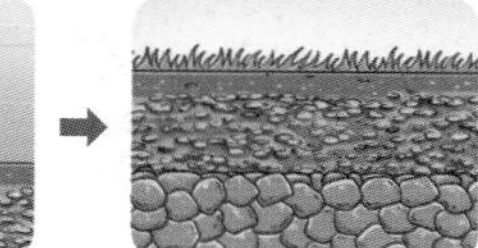

암석이 부서진 작은 자갈, 모래 등이 흐르는 물에 의해 운반되어 강이나 바다에 쌓인다. → 새로 쌓이는 퇴적물에 의해 알갱이들이 눌리고 다져지며 서로 붙는다. → 오랜 시간 동안 반복되어 퇴적암이 된다.

Speed OX

퇴적암은 알갱이의 크기에 따라 이암, 사암, 역암으로 분류할 수 있다.

☐

정답 22쪽

49 화석이 만들어지는 과정

1. **화석**: 퇴적암 속에 아주 오랜 옛날에 살았던 생물의 몸체와 생물이 생활한 흔적이 남아 있는 것이다.

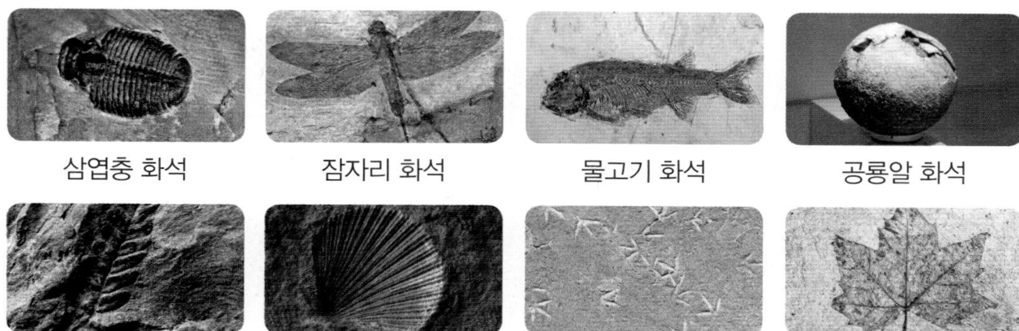

삼엽충 화석 | 잠자리 화석 | 물고기 화석 | 공룡알 화석

고사리 화석 | 조개 화석 | 새 발자국 화석 | 나뭇잎 화석

① 동물의 뼈, 식물의 잎, 동물의 발자국, 기어간 흔적 등이 화석이 될 수 있다.

② 화석은 거대한 공룡의 뼈에서부터 작은 생물까지 그 크기가 다양하다.

③ 오늘날에 살고 있는 생물과 비교하여 화석 속 생물이 동물인지 식물인지 구분할 수 있다.

④ 화석이 만들어지려면 생물의 몸체 위에 퇴적물이 빠르게 쌓여야 한다.

⑤ 동물의 뼈, 이빨, 껍데기, 식물의 잎, 줄기 등과 같이 단단한 부분이 있으면 화석으로 만들어지기 쉽다.

2. 화석이 만들어져 발견되는 과정

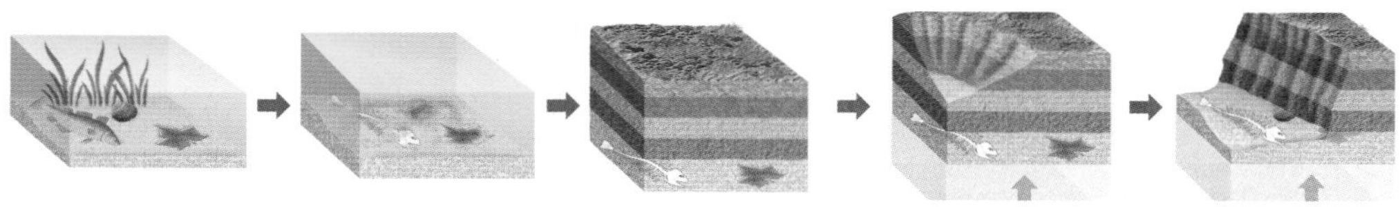

죽은 생물, 나뭇잎 등이 호수나 바다 바닥으로 운반된다. → 그 위에 퇴적물이 두껍게 계속 쌓여 지층이 되고, 그 속에 묻힌 생물이 화석이 된다. → 지층이 높게 솟아오른 뒤 깎인다. → 지층이 더 많이 깎여 화석이 드러난다.

Speed OX

상어의 이빨과 같은 동물 몸체의 일부분은 화석이 될 수 없다.

☐

정답 22쪽

교과서 확인 문제

관련 단원 | 4학년 지층과 화석

지층이 만들어지는 과정

01 여러 가지 모양의 지층에 대한 설명으로 옳은 것의 기호를 골라 쓰시오.

> ㉠ 각 층마다 색깔이 모두 같다.
> ㉡ 층이 구부러져 있는 지층이 있다.
> ㉢ 지층은 휘어지기도 하지만, 끊어지지는 않는다.

( )

02 다음 두 지층에서 볼 수 있는 공통점을 한 가지 쓰시오.

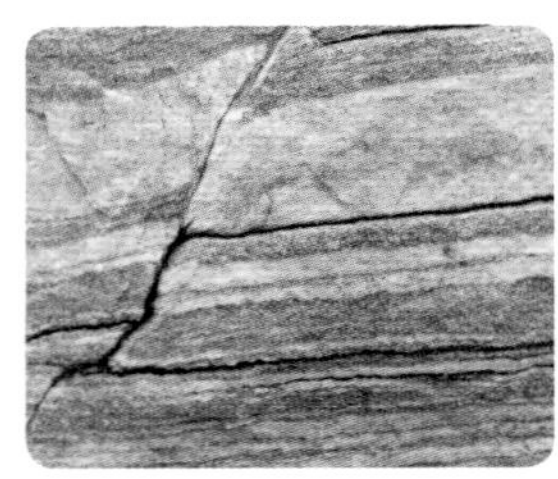

03 다음 지층 중 가장 먼저 쌓인 지층과 가장 나중에 쌓인 지층의 기호를 각각 쓰시오.

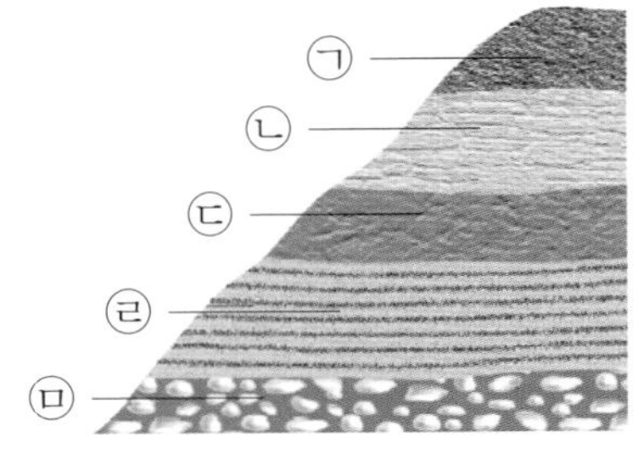

(1) 가장 먼저 쌓인 지층:
( )

(2) 가장 나중에 쌓인 지층:
( )

04 다음은 지층이 만들어져 발견되는 과정을 순서 없이 나타낸 것입니다. 순서대로 기호를 쓰시오.

㉠
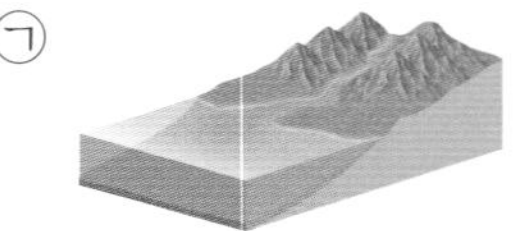
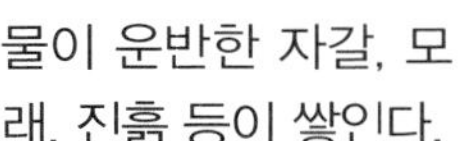
물이 운반한 자갈, 모래, 진흙 등이 쌓인다.

㉡
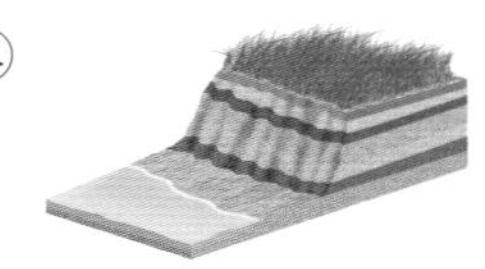
땅 위로 솟아오른 뒤 깎이면 지층이 보인다.

㉢
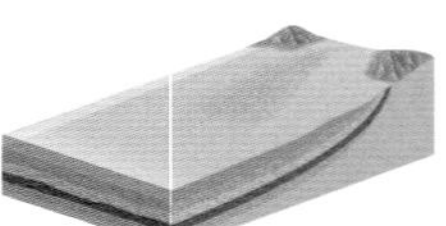
오랜 시간이 지나면 단단한 지층이 만들어진다.

㉣

자갈, 모래, 진흙 등이 계속 쌓이면 먼저 쌓인 것들이 눌린다.

( ) → ( ) → ( ) → ( )

퇴적암이 만들어지는 과정

[05~07] 다음은 퇴적물이 굳어져 만들어진 여러 가지 암석의 모습입니다. 물음에 답하시오.

이암

사암

역암

05 물이 운반한 자갈, 모래, 진흙 등의 퇴적물이 굳어져 만들어진 위와 같은 암석을 무엇이라고 하는지 쓰시오.

( )

06 위 퇴적암 중 다음과 같은 특징이 있는 것을 골라 퇴적암의 이름을 쓰시오.

- 만졌을 때 느낌이 부드럽고 매끄럽다.
- 알갱이의 크기가 진흙과 같이 매우 작다.

( )

07 위 퇴적암 중 알갱이의 크기가 가장 큰 것의 이름을 쓰고, 그 퇴적암을 이루는 퇴적물의 종류를 쓰시오.

(1) 알갱이의 크기가 가장 큰 퇴적암:
( )

(2) 퇴적물의 종류: ( )

화석이 만들어지는 과정

08 다음 ( ) 안에 공통으로 들어갈 알맞은 말은 무엇인지 쓰시오.

옛날에 살았던 생물의 몸체나 생물이 생활한 흔적이 암석이나 지층 속에 남아 있는 것을 ( )(이)라고 한다. 우리는 ( )(으)로 옛날에 살았던 다양한 생물의 모습을 알 수 있다. 또한, 오늘날에 살고 있는 생물과 비교하여 동물인지 식물인지도 구분할 수 있다.

( )

09 화석이 만들어지기에 좋은 조건에 알맞게 ( ) 안에 들어갈 알맞은 말을 각각 쓰시오.

죽은 생물의 몸체 위에 (㉠)이/가 빠르게 쌓여야 하고, 동물의 뼈와 같이 (㉡)한 부분이 있어야 한다.

㉠ ( ), ㉡ ( )

10 다음 화석은 각각 어떤 생물이 화석으로 된 것인지 (보기)에서 골라 쓰시오.

(보기)
조개 모기 나뭇잎 잠자리

(1) ( ) (2) ( )

화산의 특징

한라산이나 백두산을 본 적이 있니? 한라산이나 백두산의 산꼭대기에는 움푹 파인 모양이나 움푹 파인 곳에 물이 고인 호수가 있는데 이런 모양의 산은 화산 활동으로 생긴 산이란다.

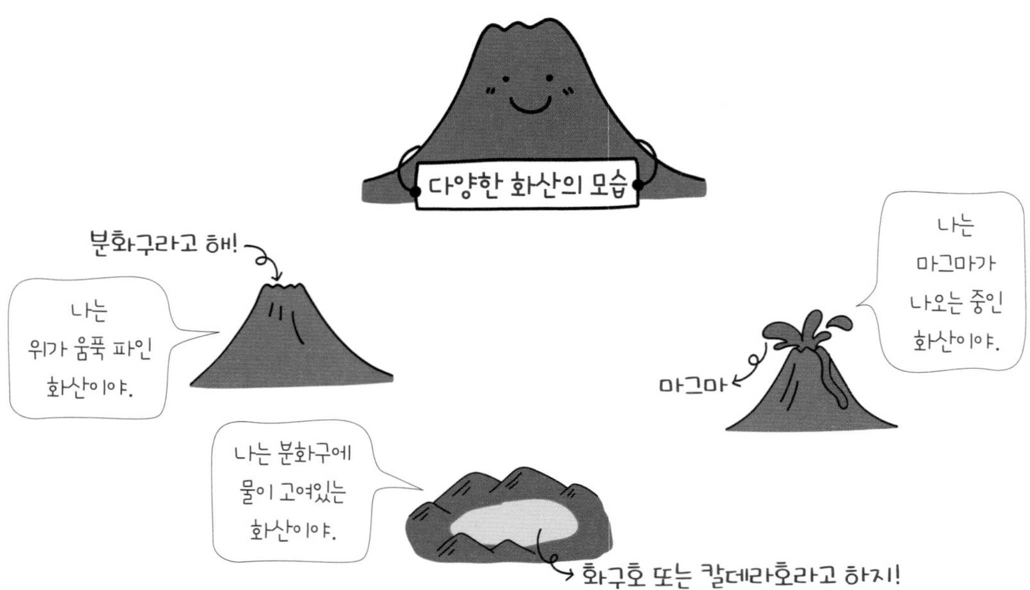

화산은 우리나라를 비롯해서 세계 여러 지역에 있어. 땅속 깊은 곳에서 암석이 땅의 열에 의해 녹아서 만들어진 것을 마그마라고 해. 화산은 땅속의 마그마가 지각의 틈을 통해 분출하여 생긴 거야. 화산에는 마그마가 분출한 분화구나 분화구에 물이 고인 호수가 있어. 화산이 아닌 산들은 분화구가 없고 산꼭대기가 뾰족하지.

화산의 종류

화산은 활동하는 형태에 따라서 활화산, 휴화산, 사화산으로 나눌 수 있어. 먼저 활화산은 아직 활동하는 화산으로 마그마가 분출될 가능성이 있어. 활화산에는 이탈리아의 베수비오산, 하와이의 킬라우에아산이 있지. 휴화산은 과거에 활동한 기록이 있으나 현재는 활동하지 않는 화산이야. 휴화산은 일본의 후지산, 미국의 세인트헬렌산이 있어. 사화산은 과거에 활동한 기록이 남아 있지 않고 현재에도 활동하지 않는 화산이야. 하지만 화산의 특징을 가지고 있기 때문에 화산임을 알 수 있지. 사화산은 울릉도의 성인봉, 터키의 아라라트산 등이 있어.

확인해 봐요!

정답 23쪽

1 화산에 대해 옳게 말한 친구의 '좋아요 👍'에 모두 ○표 하세요.

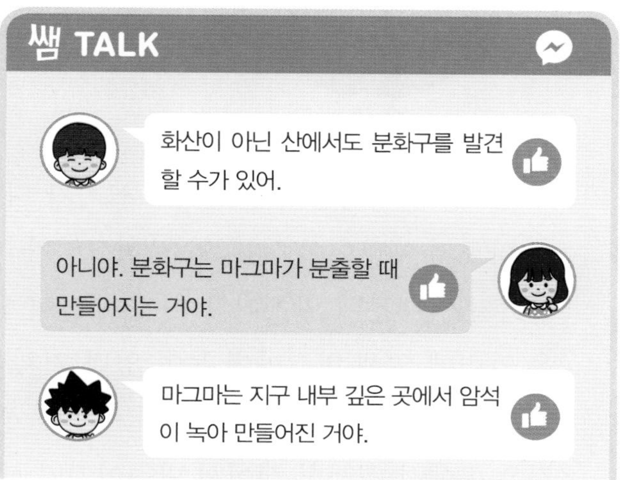

2 화산과 화산이 아닌 산의 차이점을 떠올리며 아래에 화산과 화산이 아닌 산의 모습을 그리세요.

현무암과 화강암의 특징

마그마의 활동으로 만들어진 암석을 '화성암'이라고 해. 화성암에는 현무암과 화강암이 있어.

현무암은 색깔이 검은색이나 회색으로 어두운 편이야. 그리고 알갱이의 크기가 매우 작지. 반면에 화강암은 밝은색이고 검은색 알갱이가 조금씩 보이며, 알갱이의 크기는 큰 편이야.

현무암과 화강암의 알갱이의 크기가 다른 까닭은 암석이 만들어지는 장소가 다르기 때문이야. 현무암은 마그마가 지표 밖으로 나와 빠르게 식어서 만들어지기 때문에 알갱이가 커질 시간이 없어. 또, 현무암 표면의 구멍은 높은 압력에 의해 마그마에 녹아 있던 기체 성분이 마그마가 지표 가까이 올라오면서 빠져나간 자리가 굳어서 구멍이 생긴 거야. 화강암은 마그마가 땅 속 깊은 곳에서 서서히 식어서 만들어지기 때문에 알갱이가 크단다.

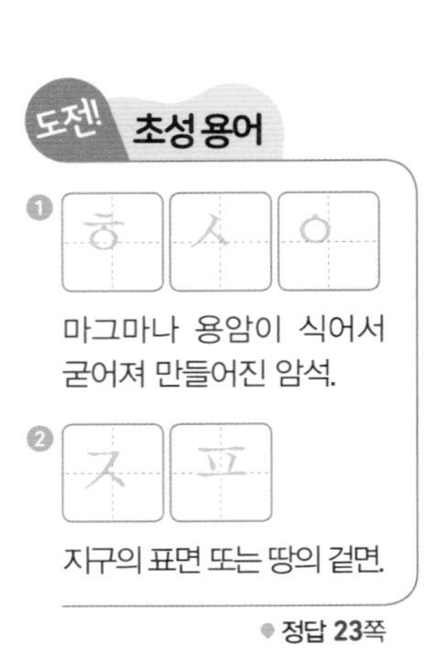

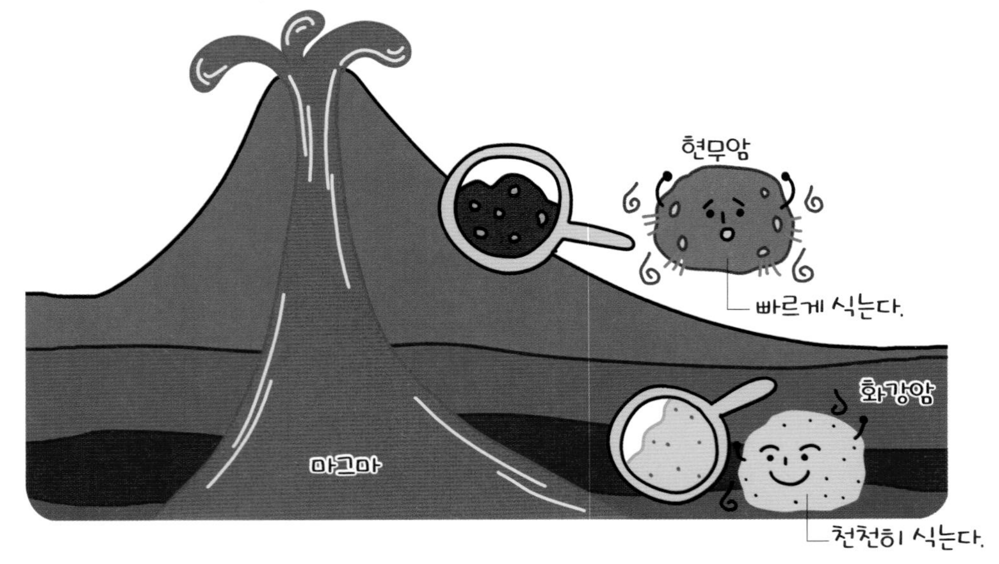

현무암과 화강암의 쓰임새

현무암과 화강암은 우리 생활에서 다양하게 쓰이고 있어.
현무암은 열에 강하고 단단한 성질이 있어서 맷돌, 주춧돌은 물론 제주도에서 돌하르방을 만들 때 써. 돌하르방은 '돌로 만든 할아버지'라는 뜻이야.
화강암은 열에 강하고 색이 예쁘기 때문에 돌기둥, 비석, 조각상 등의 건축 재료에 많이 사용하고 있지. 경주의 석굴암도 화강암으로 만들어졌어.
또한 화강암은 가격이 싸고 무늬와 색이 아름다워서 인테리어 재료로 많이 사용되고 있어.

정답 23쪽

1 현무암과 화강암의 공통점과 차이점을 빈칸에 쓰세요.

구분	현무암	화강암
모습		
공통점		
차이점		

2 현무암과 화강암의 특징을 살려서 현무암과 화강암 캐릭터를 그려 완성해 보세요.

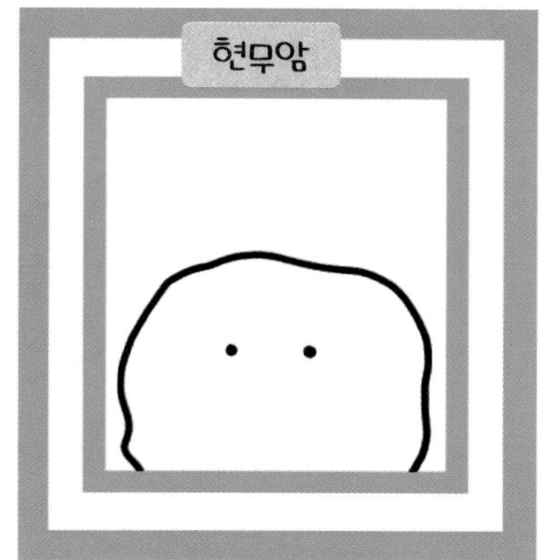

지진이 발생하는 까닭

2017년 포항에서 지진이 일어났다는 뉴스를 들은 적이 있니? 땅이 흔들리면서 건물이 무너지거나 물건이 쏟아져 사람들이 다치거나 피해를 입었어. 이처럼 많은 피해를 주는 지진은 왜 발생할까?

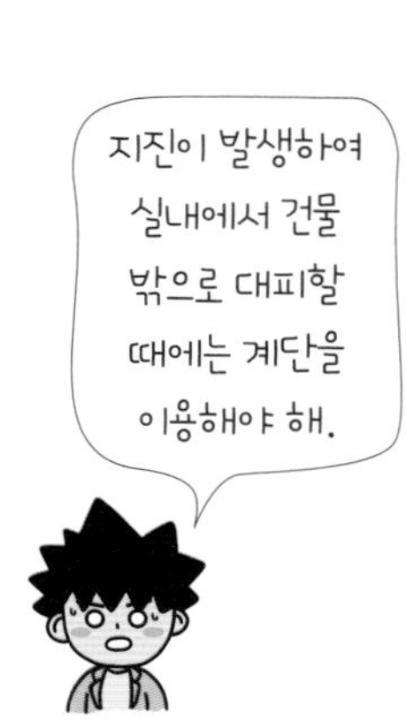

땅속 지층은 평상시에는 일정한 힘을 유지하고 있어. 그러다 어느 순간 지구 내부 지층의 양쪽에서 서로 밀거나 당기는 큰 힘이 작용하고, 이러한 큰 힘을 버티지 못한 지층이 끊어지게 된단다. 이때 지층이 끊어지면서 땅이 흔들리는 진동이 발생하는데, 이 진동을 '지진'이라고 하지.

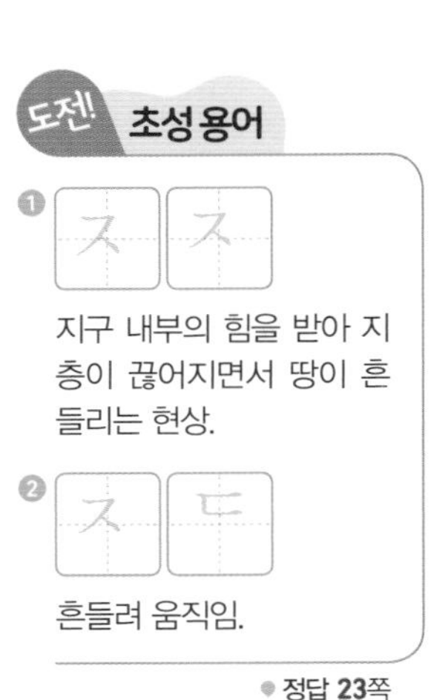

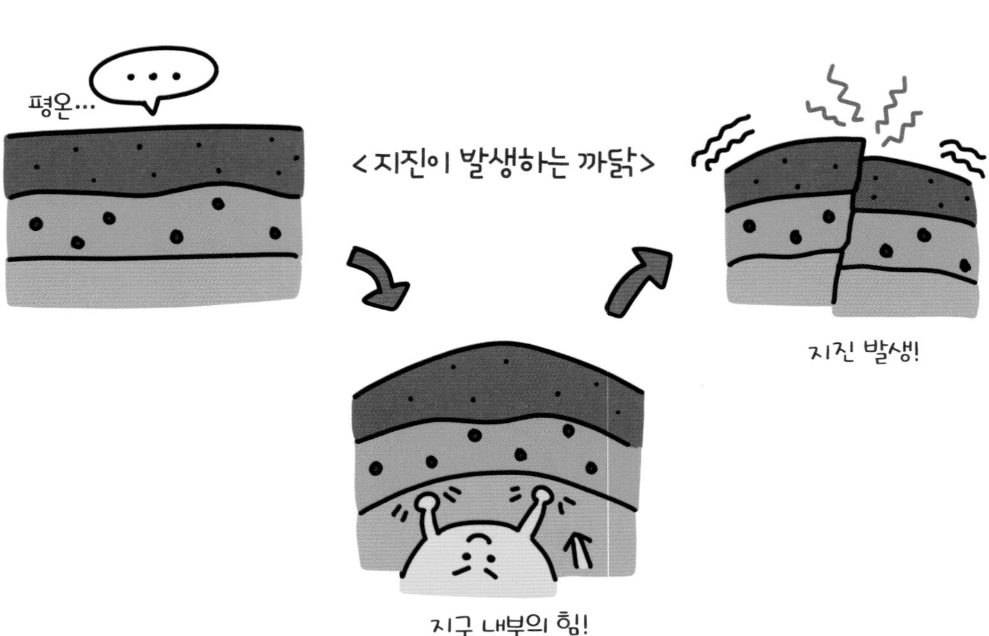

지진의 세기

지진이 일어났을 때 '5.4', '7.0' 이렇게 숫자로 표시하는 것을 본 적이 있지? 우리는 지진의 세기를 쉽게 비교하기 위해 '규모'라는 숫자를 사용한단다. 규모는 지진이 일어날 때 나오는 에너지의 양을 말하는데, 규모가 0～2.9까지는 사람이 느끼지 못하는 정도이고, 규모가 5.0～5.9라고 하면 건물이 흔들리는 정도를 나타내. 규모 7.0～7.9이면 넓은 지역에 피해를 주는 매우 심각한 지진을 뜻하지.

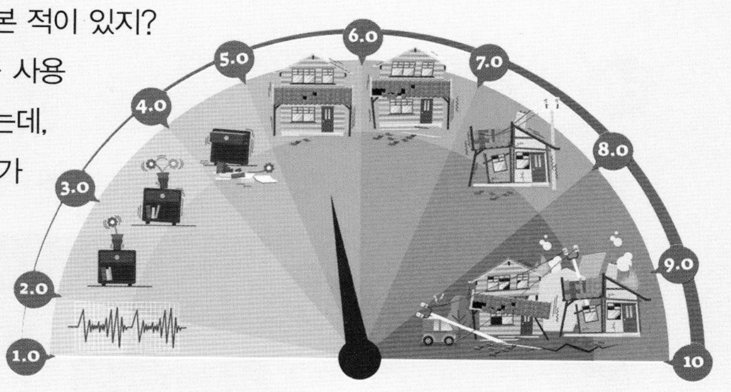

확인해 봐요!

정답 23쪽

1 지진에 대해 대화한 내용 중 잘못된 부분을 찾아 바르게 고쳐 쓰세요.

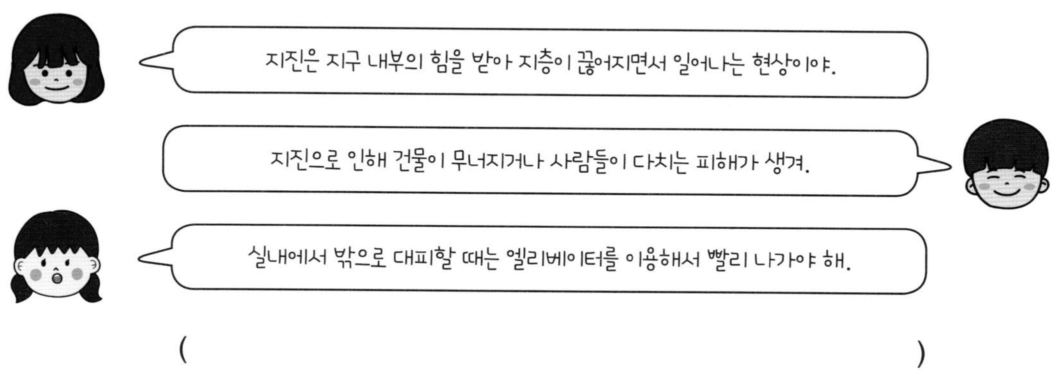

( )

2 다음은 지진이 발생하는 까닭을 순서대로 나타낸 그림이에요. 빠진 (나) 부분을 그림으로 그려 완성하세요.

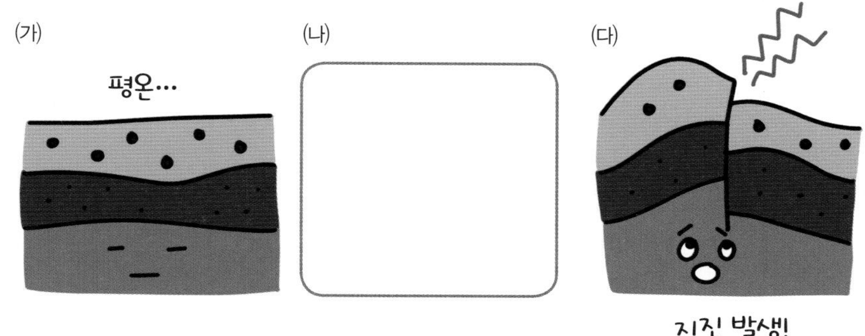

교과서 쏙 개념

관련 단원 | 4학년 화산과 지진

50 화산의 특징

1. **화산**: 땅속 깊은 곳에서 암석이 녹은 마그마가 지표면으로 분출하여 생긴 지형이다.

한라산	킬라우에아산	후지산
산꼭대기에 분화구가 있다.	• 완만한 경사를 이룬다. • 분화구가 여러 개다.	• 높이가 높고 뾰족하다. • 산꼭대기에 분화구가 있다.

2. 여러 화산의 공통점과 차이점

① 공통점: 마그마가 분출한 흔적이 있고, 용암이나 화산재가 쌓여 주변 지형보다 높다.

② 차이점: 화산의 경사나 높이가 다르고, 화산 분화구에 물이 고여 커다란 호수나 물웅덩이가 있는 등 화산의 생김새가 다양하다.

Speed OX

화산은 마그마가 분출한 자리가 있으며, 이를 분화구라고 한다. ☐

정답 24쪽

51 현무암과 화강암의 특징

1. 현무암과 화강암

구분	현무암	화강암
암석의 색깔	어두운색	밝은색
겉모습	표면에 구멍이 많이 뚫려 있는 것도 있고, 없는 것도 있다.	대체로 밝은 바탕에 검은색 알갱이가 보이고 반짝이는 알갱이가 있다.
알갱이의 크기	지표면 가까이에서 빠르게 식어서 알갱이의 크기가 작다.	땅속 깊은 곳에서 서서히 식어서 알갱이의 크기가 크다.

2. **화산 활동으로 나오는 물질(화산 분출물)**: 화산이 분출할 때 나오는 여러 가지 물질이다.

화산 분출물	특징	상태
화산 가스	여러 가지 기체가 섞여 있고, 대부분 수증기이다.	기체
용암	• 마그마가 지표 밖으로 분출하여 기체가 빠져나간 상태이다. • 지표면을 따라 흐르거나 폭발하듯 솟구쳐 오른다.	액체
화산재	지름이 2 mm 이하로 매우 작다.	고체
화산 암석 조각	• 크기가 매우 다양하다. • 종류에 따라 촉감, 모양, 색깔이 다르다.	

교과서 실험 화산 분출 모형실험 하기

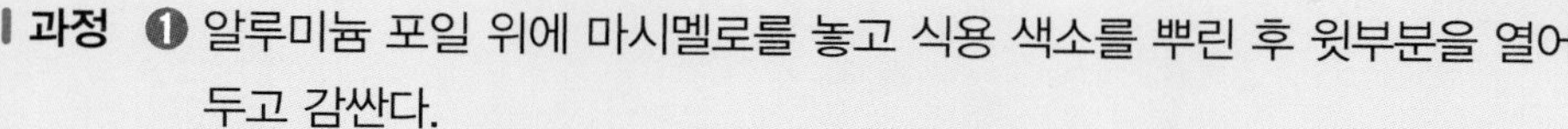

실험 동영상

과정 ❶ 알루미늄 포일 위에 마시멜로를 놓고 식용 색소를 뿌린 후 윗부분을 열어 두고 감싼다.

❷ 감싼 알루미늄 포일을 삼발이 위에 올려놓고 알코올램프에 불을 붙인다.

결과

 ➡  ➡  ➡ 

알루미늄 포일이 들썩거리다가 윗부분에서 연기가 피어오른다.

윗부분에서 액체인 마시멜로가 흘러나오고, 서서히 굳는다.

실험	연기	흐르는 마시멜로	굳은 마시멜로
실제 화산	화산 가스	용암	화산 암석 조각

3. 화산 활동이 우리 생활에 주는 영향

피해	• 산불이 나고 용암이 흘러 마을을 덮치기도 한다. • 화산재의 영향으로 항공기 운항이 어렵고, 농작물과 동식물에게 피해를 준다.
이로운 점	• 화산 주변의 지열을 이용해 전기를 생산하고, 주변에 온천이 많다. • 화산재의 영향으로 땅이 기름져진다.

Speed OX

화강암은 현무암보다 암석을 이루는 알갱이의 크기가 크다.

정답 24쪽

52 지진이 발생하는 까닭

1. 지진: 땅이 지구 내부에서 작용하는 힘을 오랫동안 받아 휘어지거나 끊어지면서 흔들리는 것이다.

① 지진이 발생하는 까닭: 지표의 약한 부분이나 지하 동굴의 함몰, 화산 활동에 의해 발생하기도 한다.

② 지진의 세기: 규모로 나타내고, 규모의 숫자가 클수록 강한 지진을 뜻한다.

③ 규모가 큰 지진이 발생하면 사람이 다치고 건물과 도로가 무너지는 등 인명 및 재산 피해가 생긴다. 우리나라에서도 규모 5.0 이상의 지진이 발생하기도 한다.

지진으로 끊어진 도로

2. 지진이 발생했을 때 대처 방법

지진으로 흔들릴 때	• 교실 안: 책상 아래로 들어가 머리와 몸을 보호한다. • 승강기 안: 모든 층의 버튼을 눌러 가장 먼저 열리는 층에서 내린다.
흔들림이 멈추었을 때	전기와 가스를 차단하고, 승강기 대신 계단을 이용해 신속하게 안전한 장소로 이동한다.

Speed OX

지진은 지층이 내부에서 힘을 받지 않을 때 발생하는 현상이다.

정답 24쪽

교과서 확인 문제

관련 단원 | 4학년 화산과 지진

화산의 특징

01 화산에 대한 설명으로 옳은 것에 ○표, 옳지 않은 것에 ×표 하시오.

(1) 산 정상에 호수가 있는 것도 있다. (　　)

(2) 우리나라의 모든 화산은 봉우리가 뾰족하거나 볼록하다. (　　)

(3) 경사가 가파른 화산도 있고, 경사가 완만한 화산도 있다. (　　)

02 세계의 여러 화산에 대해 옳게 말한 친구의 이름을 쓰시오.

백두산

다이아몬드헤드산

후지산

킬라우에아산

- 형우: 화산의 높이가 모두 같아.
- 리아: 화산재가 쌓여서 주변 지형보다 낮아.
- 태민: 화산에는 모두 마그마가 분출한 흔적이 있어.

(　　　　　　)

현무암과 화강암의 특징

[03~04] 다음은 화산이 분출할 때 화성암이 만들어지는 장소를 나타낸 것입니다. 물음에 답하시오.

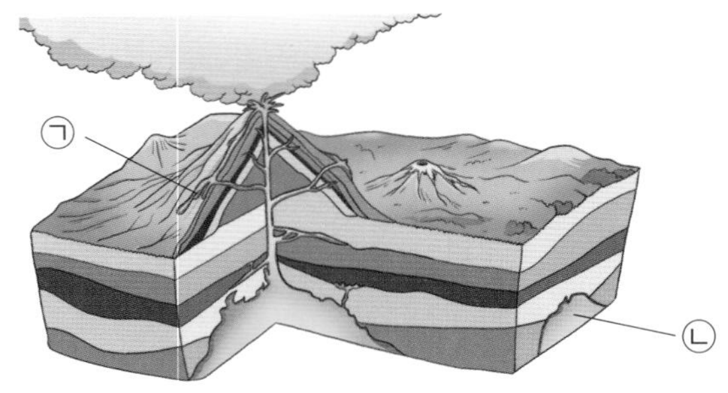

03 마그마가 식어서 화성암이 만들어질 때 위 ㉠과 ㉡에서 주로 만들어지는 화성암의 이름을 각각 쓰시오.

㉠ (　　　　　　), ㉡ (　　　　　　)

04 위 ㉠과 ㉡ 중 다음과 같은 특징이 있는 화성암이 만들어지는 곳의 기호를 쓰시오.

- 암석의 색깔이 어둡다.
- 표면에 크고 작은 구멍이 많이 뚫려 있는 것도 있다.
- 맨눈으로 구별하기 어려울 정도로 알갱이의 크기가 매우 작다.

(　　　　　　)

05 화산 분출물에 대한 설명으로 옳지 않은 것을 골라 기호를 쓰시오.

㉠ 화산이 분출할 때 분화구를 통해 나오는 물질이다.
㉡ 화산재는 둥글고 넓적한 모양으로 만지면 거칠거칠하다.
㉢ 용암은 지표면을 따라 흐르거나 폭발하듯 솟구쳐 오른다.

(　　　　　　)

06 다음은 마시멜로에 식용 색소를 넣은 알루미늄 포일을 올려놓은 후, 알코올램프에 불을 붙인 후의 모습입니다. 실제 화산 활동으로 나오는 화산 분출물과 비교하여 관련 있는 것끼리 선으로 이으시오.

연기 •	• 용암
흐르는 마시멜로 •	• 화산 가스
굳은 마시멜로 •	• 화산 암석 조각

07 화산 활동이 주는 피해와 이로운 점으로 분류하여 기호를 쓰시오.

> ㉠ 산불이 발생한다.
> ㉡ 화산재의 영향으로 땅이 기름져진다.
> ㉢ 화산재가 항공기의 운항을 어렵게 한다.
> ㉣ 땅속의 높은 열을 이용해 전기를 생산한다.

(1) 피해: (　　　　　　　　)
(2) 이로운 점: (　　　　　　　　)

지진이 발생하는 까닭

08 지진에 대한 설명으로 옳은 것은 어느 것입니까? (　　　)

① 모든 지진은 큰 피해를 준다.
② 규모의 숫자가 클수록 강한 지진이다.
③ 우리나라는 지진에서 안전한 나라이다.
④ 지진은 지표의 단단한 부분에서만 거의 발생한다.
⑤ 지진이 발생해도 육지의 생물에게는 피해를 주지 않는다.

09 다음은 세계 여러 나라에서 발생한 지진 피해 사례입니다. 가장 센 지진이 발생한 나라는 어디인지 쓰시오.

연도	지역	규모	피해 내용
2018	대만	6.0	사망자 발생, 호텔 붕괴
2017	일본	5.6	건물 손상
2015	네팔	7.5	사망자 발생, 건물 붕괴

(　　　　　　　　)

10 교실에서 수업 중 지진이 발생하여 땅이 흔들리고 있다면 어떻게 해야 하는지 쓰시오.

과학 탐구 토론

화학 비료

화학 비료란? 식물이 제대로 자라기 위해 필요한 영양분을 인공적으로 만들어 식물이 잘 자랄 수 있게 만든 비료를 화학 비료라고 해요.

화학 비료의 좋은 점

식물이 잘 자라기 위해서는 여러 영양분이 필요해요. 이러한 영양분은 좋은 땅에서 얻을 수 있지만, 자연적으로 얻기 힘들 때가 많죠. 그래서 이러한 영양분을 화학 비료가 제공해 주어요. 식물이 성장하기 위해서 필요한 수많은 영양분 중 특정한 영양분을 화학 비료로 만들어 제공해 주면 식물이 더 강하고 좋은 품질로 자랄 수 있어요. 이렇게 강해진 식물들은 병들어 죽지도 않고 튼튼하게 자랄 수 있어서 곡식의 수확량이 늘어나요. 이렇게 농업 분야는 화학 비료 덕분에 빠른 성장을 하게 되었어요. 농작물의 대량 생산이 가능해졌고, 생산량이 늘어나면서 자연스럽게 가격이 낮아졌죠. 따라서 많은 사람들이 저렴한 가격에 좋은 품질의 농작물들을 먹을 수 있게 되었어요.

- **품질**(**品** 물건 품, **質** 바탕 질) 물건의 성질과 바탕.
- **생산량**(**生** 날 생, **産** 낳을 산, **量** 수량 량) 일정한 기간에 물건이나 상품이 생산되는 양.

화학 비료의 문제점

화학 비료가 좋은 점만 있는 건 아니에요. 화학 비료는 식물의 성장에 필요한 특정한 영양분만을 공급해요. 그래서 식물 성장에 도움을 주지는 않아도 토양을 건강하게 만드는 영양분들은 땅에서 점차 사라져서 토양의 기운이 약해지게 돼요. 이렇게 약해진 토양은 다양한 물질들을 흡수하거나 좋은 영양분으로 바꾸지 못해요. 결국 화학 비료에 들어 있던 여러 물질들은 하천이나 강으로 흘러들어가 환경을 오염시키기도 해요.

또한 화학 비료는 식물들이 짧은 기간 동안 많은 농작물을 맺게 만들어 주지만 꾸준히 건강하게 자랄 수 있는 기반을 만들어 주지는 못해요. 그래서 식물들이 화학 비료만 섭취하면 당장은 튼튼해질 수 있지만, 결국 환경의 변화에 적응하기 힘들게 되고 새로운 질병을 만나면 쉽게 약해지게 되지요.

- **토양**(**土** 흙 토, **壤** 흙 양) 농작물 등에 영양을 공급하여 자라게 할 수 있는 흙.
- **오염**(**汚** 더러울 오, **染** 물들일 염) 더럽게 물듦.

생각 정리 화학 비료가 사람들에게 미치는 좋은 점과 문제점 정리해 보기

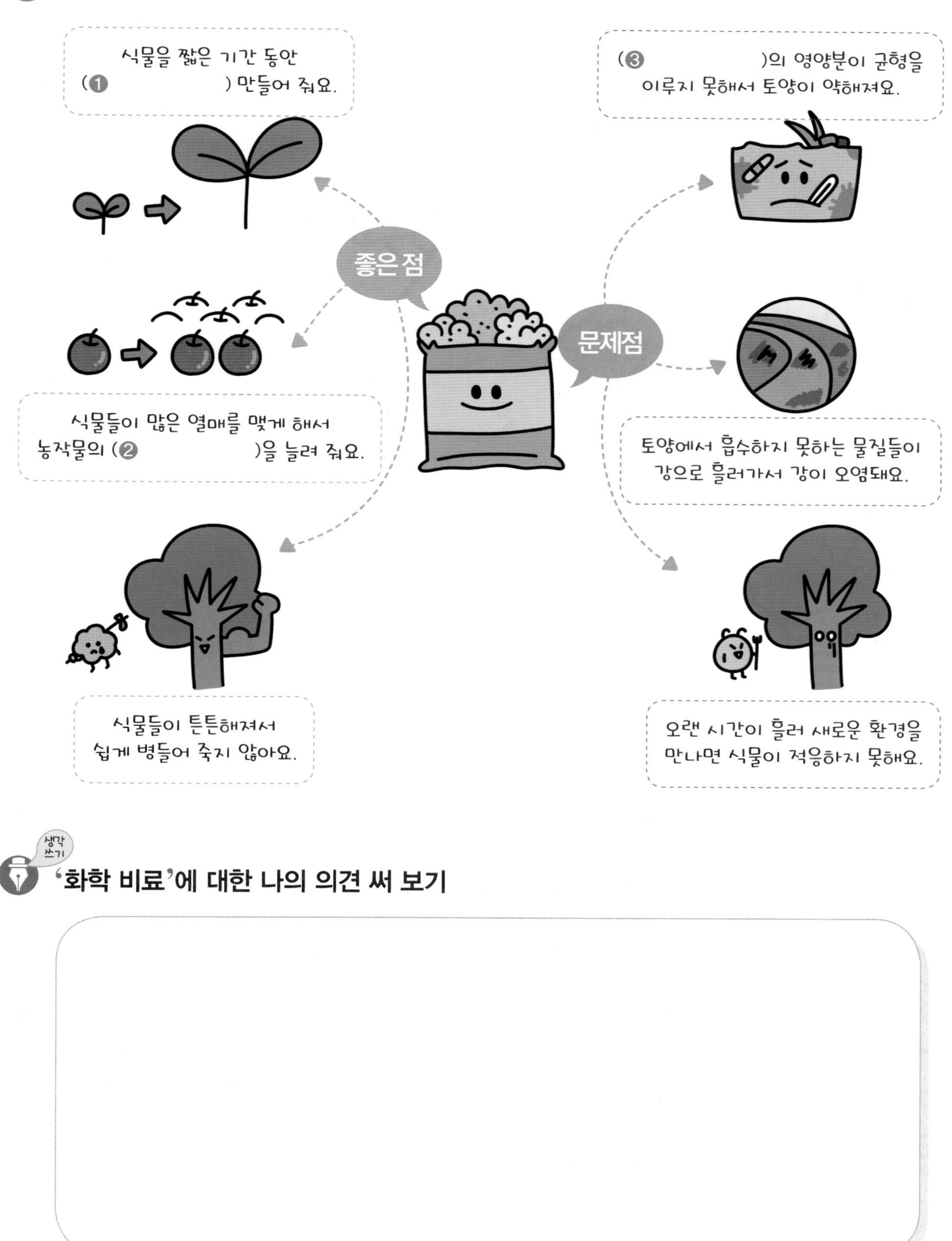

생각 쓰기 '화학 비료'에 대한 나의 의견 써 보기

비주얼씽킹으로

마무리하기

지금까지 공부한 내용을 생각하며 비주얼씽킹 그림에 색칠해 보세요.

그림으로 생각하고 이해하는 **비주얼씽킹**

초능력 비주얼씽킹 과학

정답과 풀이

2권

초등 3~4학년

동아출판

물질

01 물질과 물체 10~11쪽

도전! 초성 용어 ❶ 

❷ 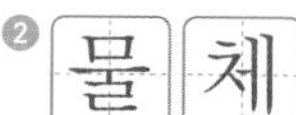

확인해 봐요!

1

물체	가위	지우개	곰인형
물질	플라스틱, 금속	고무	섬유

2 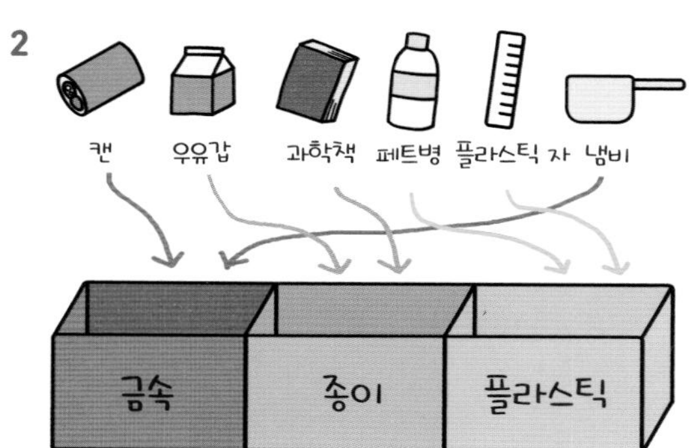

02 물질의 성질 12~13쪽

❶ 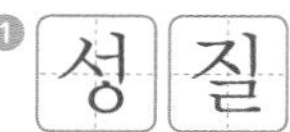

❷ 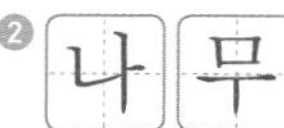

확인해 봐요!

1 금속 막대 > 플라스틱 막대 > 나무 막대 > 고무 막대

2 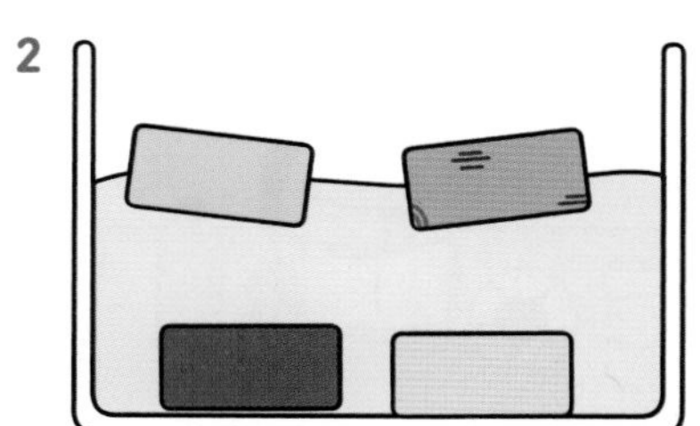

03 다른 물질로 만든 같은 물체 14~15쪽

도전! 초성 용어 ❶ 쓰임새 ❷ 

확인해 봐요!

1 플라스틱

2 예

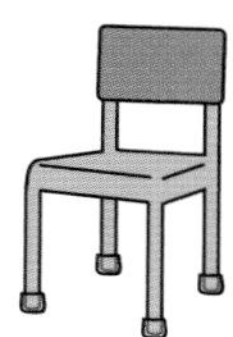

고무로 의자 다리 바닥에 미끄럼 방지 커버를 만들어 씌운다.

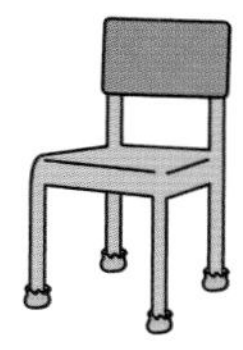

섬유로 의자 다리 바닥에 긁힘 방지 커버를 만들어 씌운다.

04 성질이 변하는 물질 16~17쪽

도전! 초성 용어 ❶ 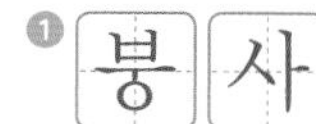

❷ 

확인해 봐요!

1

실험 주제: 탱탱볼 만들기

❶ 준비물: 따뜻한 물, 붕사, 폴리비닐 알코올 ☐
❷ 따뜻한 물에 붕사와 폴리비닐 알코올을 넣고 섞었다. ☐
❸ 섞기 시작하니 빨갛게 변하며 덩어리가 만들어지기 시작했다. ☑
❹ 덩어리를 손으로 뭉쳐가며 공 모양을 만들었더니 탱탱볼이 완성되었다. ☐

◎ 바르게 고쳐 쓰기: 섞기 시작하니 뿌옇게 변하며 덩어리가 만들어지기 시작했다.

2 고무

Speed ○×

- 18쪽 ○ / ×
- 19쪽 ○ / ×

교과서 확인 문제 20~21쪽

01

02 (1) 손잡이 고무(플라스틱) 안장 가죽(플라스틱)
몸체 금속 타이어 고무
(2) 상판 나무 몸체 금속 받침 플라스틱(고무)

03 ①, ③ 04 ㉠

05 나무 막대, 플라스틱 막대

06 (선 잇기)

07 플라스틱 컵

08 (1) 나무 (2) 고무

09 예 금속 신발을 신으면 신발이 구부러지지 않아 불편할 것이다. 유리 신발을 신으면 신발이 다른 물체에 부딪쳤을 때 쉽게 깨져 다칠 수 있다.

10 (1) ○ (2) ○ (3) ×

01 모양이 있고 공간을 차지하고 있는 것을 물체라고 하고, 물체를 만드는 재료를 물질이라고 한다.

02 한 물체를 만들 때 물체 각 부분의 기능에 따라 알맞은 여러 가지 물질을 사용하기도 한다.

03 유리는 투명하여 안에 든 물질을 쉽게 알 수 있지만, 다른 물체와 부딪치면 잘 깨지는 성질이 있다.

04 고무는 쉽게 구부러지고 당기면 늘어났다가 놓으면 다시 돌아오는 성질이 있기 때문에 고무 막대는 잘 구부러지고, 나머지 막대는 구부러지지 않는다.

고무 막대

05 나무 막대와 플라스틱 막대는 물에 뜨고, 금속 막대와 고무 막대는 물에 가라앉는다.

06 물질의 성질에 따라 물체의 기능이 다르고, 서로 다른 좋은 점이 있다. 생활 속에서는 물체의 기능을 고려하여 상황에 알맞은 것을 골라 사용한다.

07 일반적으로 플라스틱은 일정한 온도를 가하면 물렁물렁해지므로 이것을 틀로 누르면 어떤 모양이든지 손쉽게 만들 수 있다. 플라스틱의 이러한 성질을 이용하면 가볍고 단단하며, 모양과 색깔이 다양한 컵을 만들 수 있다.

08 옛날에는 어느 정도 단단하고 가벼운 나무로 만든 바퀴를 사용했으나 오늘날에는 유연하고 질긴 고무로 만든 타이어를 사용하여 바퀴를 만든다.

09 금속은 단단하고, 유리는 투명한 좋은 점이 있지만 발을 보호하는 기능이 필요한 신발을 금속이나 유리로 만들면 불편함이 있다.

10 물은 만지면 흘러내린다. 붕사와 폴리비닐 알코올은 각각 손으로 만지면 깔깔하지만 물, 붕사, 폴리비닐 알코올의 세 가지 물질을 섞으면 각 물질이 가지고 있던 색깔, 손으로 만졌을 때의 느낌 등의 성질이 변한다.

05 물질의 세 가지 상태 22~23쪽

도전! 초성 용어 ❶ 

❷ 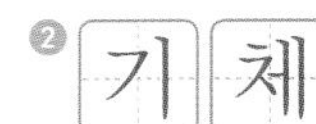

확인해 봐요!

1 ❶ 변하지 않는다 ❷ 변하지 않는다
❸ 변한다 ❹ 변하지 않는다
❺ 변한다 ❻ 변한다

2

06 공간을 차지하고 이동하는 공기 24~25쪽

도전! 초성 용어 ❶ 공기 ❷ 바람

확인해 봐요!

1

2 예

07 공기의 무게 26~27쪽

도전! 초성 용어 ❶ 무게 ❷ 기압

확인해 봐요!

1

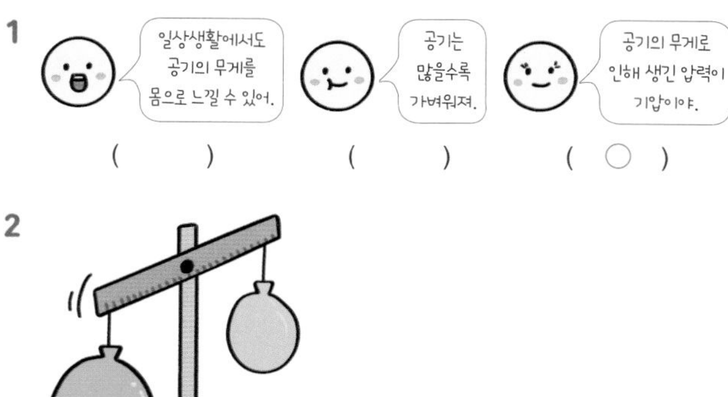

( ) ( ) (○)

2

Speed ox

- 28쪽 ○
- 29쪽 × / ×

교과서 확인 문제 30~31쪽

01 ㉡ 02 (1) 변하지 않는다 (2) 변하지 않는다
03 가영 04 ㉠ 05 ㉢
06 (가) 07 (1) (나) (2) (가) 08 ⑤
09 (1) ㉠ (2) ㉡ 10 예 공기(기체)는 무게가 있다.

01 책과 가방은 고체이고, 우유는 액체이다.

02 나무 막대를 여러 가지 모양의 그릇에 넣어도 그릇의 모양과 관계없이 막대의 모양은 변하지 않는다. 그리고 막대가 차지하는 공간의 크기인 부피도 변하지 않는다.

03 주스는 액체이므로 담는 그릇에 따라 모양은 변하지만 부피는 변하지 않는다.

04 기체는 담는 그릇에 따라 모양과 부피가 변한다. 기체는 담긴 그릇을 항상 가득 채우기 때문에 둥근 풍선에 넣으면 둥근 모양이 되고, 막대 모양의 풍선에 넣으면 막대 모양이 된다.

05 플라스틱병 입구에서 공기 방울이 생겨 위로 올라오는 것을 보고 우리 주변에 공기가 있다는 것을 알 수 있다. 깃발이 휘날리는 것, 나뭇가지가 흔들리는 것, 머리카락이 바람에 날리는 것 등을 보고도 알 수 있다.

06 바닥에 구멍이 뚫리지 않은 플라스틱 컵을 수조 바닥으로 밀어 넣으면 컵 안의 공기가 공간을 차지하기 때문에 페트병 뚜껑이 밀려 수조 바닥으로 내려간다.

07 (가)와 같이 바닥에 구멍이 뚫리지 않은 경우 컵 안에 있는 공기가 공간을 차지하고 있기 때문에 컵 안의 공기가 물을 밀어내어 공기 부피만큼 물이 밀려나와 수조의 물 높이도 조금 높아진다. (나)와 같이 바닥에 구멍이 뚫린 경우 컵 안에 있는 공기가 컵 바닥의 구멍으로 빠져나가기 때문에 물이 컵 안으로 들어가 수조 안 물의 높이가 변하지 않는다.

08 입으로 비눗방울을 불고, 공기 주입기로 풍선에 공기를 넣는 것은 공기가 다른 곳으로 이동하는 성질을 이용한 것이다.

09 공기 주입 마개를 누르기 전보다 누른 후 페트병의 무게가 더 늘어난다.

10 공기 주입 마개를 누르기 전보다 누른 후의 무게가 늘어난 것을 보고 공기는 눈에 보이지 않지만 무게가 있다는 것을 알 수 있다.

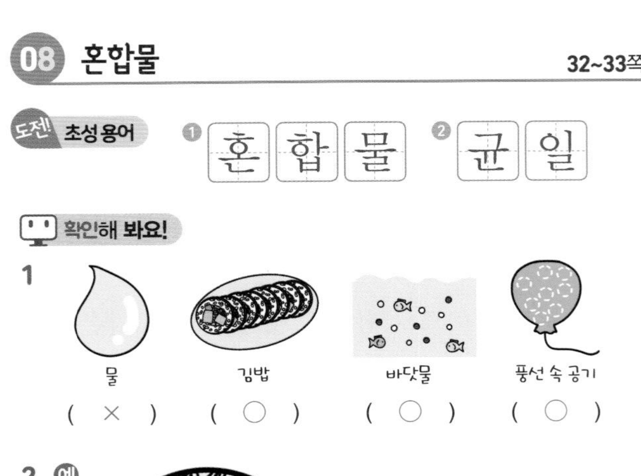

08 혼합물 32~33쪽

도전! 초성 용어 ❶ 혼합물 ❷ 균일

확인해 봐요!

1 물 (×) 김밥 (○) 바닷물 (○) 풍선 속 공기 (○)

2 예

09 자석으로 혼합물 분리 34~35쪽

도전! 초성 용어 ❶ 자석 ❷ 철

확인해 봐요!

1 클립, 철 캔

2 자석

10 거름과 증발 36~37쪽

도전! 초성 용어 ❶ 거름 ❷ 증발

확인해 봐요!

1 거름 / 증발

2 ㉠ 모래 ㉡ 설탕

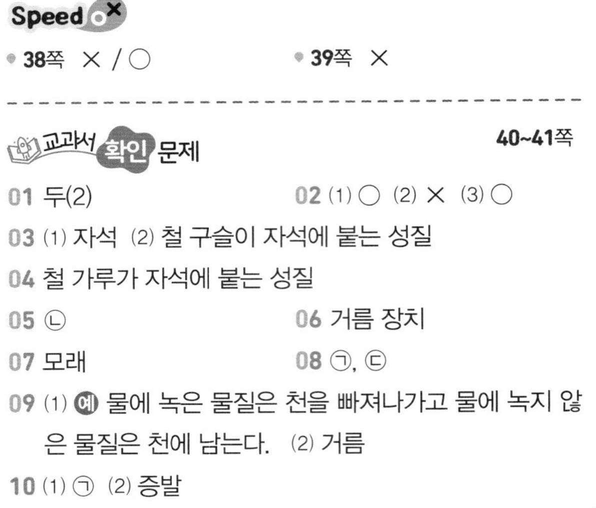

Speed OX

- 38쪽 × / ○
- 39쪽 ×

교과서 확인 문제 40~41쪽

01 두(2)
02 (1) ○ (2) × (3) ○
03 (1) 자석 (2) 철 구슬이 자석에 붙는 성질
04 철 가루가 자석에 붙는 성질
05 ㉡
06 거름 장치
07 모래
08 ㉠, ㉢
09 (1) 예 물에 녹은 물질은 천을 빠져나가고 물에 녹지 않은 물질은 천에 남는다. (2) 거름
10 (1) ㉠ (2) 증발

01 혼합물은 두 가지 이상의 물질이 성질이 변하지 않은 채 서로 섞여 있는 것이다.

02 여러 가지 재료를 섞어 간식을 만들어도 각 재료의 맛, 색깔, 모양 등은 변하지 않기 때문에 이러한 간식은 혼합물이라고 할 수 있다.

03 철 구슬은 자석에 붙지만 플라스틱 구슬은 자석에 붙지 않는 성질이 있기 때문에 자석을 사용하여 플라스틱 구슬과 철 구슬의 혼합물을 분리할 수 있다.

04 철로 만들어진 물질이 자석에 붙는 성질을 이용하여 고춧가루 속에 섞인 철 가루를 쉽게 분리할 수 있다.

05 철 캔과 알루미늄 캔이 섞인 재활용품을 자동 분리기에 넣으면 이동판에 실려 옮겨질 때 알루미늄 캔은 아래에서 이동하여 ㉡ 상자에 떨어지고, 자석이 들어 있는 이동판에 철 캔만 달라붙어 ㉠ 상자에 분리된다.

06 물에 녹는 물질과 물에 녹지 않는 물질이 섞여 있는 혼합물을 분리할 때 거름의 방법을 이용하는 거름 장치이다.

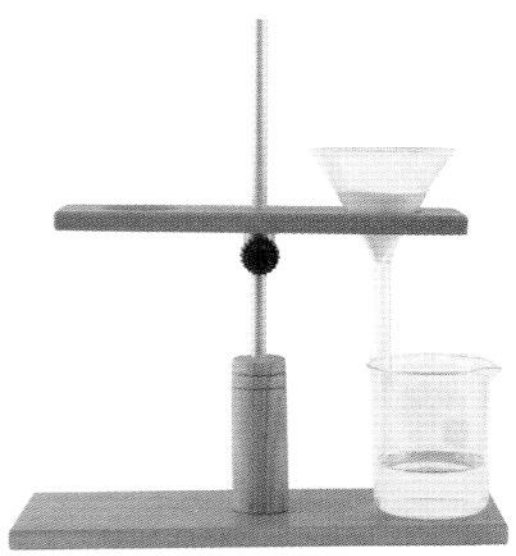

07 소금과 모래의 혼합물에서 물에 녹는 성질이 있는 소금과 물에 녹지 않는 성질이 있는 모래를 거름 장치로 분리할 수 있다. 검은색, 황토색 등을 띠는 알갱이로 된 모래는 물에 녹지 않기 때문에 거름종이에 남아 있다.

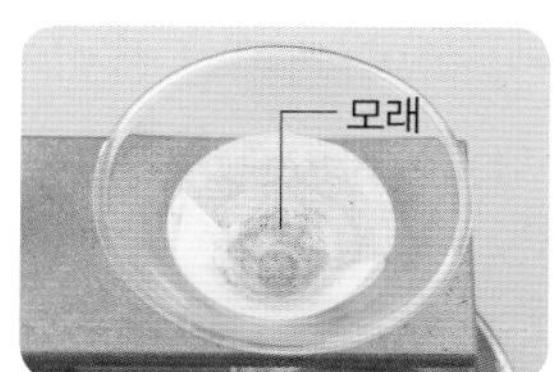

거름종이에 남아 있는 모래

08 물의 양이 줄어들고 물이 끓는다. 하얀색 고체 물질이 생기며, 하얀색 고체 물질은 점점 사방으로 튄다. 이 하얀색 가루 물질이 소금이다. 증발의 방법으로 물에 녹아있던 소금을 분리한 것이다.

09 메주를 소금물에 섞은 혼합물을 거름의 방법을 이용하여 천으로 거른 후 천에 남은 건더기로 된장을 만든다.

10 혼합물인 소금물에서 물이 증발하면 소금이 남는다.

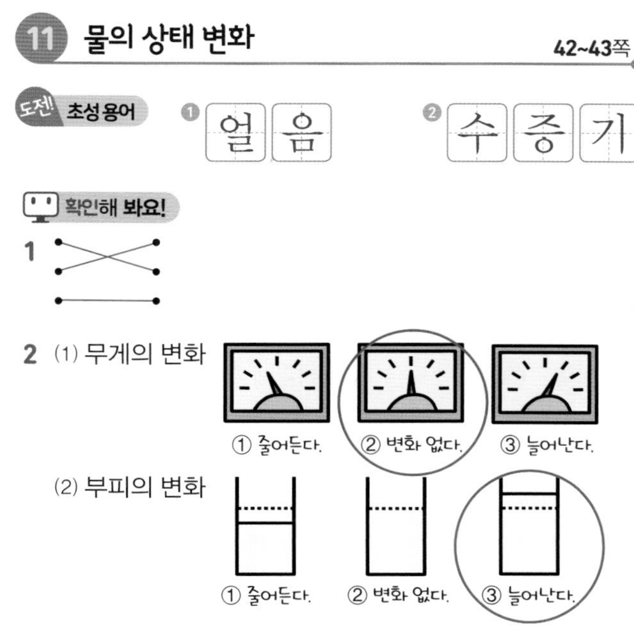

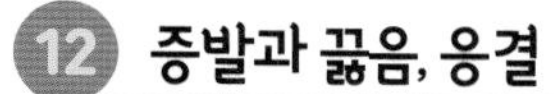

44~45쪽

도전! 초성 용어

① 

② 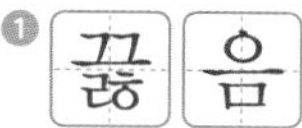

확인해 봐요!

1 20XX년 X월 X일

오늘은 증발과 끓음을 실험하였다.

비커에 물을 넣어두고 시간이 지나니 물의 양이 점점 줄어들었다. 이처럼 ① 물이 표면에서부터 수증기로 변하는 현상을 증발이라고 한다. ② 빨래가 마르는 것도 물이 증발한 것인데, 증발은 물의 양이 매우 천천히 줄어든다.

물이 든 비커를 가열하면 물속에서 수증기가 물 위쪽으로 올라온다. 이것은 ③ 물이 기체 상태인 수증기로 상태가 변한 것으로, 끓음이라고 한다. ④ 끓음은 물속에서만 물이 수증기로 상태가 변하는 것이다.

2 예

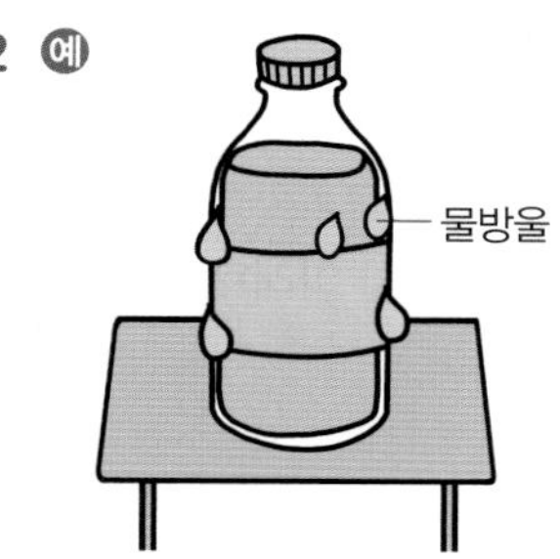

공기 중에 있던 기체인 수증기가 차가운 음료수 병에 닿아 액체인 물로 상태가 변했기 때문이다.

13 안개와 이슬, 서리

46~47쪽

도전! 초성 용어

① 

② 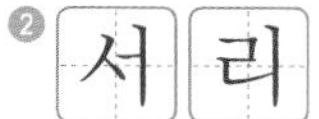

확인해 봐요!

1 안개

2

수증기의 상태 변화

물 — 안개, 이슬

얼음 — 서리, 성에

14 물의 순환 48~49쪽

도전 초성 용어 ❶ 빙하 ❷ 순환

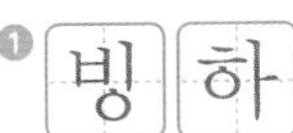

확인해 봐요!

1

물이 증발해요.	비나 눈이 내려요.	구름이 생겨요.	호수를 만들어요.
(1)	(3)	(2)	(4)

2 예

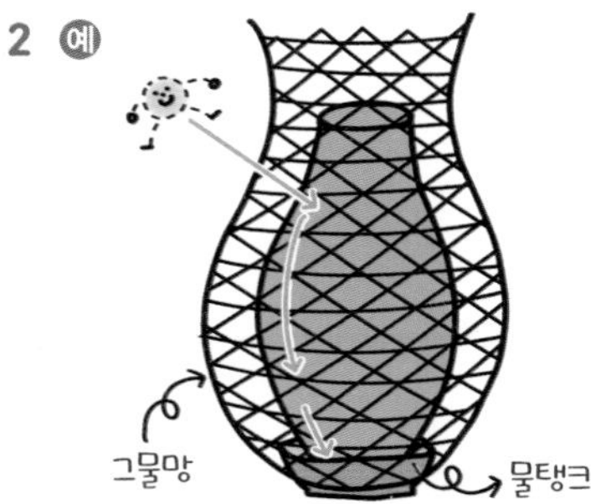

기온이 낮을 때 공기 중의 수증기가 그물망에 응결하여 물방울로 맺히고, 그 물방울이 커져서 아래로 흘러내려 와카 워터의 물탱크에 모이게 된다.

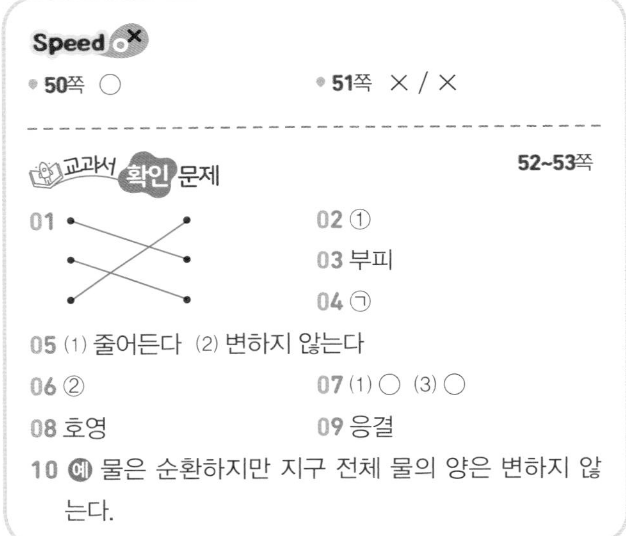

Speed OX

- 50쪽 ○
- 51쪽 × / ×

교과서 확인 문제 52~53쪽

01 (선 잇기)

02 ①

03 부피

04 ㉠

05 (1) 줄어든다 (2) 변하지 않는다

06 ②

07 (1) ○ (3) ○

08 호영

09 응결

10 예 물은 순환하지만 지구 전체 물의 양은 변하지 않는다.

01 물은 고체인 얼음, 액체인 물, 기체인 수증기의 세 가지 상태로 있다.

02 음료수의 얼음은 고체 상태이다. 하늘에서 내리는 눈도 일정한 모양과 부피를 가진 얼음으로 이루어진 고체이다.

03 얼음이 녹으면 부피가 줄어드는 것처럼 꽁꽁 언 튜브형 얼음과자가 녹으면 부피가 줄어들기 때문에 튜브 안에 공간이 생긴다.

04 물이 얼면 부피는 늘어나지만 무게는 변하지 않기 때문에 물이 얼기 전과 물이 언 후의 무게는 같다.

05 고체인 얼음이 녹아 액체인 물이 될 때에 무게는 변하지 않는다. 하지만 얼음이 녹으면 녹기 전보다 부피는 줄어든다.

06 증발은 액체인 물의 표면에서 기체인 수증기로 상태가 변하는 것이다.

07 끓음은 물의 표면뿐만 아니라 물속에서도 액체인 물이 기체인 수증기로 상태가 변하는 현상이다. 끓음은 물의 양이 매우 천천히 줄어드는 증발보다 물의 양이 빠르게 줄어든다.

08 공기 중의 수증기가 차가운 물병 표면에서 응결해 물방울로 맺힌 것이다.

09 응결은 기체인 수증기가 액체인 물로 상태가 변하는 것으로, 안개와 이슬은 자연 현상에서 볼 수 있는 응결에 의한 현상이다.

10 물은 상태가 변하면서 여러 곳을 끊임없이 이동한다. 물은 이렇게 순환하지만 지구 전체 물의 양은 변하지 않는다.

과학 탐구 토론 플라스틱 55쪽

생각 정리 ❶ 전기 ❷ 가벼 ❸ 흙(토양) ❹ 독성 가스

생각 쓰기 예 플라스틱은 우리 생활에 편리함을 주지만 이로 인해 환경이 오염되고 결국 인간에게 쓰레기 문제, 대기 오염, 병을 일으킬 수 있다는 점 등의 좋지 않은 영향을 미치게 되기 때문에 꼭 필요한 곳에는 최대한 적게 사용하고, 가능한 일회용 플라스틱 제품의 사용을 줄여야 한다.

에너지

15 자석에 붙는 물체 58~59쪽

도전! 초성 용어 ❶ 자석 ❷ 자기력

확인해 봐요!

1

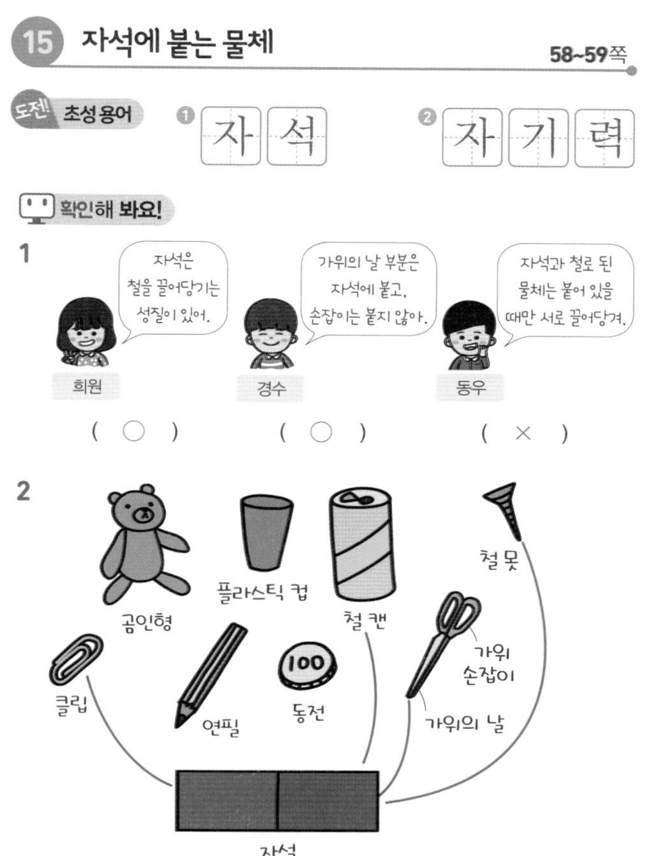

2

16 자석의 N극과 S극 60~61쪽

도전! 초성 용어 ❶ 극 ❷ 척력

확인해 봐요!

1 S

2 ■ N극과 S극을 가까이 할 때

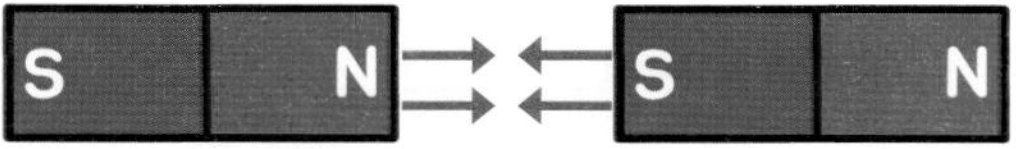

■ S극과 S극을 가까이 할 때

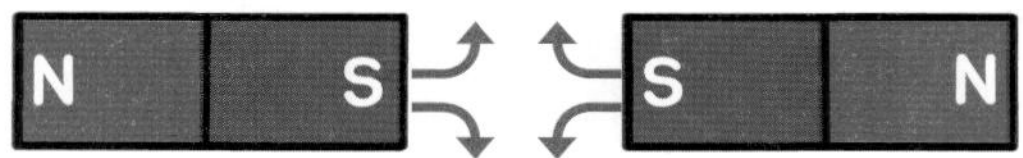

17 자석이 가리키는 방향 62~63쪽

도전! 초성 용어 ❶ 나침반 ❷ 자화

확인해 봐요!

1

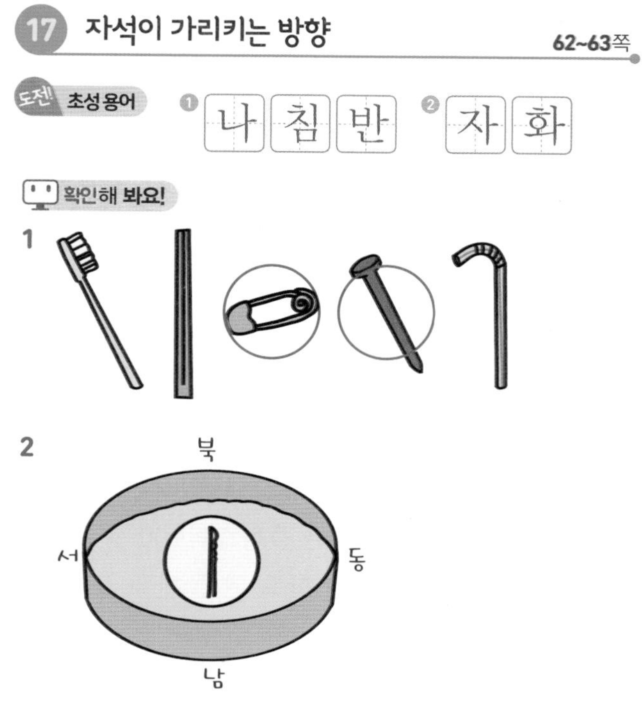

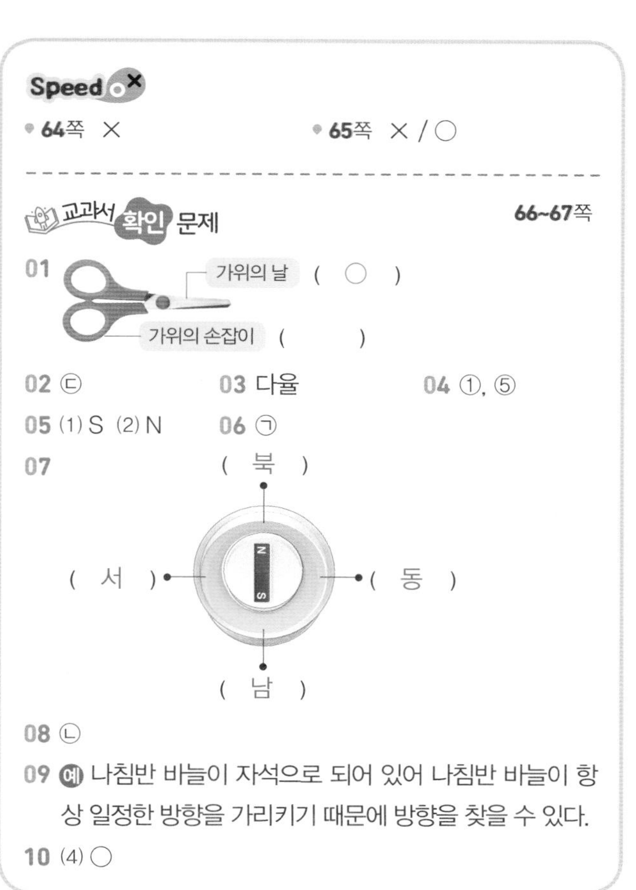

01 철로 만든 가위의 날 부분은 자석에 붙고, 플라스틱으로 만든 가위의 손잡이 부분은 자석에 붙지 않는다.

02 자석을 철로 된 물체에 가까이 가져가면 철로 된 물체가 끌려오므로 책상 위에 놓은 철 구슬에 막대자석을 가까이 하면 철 구슬이 끌려와 막대자석에 붙는다. 지우개는 고무, 플라스틱 빨대는 플라스틱으로 만든 물체이므로 자석에 붙지 않는다.

03 철로 된 물체와 자석이 약간 떨어져 있어도 자석은 철로 된 물체를 끌어당길 수 있으며, 철로 된 물체와 자석 사이에 얇은 플라스틱이나 종이 등의 물질이 있어도 자석은 철로 된 물체를 끌어당길 수 있다.

04 막대자석을 클립이 든 종이 상자에 넣었다가 들어 올리면 막대자석의 오른쪽과 왼쪽 끝부분에 클립이 많이 붙는 것을 알 수 있다. 자석에서 철로 된 물체가 많이 붙는 부분을 자석의 극이라고 한다.

05 막대자석의 N극은 주로 빨간색, S극은 주로 파란색으로 나타낸다. 막대자석을 공중에 매달면 항상 N극은 북쪽, S극은 남쪽을 가리키며 움직임을 멈춘다.

06 N극과 N극, S극과 S극과 같이 막대자석의 같은 극끼리 마주 보게 하여 가까이 가져가면 손에 자석이 서로 밀어 내는 느낌이 든다. ㉡의 N극과 S극과 같이 다른 극끼리 마주 보게 하여 가까이 가져가면 손에 자석이 서로 끌어당기는 느낌이 든다.

07 물에 띄운 막대자석은 시간이 지나면 항상 북쪽과 남쪽을 가리킨다. 커다란 자석과 같은 지구가 주위에 자기장을 만들기 때문에 자석의 N극은 지구의 북극으로 끌리고, 자석의 S극은 지구의 남극으로 끌린다.

08 막대자석을 올려놓은 플라스틱 접시가 다른 방향을 향하게 돌려서 물에 띄워도 시간이 지나면 막대자석의 N극은 북쪽, S극은 남쪽을 향하며 플라스틱 접시의 움직임이 멈춘다.

09 나침반은 자석의 성질을 지닌 바늘이 항상 북쪽과 남쪽을 가리키는 원리를 이용해 방향을 알 수 있도록 만든 도구이다.

10 나침반의 동쪽으로 막대자석을 가까이 가져가면 나침반의 바늘이 막대자석 쪽으로 끌려온다. 막대자석의 N극을 가까이 가져가면 나침반 바늘의 S극이 끌려오고, 막대자석의 S극을 가까이 가져가면 나침반 바늘의 N극이 끌려온다.

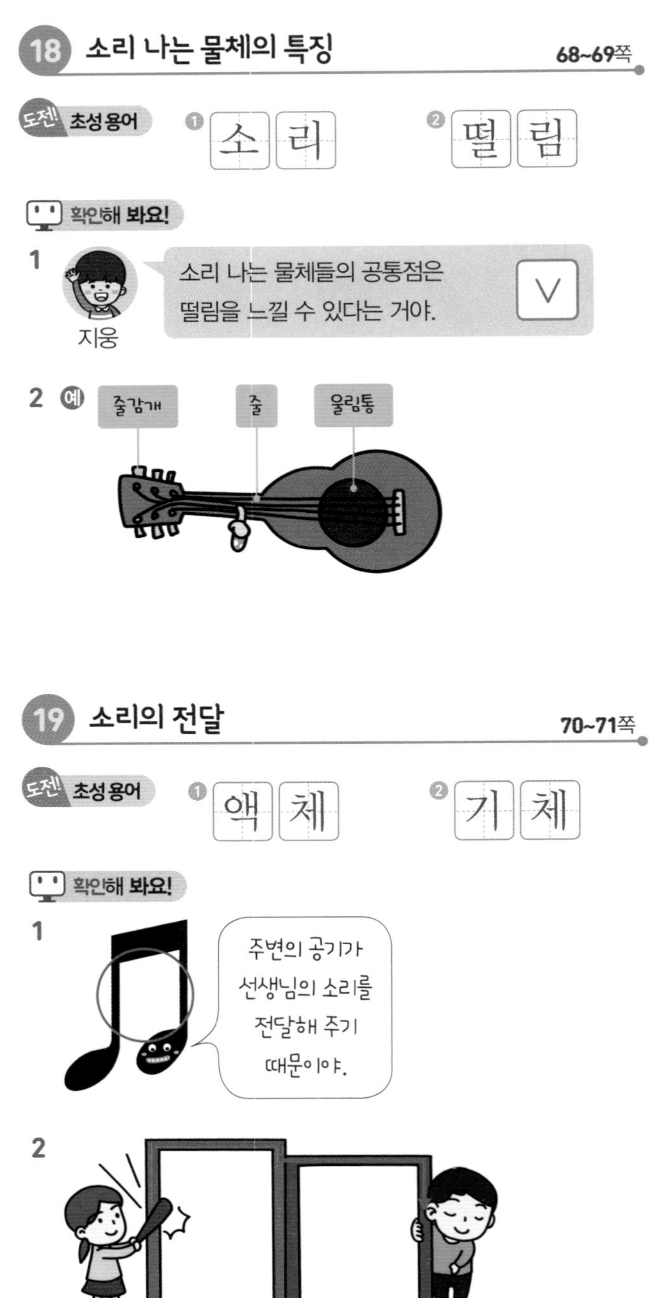

20 소리의 반사 72~73쪽

도전! 초성 용어 ❶  메아리 ❷ 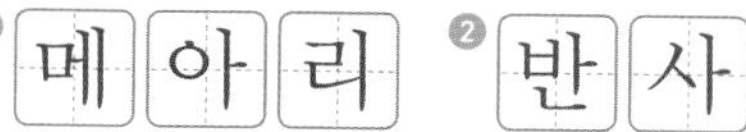 반사

확인해 봐요!

1

2 예

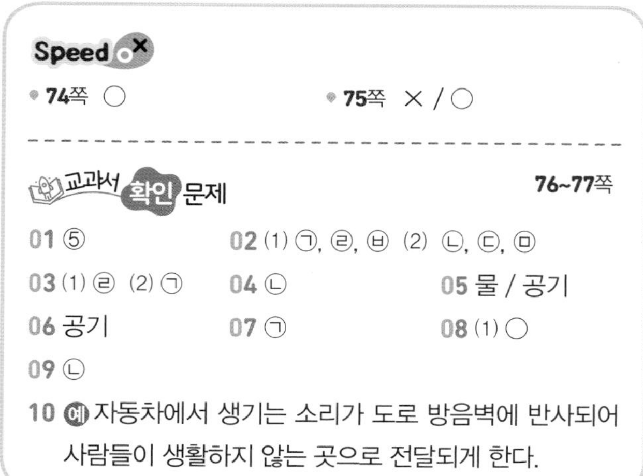

Speed OX

- 74쪽 ○
- 75쪽 × / ○

교과서 확인 문제 76~77쪽

01 ⑤
02 (1) ㉠, ㉣, ㉥ (2) ㉡, ㉢, ㉤
03 (1) ㉣ (2) ㉠
04 ㉡
05 물 / 공기
06 공기
07 ㉠
08 (1) ○
09 ㉡
10 예 자동차에서 생기는 소리가 도로 방음벽에 반사되어 사람들이 생활하지 않는 곳으로 전달되게 한다.

01 소리가 나고 있는 종, 말을 하고 있는 목, 연주하고 있는 작은북, 소리가 나오고 있는 스피커 등에 손을 대면 떨림이 느껴진다. 이처럼 물체가 떨리면 소리가 난다.

02 물체가 떨리는 크기에 따라 소리의 크기가 달라지고, 물체의 떨림이 클수록 큰 소리가 난다.

03 악기는 소리의 높낮이를 이용하거나 소리의 세기를 이용해 아름다운 음악을 연주하도록 만들어진 도구이다. 실로폰은 음판의 길이에 따라 소리의 높낮이가 달라진다. 실로폰의 짧은 음판을 칠수록 높은 소리가 난다.

04 소리는 물질을 통해 전달된다. 소리는 고체인 책상을 통해서도 전달되기 때문에 한쪽에 귀를 대고 있을 때 다른 쪽에서 책상을 두드리면 그 소리를 책상을 통해 들을 수 있다.

05 소리가 나는 물체의 떨림은 여러 가지 물질의 상태인 고체, 액체, 기체를 통해 전달된다.

06 사람의 목소리는 공기를 진동시켜 우리 귀로 전달된다. 우리가 듣는 대부분의 소리는 공기를 통해 전달되지만, 달에는 소리를 전달해 주는 공기가 없기 때문에 소리가 전달되지 못한다.

07 실 전화기는 실의 떨림으로 소리가 전달된다. 실 전화기의 한쪽 종이컵에 입을 대고 소리를 내면 실을 통해 소리가 전달되어 다른 쪽 종이컵에서 소리를 들을 수 있다. 실 전화기의 종이컵이 소리를 모아 주는 역할을 한다.

08 실 전화기의 실을 느슨하게 하는 것보다 팽팽하게 할 때 소리가 더 잘 전달된다. 실을 손으로 잡지 않아야 하고, 실의 길이를 짧게 할수록, 실이 두꺼울수록 실이 소리를 잘 전달한다.

09 소리는 나무판처럼 딱딱한 물체에서는 잘 반사되지만, 스타이로폼판처럼 부드러운 물체에서는 소리가 흡수되어 잘 반사되지 않는다. 따라서 스타이로폼판을 들었을 때보다 나무판을 들었을 때 소리가 더 잘 들린다.

10 도로 방음벽은 사람이 많이 모여 사는 곳이나 동물의 서식지로 도로에서 발생하는 자동차의 소음이 전달되지 않도록 도로 방향으로 소음을 반사시키는 설치물이다. 방음벽은 소리가 잘 전달되지 않는 물질을 이용하거나 소리를 반사하는 구조를 주로 사용한다.

21 무게 78~79쪽

도전! 초성 용어 ❶ 중력 ❷ 무게

확인해 봐요!

1 곰구미

2 예

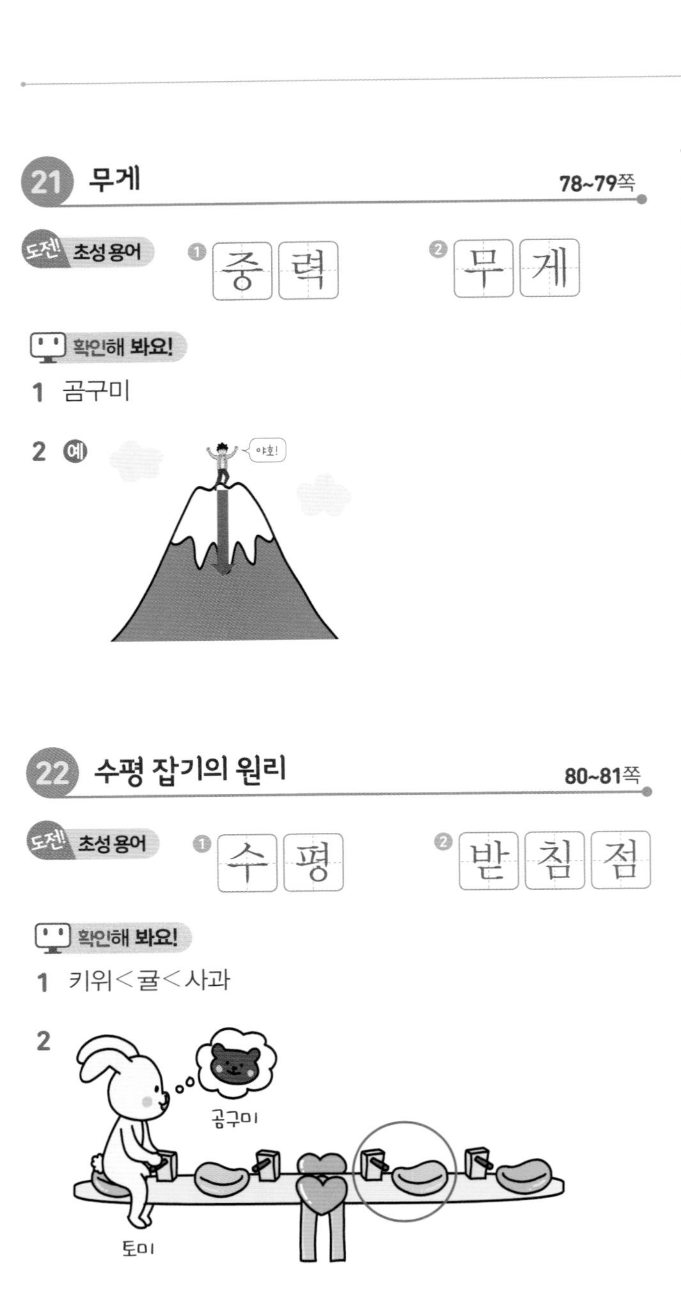

22 수평 잡기의 원리 80~81쪽

도전! 초성 용어 ❶ 수평 ❷ 받침점

확인해 봐요!

1 키위<귤<사과

2

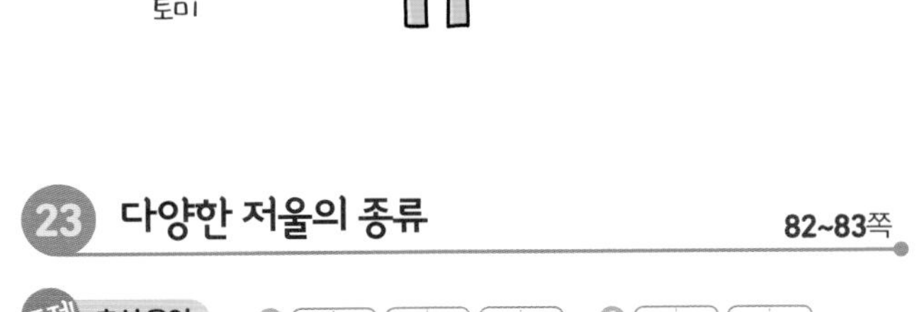

23 다양한 저울의 종류 82~83쪽

도전! 초성 용어 ❶ 체중계 ❷ 분동

확인해 봐요!

1  예 빼야 한다.

2

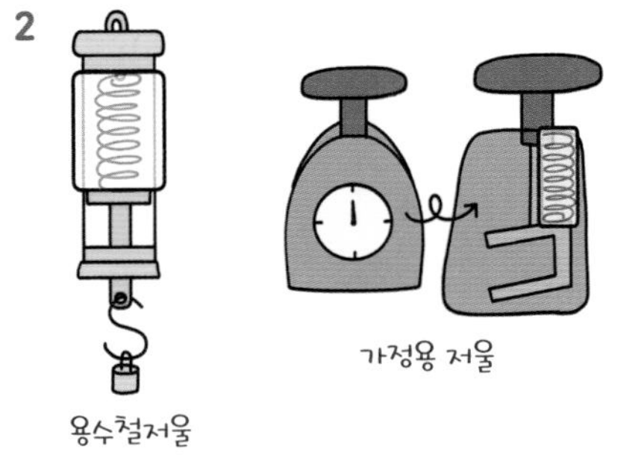

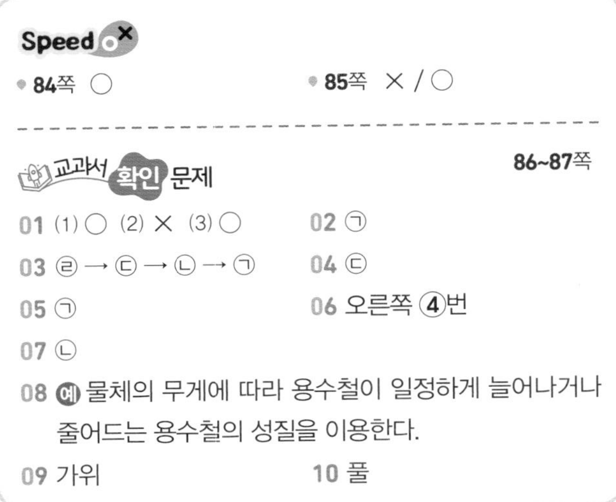

Speed OX

• 84쪽 ○ • 85쪽 × / ○

교과서 확인 문제 86~87쪽

01 (1) ○ (2) × (3) ○ 02 ㉠

03 ㉣ → ㉢ → ㉡ → ㉠ 04 ㉢

05 ㉠ 06 오른쪽 ④번

07 ㉡

08 예 물체의 무게에 따라 용수철이 일정하게 늘어나거나 줄어드는 용수철의 성질을 이용한다.

09 가위 10 풀

01 물체의 무게는 지구가 물체를 끌어당기는 힘의 크기이다. 'N'은 물체의 무게를 나타내는 단위이며 '뉴턴'이라고 읽는다. g중(그램중), kg중(킬로그램중)도 무게를 나타내는 단위이다.

02 용수철에 걸어 놓은 추의 무게가 무거울수록 지구가 끌어당기는 힘의 크기가 커지기 때문에 용수철의 길이도 많이 늘어난다. 가장 무겁게 추를 매단 ㉠을 지구가 가장 세게 끌어당기고 있다.

03 용수철에 매단 장난감이 무거울수록 용수철이 늘어난 길이도 늘어난다. 따라서 장난감의 무게는 ㉣이 가장 무겁고 ㉠이 가장 가벼우며, 지구가 ㉠을 ㉣보다 약하게 끌어당긴다.

04 몸무게가 비슷한 두 사람이 시소에 앉아 시소의 수평을 잡기 위해서는 두 사람이 시소의 받침점으로부터 양쪽으로 같은 거리에 앉아야 한다.

05 몸무게가 서로 다를 때는 무거운 사람이 가벼운 사람보다 시소의 받침점에서 가까운 곳에 앉아야 시소의 수평을 잡을 수 있으므로, 받침점에 더 가까이 앉은 ㉠이 ㉡보다 몸무게가 더 무겁다.

06 무게가 같은 두 물체를 나무판자 위에 올려놓았을 때 나무판자가 수평을 잡으려면, 각각의 물체를 받침점으로부터 같은 거리에 놓아야 한다.

07 받침점이 나무판자의 가운데 있는 경우 나무판자가 수평이 되려면 무거운 물체를 가벼운 물체보다

받침점에 더 가까이 놓고 가벼운 물체를 무거운 물체보다 받침점으로부터 더 멀리 놓아야 한다. 배를 사과보다 받침점으로부터 더 멀리 놓았을 때 나무판자가 수평이 되었으므로 배가 사과보다 더 가볍다.

08 용수철은 매단 물체의 무게가 일정하게 늘어나면 용수철의 길이도 일정하게 늘어난다. 용수철을 이용한 저울은 물체의 무게에 따라 용수철이 일정하게 늘어나거나 줄어드는 성질을 이용해 만든 저울이다.

09 받침점으로부터 양쪽으로 같은 거리에 있는 저울접시의 한쪽에 물체를, 다른 한쪽에는 클립, 금액이 같은 동전, 똑같은 단추 등과 같이 무게가 일정한 물체를 올려놓고 그 개수를 세어 무게를 비교할 수 있다. 풀은 클립 53개의 무게와 같고, 가위는 클립 46개의 무게와 같으므로 가위가 풀보다 가볍다.

10 양팔저울에서 받침점으로부터 양쪽으로 같은 거리에 있는 저울접시에 물체를 각각 올려놓았을 때 기울어진 쪽 저울접시에 있는 물체가 더 무겁다. 가위와 지우개의 무게를 비교할 때 가위가 지우개보다 무겁다. 풀과 가위의 무게를 비교할 때 풀이 가위보다 무겁다. 따라서 풀이 가장 무겁고, 지우개가 가장 가볍다.

24 빛과 그림자 88~89쪽

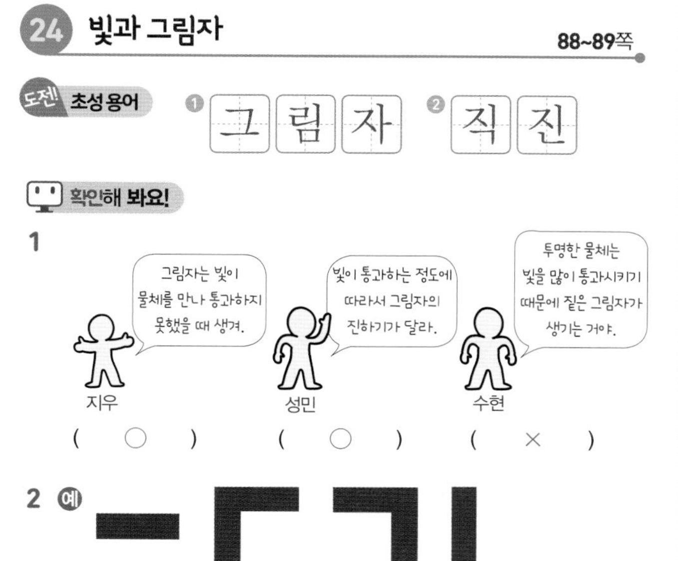

25 그림자의 모양과 크기 90~91쪽

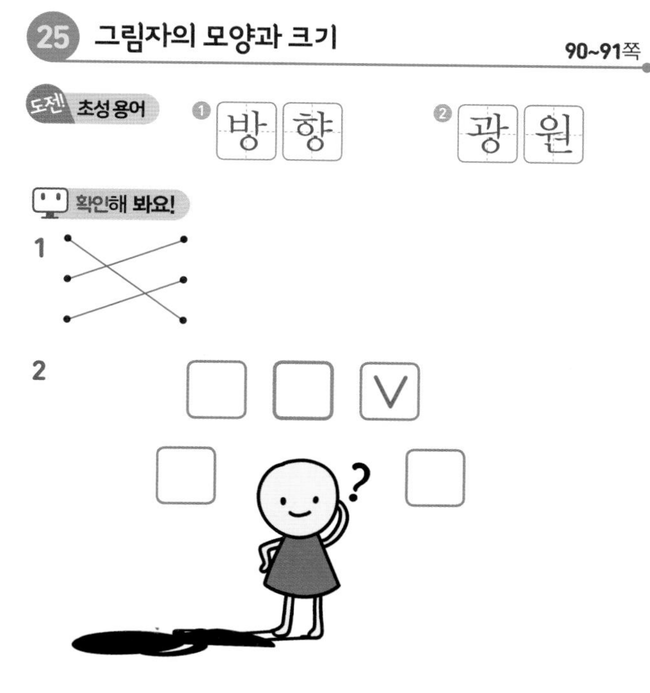

26 빛의 반사와 거울 92~93쪽

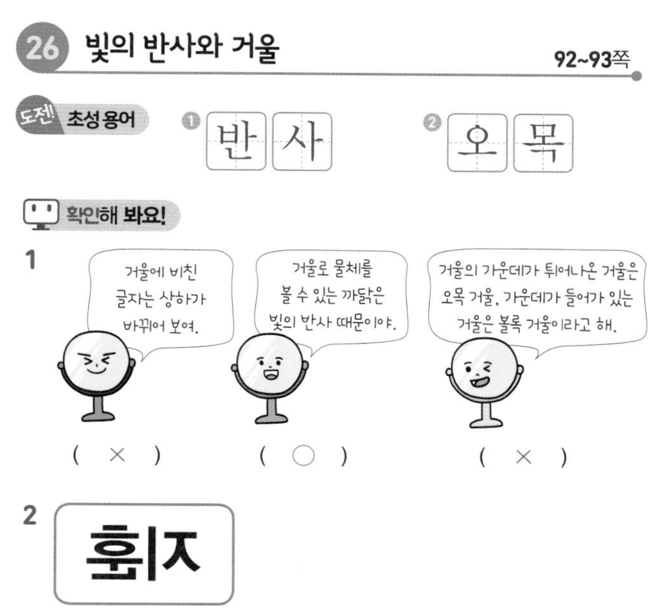

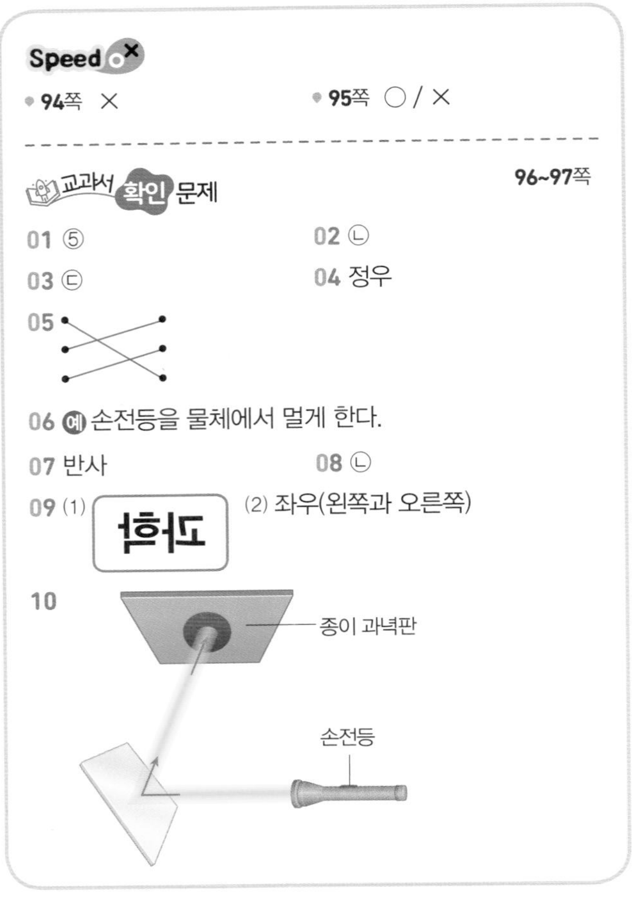

Speed O X

• 94쪽 ×　　• 95쪽 ○ / ×

교과서 확인 문제　96~97쪽

01 ⑤　02 ㉡

03 ㉢　04 정우

05

06 예 손전등을 물체에서 멀게 한다.

07 반사　08 ㉡

09 (1)　(2) 좌우(왼쪽과 오른쪽)

10

01 햇빛이 있는 낮에 나무의 그림자가 생기지만 구름이 햇빛을 가리면 그림자가 사라지는 것처럼 그림자가 생기려면 빛과 물체가 있어야 하고, 물체에 빛을 비춰야 한다. 물체 앞에 빛이 있을 때 그림자는 물체 뒤쪽에 생긴다.

02 불을 켠 손전등 앞에 물체를 놓아야 물체에 손전등의 빛을 비출 수 있고 흰 종이에 물체의 그림자가 생긴다.

03 빛이 나아가다가 ㉢ 유리병과 같이 투명한 물체를 만나면 빛이 대부분 통과해 연한 그림자가 생긴다. 빛이 나아가다가 ㉠ 모자, ㉡ 양말과 같이 불투명한 물체를 만나면 빛이 통과하지 못해 진한 그림자가 생긴다.

04 빛은 태양이나 전등에서 나와 사방으로 곧게 나아가는 성질이 있다. 이러한 성질을 빛의 직진이라고 한다.

05 직진하는 빛이 물체를 통과하지 못하면 물체 모양과 비슷한 그림자가 물체 뒤쪽에 있는 스크린에 생긴다. 물체를 놓은 방향이 달라지면 그림자의 모양이 달라지기도 한다.

06 물체와 스크린을 그대로 두고 손전등을 물체에서 멀게 하면 그림자의 크기가 작아지고, 손전등을 물체에 가깝게 하면 그림자의 크기가 커진다.

07 빛이 나아가다가 거울에 부딪쳐서 빛의 방향이 바뀌는 빛의 반사를 이용해 거울에 물체의 모습을 비출 수 있다. 버스 운전기사가 뒤를 돌아보지 않고도 승객이 안전하게 내리는지 확인할 수 있는 까닭도 빛의 방향을 바꿀 수 있는 거울을 이용해 뒤에 있는 승객의 모습을 보기 때문이다.

08 왼쪽 팔을 올린 인형을 거울에 비친 모습으로 보면 오른쪽 팔을 올리고 있는 모습으로 좌우가 바뀌어 보인다.

09 물체를 거울에 비춰 보면 물체의 상하는 바뀌어 보이지 않지만 좌우(왼쪽과 오른쪽)는 바뀌어 보인다. 그러나 거울에 비친 물체의 색깔은 실제 물체와 같다.

10 빛이 나아가다 거울에 부딪치면 거울에서 방향이 바뀌어 나와서 종이 과녁판에 전등의 빛이 닿게 할 수 있다.

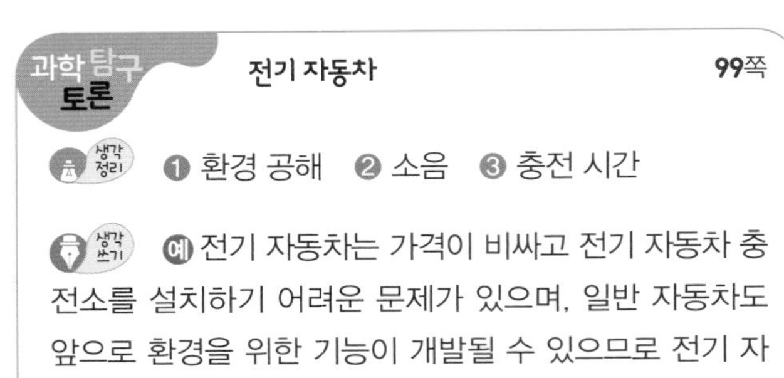

과학 탐구 토론　전기 자동차　99쪽

생각 정리　❶ 환경 공해　❷ 소음　❸ 충전 시간

생각 쓰기　예 전기 자동차는 가격이 비싸고 전기 자동차 충전소를 설치하기 어려운 문제가 있으며, 일반 자동차도 앞으로 환경을 위한 기능이 개발될 수 있으므로 전기 자동차보다는 일반 자동차가 더 효율적이라고 생각한다.

생명

27 동물의 암컷과 수컷 102~103쪽

도전! 초성 용어 ❶ 

❷ 

확인해 봐요!

1 
원준

꿩과 원앙은 수컷의 몸 색깔이 암컷보다 더 화려해.

2 

(수컷)

28 배추흰나비의 한살이 104~105쪽

도전! 초성 용어 ❶ 

❷ 

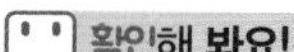

확인해 봐요!

1 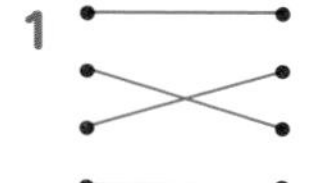

2    

(1) (3) (4) (2)

29 완전 탈바꿈과 불완전 탈바꿈 106~107쪽

도전! 초성 용어 ❶ 

❷ 

확인해 봐요!

1 불완전 탈바꿈

2 예

30 여러 가지 동물의 한살이 108~109쪽

도전! 초성 용어 ❶ 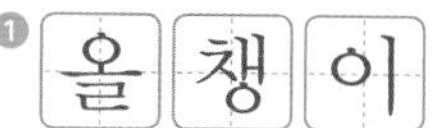

❷ 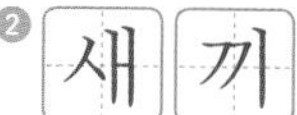

확인해 봐요!

1 펭귀니

2 

Speed OX

- 110쪽 × / ×
- 111쪽 ○ / ○

교과서 확인 문제 112~113쪽

01 ④

02 (1) ○

03 (다) → (라) → (나) → (가)

04 (나), 번데기

05

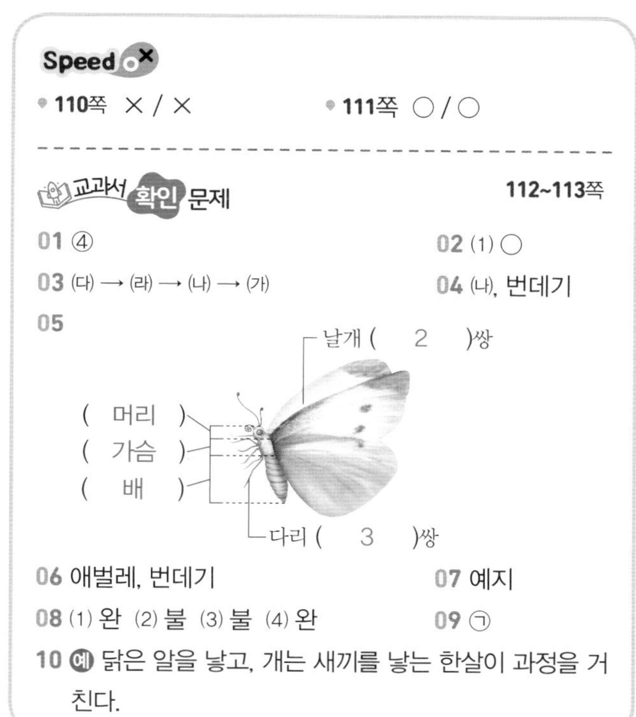

06 애벌레, 번데기

07 예지

08 (1) 완 (2) 불 (3) 불 (4) 완

09 ㉠

10 예 닭은 알을 낳고, 개는 새끼를 낳는 한살이 과정을 거친다.

01 ④의 꿩은 깃털 색깔이 선명하고 화려하므로 수컷이며, '장끼'라고 부른다. 꿩의 암컷은 깃털 색깔이 수수하고 황갈색에 검은색 무늬가 있으며, '까투리'라고 부른다.

02 무당벌레는 암컷과 수컷의 몸의 크기, 생김새, 무늬 등이 비슷하여 차이가 없기 때문에 쉽게 구별되지 않는다.

03 배추흰나비는 (다) 알, (라) 애벌레, (나) 번데기, (가) 어른벌레 단계를 거치며 자란다. 알에서 애벌레가 나오고, 애벌레는 허물을 4번 벗으며 자란다. 애벌레가 먹기를 중단하고 번데기가 되면 시간이 흐른 뒤에 번데기에서 어른벌레가 나온다.

04 배추흰나비의 번데기는 마디가 있고 가운데가 볼록하며 양쪽 끝은 뾰족하다. 색깔은 주변 환경에 따라 달라진다. 나뭇가지에 붙은 번데기의 색깔은 갈색을 띠지만 배춧잎에 붙은 번데기의 색깔은 연한 초록색이다.

05 배추흰나비 몸은 머리, 가슴, 배 세 부분으로 구분할 수 있고, 가슴에는 날개 두 쌍과 다리 세 쌍이 있다. 배추흰나비와 개미, 벌처럼 몸이 머리, 가슴, 배 세 부분으로 되어 있고 다리가 세 쌍인 동물을 곤충이라고 한다.

06 나비, 벌, 파리, 풍뎅이, 개미와 같이 완전 탈바꿈을 하는 곤충은 '알 → 애벌레 → 번데기 → 어른벌레'의 한살이 과정을 거친다.

07 사슴벌레는 알에서 애벌레가 나오고 애벌레가 다 자라면 번데기가 되어 움직이지 않는다. 시간이 지나면 번데기에서 어른벌레가 나온다. 잠자리의 한살이는 알, 애벌레, 어른벌레의 단계로 번데기 단계가 없다. 잠자리는 물에 알을 낳고 애벌레가 물속에서 살다가 때가 되면 물 밖으로 나와 어른벌레가 된다.

08 개미와 파리는 '알 → 애벌레 → 번데기 → 어른벌레'의 단계를 거치는 완전 탈바꿈을 하는 곤충이다. 노린재와 메뚜기는 '알 → 애벌레 → 어른벌레'와 같이 번데기 단계를 거치지 않는 불완전 탈바꿈을 하는 곤충이다.

09 알에서 나온 병아리는 몸이 솜털로 덮여 있고 어미 닭을 따라다니며 먹이를 찾아 먹는다. 병아리의 울음소리는 어미 닭과 다르다. 큰 병아리는 몸에 솜털 대신 깃털이 나고 머리에 작은 볏이 나 있다. 부화한 뒤 약 6개월이 지나면 닭은 암수의 구별이 뚜렷해지고, 암컷이 알을 낳을 수 있다.

10 닭은 알을 낳아 어미 닭이 알을 품은 지 약 21일이 지나면 병아리가 알을 깨고 나온다. 개는 한 번에 4~6마리의 새끼를 낳는다. 닭은 어미와 새끼의 모습이 다르고 개는 어미와 새끼의 모습이 비슷하다는 차이점도 있다. 한살이 과정의 차이점에 대해 다양한 내용이 답이 될 수 있다.

31 특이한 환경에 사는 동물 114~115쪽

도전! 초성 용어 ❶ 적응 ❷ 동굴

확인해 봐요!

1 (선 잇기)

2 예 체온을 낮추기 위해 털이 많이 줄어들 것이다. 열을 쉽게 내보내기 위해 사막여우와 같이 귀가 커질 것이다.

32 하늘을 날아다니는 동물 116~117쪽

도전! 초성 용어 ❶ 날개 ❷ 깃털

확인해 봐요!

1

2 예

뼛속이 비어 있어 몸이 가볍다.

예

몸이 가벼운 깃털로 덮여 있다.

33 생활에 활용된 동물의 특징 118~119쪽

❶ 

❷ 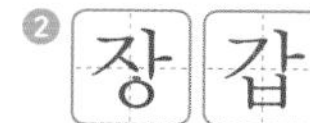

확인해 봐요!

1 

동물의 특징을 활용해 생활에 필요한 물건을 만드는 거야.

2 ⓔ 전신 수영복

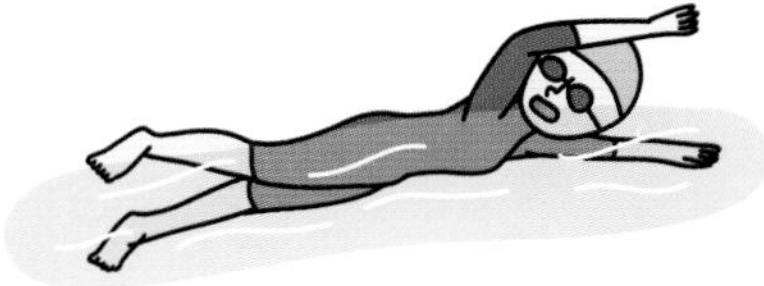

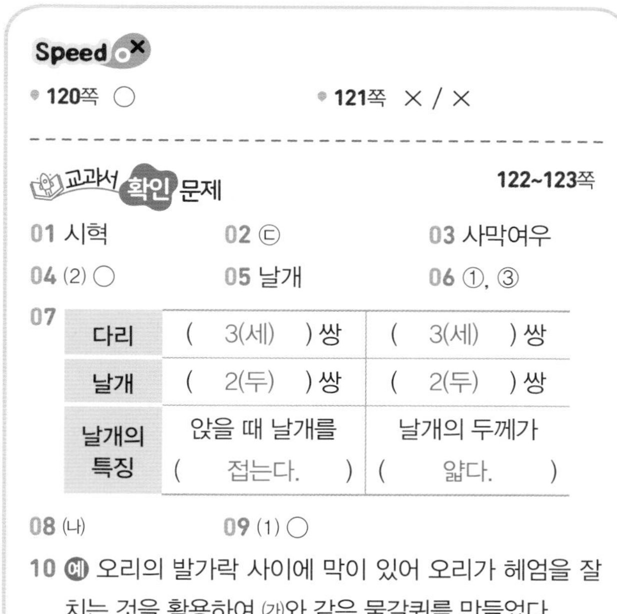

Speed OX

• 120쪽 ○　　• 121쪽 × / ×

교과서 확인 문제 122~123쪽

01 시혁　02 ㉢　03 사막여우
04 (2) ○　05 날개　06 ①, ③

07

다리	(3(세)) 쌍	(3(세)) 쌍
날개	(2(두)) 쌍	(2(두)) 쌍
날개의 특징	앉을 때 날개를 (접는다.)	날개의 두께가 (얇다.)

08 ㈏　09 (1) ○

10 ⓔ 오리의 발가락 사이에 막이 있어 오리가 헤엄을 잘 치는 것을 활용하여 ㈎와 같은 물갈퀴를 만들었다.

01 물과 먹이가 부족한 사막에 사는 낙타는 먹이가 부족할 때 등의 혹에 저장된 지방을 에너지로 사용한다. 낙타는 발바닥이 넓어서 걸을 때 발이 모래 속에 빠지는 것을 막아 주며, 긴 눈썹은 강한 햇빛과 모래 먼지로부터 눈을 보호한다.

02 낙타의 긴 다리는 땅바닥의 뜨거운 열기를 피할 수 있게 하여 몸통 높이의 공기의 온도가 발바닥 둘레보다 10 ℃ 정도 낮다. 낙타는 몸에 있는 수분을 유지하기 위해 땀을 잘 흘리지 않으며 배설물에도 수분이 거의 없다.

03 사막여우는 사막 환경에 적응해 작은 몸집과 큰 귀, 털로 덮인 발바닥이 있는 것이 특징이다.

04 도마뱀은 주변 온도에 따라 체온이 변하기 때문에 낮에도 체온을 조절해 활동할 수 있다. 사막에는 여러 가지 종류의 도마뱀이 살고 있는데 그중 삽주둥이도마뱀은 뜨거운 땅에서 발을 두 발씩 번갈아 들어 올리는 방법으로 이동한다.

05 날아다니는 동물이 잘 날 수 있는 까닭은 날개가 있고, 몸의 균형이 잘 맞으며, 몸이 비교적 가볍기 때문이다.

06 박새, 황조롱이 같은 새나 매미와 같은 곤충은 날개가 있어 날아다닐 수 있다. 날아다니는 동물은 몸의 균형이 잘 맞고 비교적 몸이 가볍다.

07 들, 산, 화단 등에 사는 나비는 날개가 두 쌍, 다리가 세 쌍 있다. 나비는 앉을 때 날개를 붙여서 접으며, 앞다리로 맛을 보는 특징이 있다. 집 주변이나 물가에서 볼 수 있는 잠자리는 날개가 두 쌍, 다리는 세 쌍이 있다. 날개가 아주 얇아 빨리 날 수 있다.

08 수리의 발가락이 먹이를 잘 잡고 놓치지 않는 특징을 활용한 집게 차는 쓰레기를 잡아 원하는 곳으로 쉽게 옮길 수 있다.

09 칫솔걸이는 거울이나 유리에 붙여 사용하는 생활용품으로, 문어 빨판의 잘 붙는 특징을 활용한 것이다.

10 물갈퀴는 오리 발의 특징을 활용하여 만든 생활용품이다.

34 씨가 싹 트고 자라는 과정 124~125쪽

도전! 초성 용어 ❶ 떡잎 ❷ 본잎

확인해 봐요!

1 물

2 예

본잎이 나온다.

35 식물의 각 부분 126~127쪽

도전! 초성 용어 ❶ 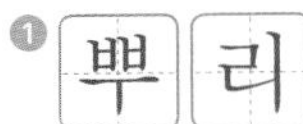 뿌리 ❷ 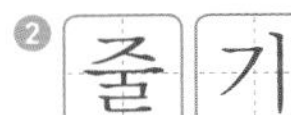 줄기

확인해 봐요!

1 뿌리

2 예

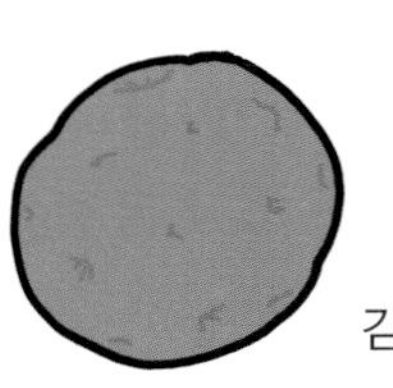

감자

36 한해살이 식물과 여러해살이 식물 128~129쪽

도전! 초성 용어 ❶ 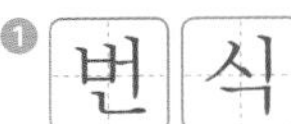 번식 ❷  새순

확인해 봐요!

1 한해살이

2 예

무궁화

사과나무

감나무

37 식물이 씨를 퍼뜨리는 방법 130~131쪽

도전! 초성 용어 ❶ 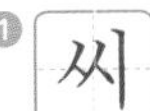 씨 ❷ 낙하산

확인해 봐요!

1

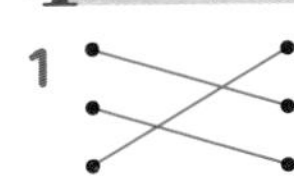

2 예 열매가 예쁘고 달콤한 향기가 나는 것은 동물을 유혹하기 위한 특징인 것 같다. 동물의 먹이가 된 다음 똥으로 씨가 나와 퍼지는 방법으로 씨를 퍼뜨릴 것 같다.

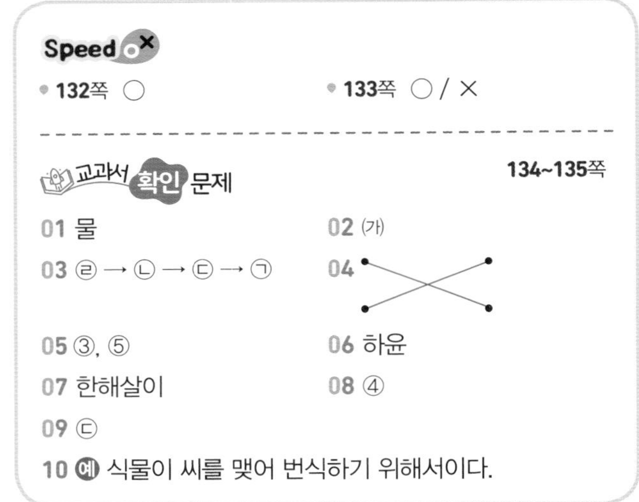

Speed ox

- 132쪽 ○
- 133쪽 ○ / ×

교과서 확인 문제 134~135쪽

01 물
02 (가)
03 ㉣ → ㉡ → ㉢ → ㉠
04
05 ③, ⑤
06 하윤
07 한해살이
08 ④
09 ㉢
10 예 식물이 씨를 맺어 번식하기 위해서이다.

01 씨가 싹 트는 데 물이 필요한지 알아보기 위해 (가)와 (나) 페트리 접시에 물의 조건만 다르게 하고 나머지는 모두 같게 한 것이다.

02 물을 주지 않은 (나) 페트리 접시의 강낭콩은 싹이 트지 않았고, 물을 준 (가) 페트리 접시의 강낭콩만 싹이 텄다.

03 딱딱했던 강낭콩이 점차 부풀어 올라 먼저 뿌리가 나오고 떡잎이 나오며, 떡잎 사이로 본잎이 나와 자란다.

04 식물이 잘 자라려면 물이 필요하다. 물을 준 화분의 강낭콩은 잘 자라고, 물을 주지 않은 화분의 강낭콩은 시들고 잘 자라지 못한다.

05 식물은 자라면서 잎이 점점 넓어지고 개수가 많아진다. 줄기도 점점 굵어지고 길어진다. 떡잎이 나오는 식물은 씨가 싹 틀 때 떡잎에 있는 양분을 사용하고, 본잎이 자라면서 떡잎은 쭈글쭈글해지고 나중에는 시들어 떨어진다.

06 강낭콩 꽃이 피고 진 자리에 꼬투리(열매)가 생기고 시간이 지나면서 꼬투리 속에서 새로운 씨가 자란다.

07 벼, 강낭콩, 옥수수 등과 같은 한해살이 식물은 봄에 싹 터서 자라고 꽃이 피며 열매를 맺어 씨를 만들고 죽는다.

08 ① 벼, ② 호박, ③ 옥수수는 한 해 동안 한살이를 거치고 죽는 한해살이 식물이고, ④ 사과나무는 여러 해 동안 살면서 한살이를 반복하는 여러해살이 식물이다.

09 한해살이 식물과 여러해살이 식물은 모두 씨가 싹 터서 자라 꽃이 피고 열매를 맺어 번식하지만, 한해살이 식물은 한 해만 살고 죽고, 여러해살이 식물은 여러 해를 살면서 열매 맺는 것을 반복한다.

10 식물은 자라면 번식하기 위해 꽃이 피고 열매를 맺어 새로운 씨를 만든다.

38 특이한 환경에 사는 식물 136~137쪽

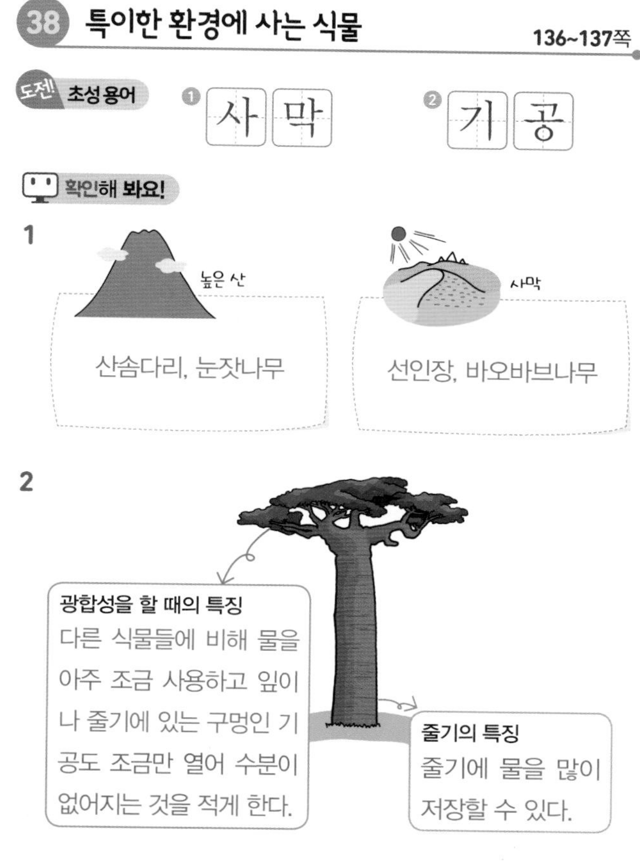

39 생활에 영향을 주는 식물 138~139쪽

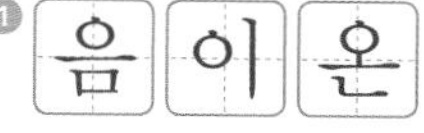

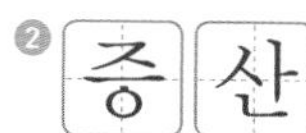

확인해 봐요!

1 음이온

2 (관엽 식물을 자유롭게 그리면 정답으로 한다.)

예

관엽 식물은 공기 중에 수분이 많을 때 수분을 빨아들여 저장하는 특징이 있기 때문이다.

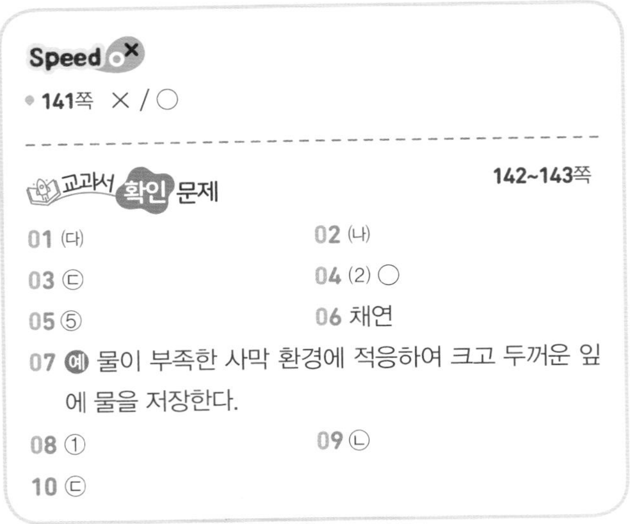

Speed O×

- 141쪽 × / ○

교과서 확인 문제 142~143쪽

01 ㈐ 02 ㈏
03 ㉢ 04 (2) ○
05 ⑤ 06 채연
07 예 물이 부족한 사막 환경에 적응하여 크고 두꺼운 잎에 물을 저장한다.
08 ① 09 ㉡
10 ㉢

01 민들레는 잎이 한곳에서 뭉쳐나고 하나의 잎은 톱니 모양으로 갈라져 있다. 꽃은 노란색이고 여러 개의 꽃이 모여서 전체 꽃을 이룬다. 열매는 바람에 날아간다.

02 ㈎ 토끼풀, ㈐ 민들레, ㈑ 명아주는 풀, ㈏ 소나무는 나무로 분류된다.

03 풀과 나무는 잎이 초록색이고 뿌리, 줄기, 잎이 있다. 풀은 대부분 한해살이 식물이라 겨울철에 줄기를 볼 수 없지만, 나무는 모두 여러해살이 식물이라서 겨울철에 줄기를 볼 수 있다.

04 물수세미, 나사말, 검정말 등은 뿌리, 줄기, 잎이 물속에 잠겨 사는 식물로, 잎이 좁고 긴 모양이며 줄기가 물의 흐름에 따라 잘 휘는 특징이 있다.

05 연꽃과 부들은 잎이 물 위로 높이 자라고, 뿌리는 물속이나 물가의 땅에 있다.

06 선인장은 다른 식물에서 볼 수 있는 모양의 잎이 없고 바늘과 같이 뾰족한 가시가 있어 동물로부터 먹히지 않게 스스로를 보호한다. 또한, 물이 부족하고 건조한 사막 환경에 적응하여 굵고 통통한 줄기에 물을 저장한다.

07 잎이 용의 혀 모양을 닮아서 용설란이라고 부르는 이 식물의 잎은 1 m 이상 자라고 가장자리에 날카로운 가시가 있다. 용설란의 잎은 크고 두꺼워서 물을 저장하기에 좋다.

08 연잎에 작고 둥근 돌기가 많아 물에 젖지 않는 특징을 활용하여 물이 스며들지 않는 옷감으로 방수복, 자동차의 유리 코팅제 등을 만들었다.

09 도꼬마리 열매의 가시 끝이 갈고리 모양이어서 동물의 털이나 옷에 잘 붙는 성질을 활용하여 찍찍이 테이프를 만들었다. 한번 붙으면 잘 떨어지지 않는 찍찍이 테이프의 거친 부분을 확대해서 보면 갈고리 모양의 플라스틱을 볼 수 있고 대부분 크기와 모양이 일정하다.

10 떨어지면서 회전하는 단풍나무 열매의 생김새를 활용해 날개가 하나인 선풍기를 만들었다.

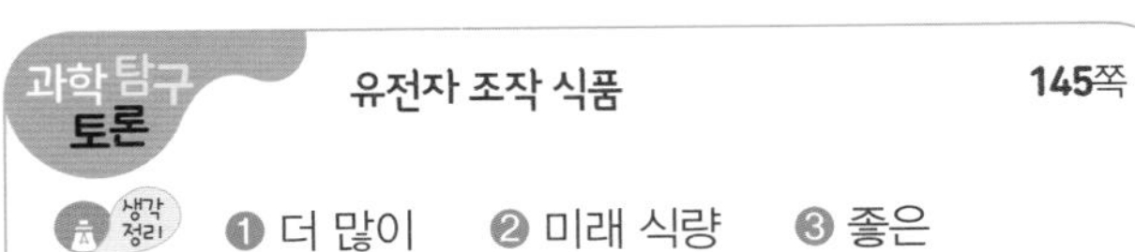

과학탐구 토론 **유전자 조작 식품** 145쪽

생각 정리 ❶ 더 많이 ❷ 미래 식량 ❸ 좋은
❹ 없어요 ❺ 없어요 ❻ 없어요

생각 쓰기 예 유전자 조작 식품은 배고픔에 고통받는 사람들을 위해 사막이나 극지방과 같이 환경이 열악한 지역에서도 잘 자라면서 더 많이 생산할 수 있는 품종을 만들 수 있으므로 좋다고 생각한다.

지구와 우주

40 다양한 지구의 모습 148~149쪽

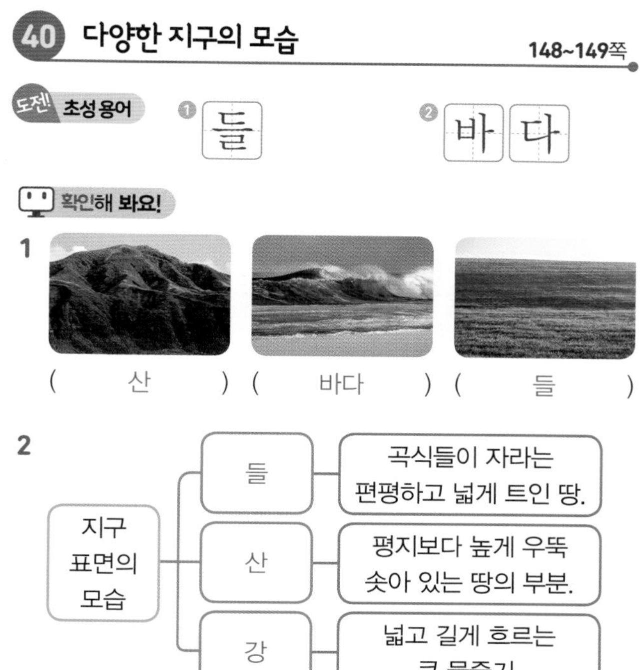

도전! 초성 용어 ❶ 들 ❷ 바다

확인해 봐요!

1 (산) (바다) (들)

2 지구 표면의 모습
- 들 — 곡식들이 자라는 편평하고 넓게 트인 땅.
- 산 — 평지보다 높게 우뚝 솟아 있는 땅의 부분.
- 강 — 넓고 길게 흐르는 큰 물줄기.

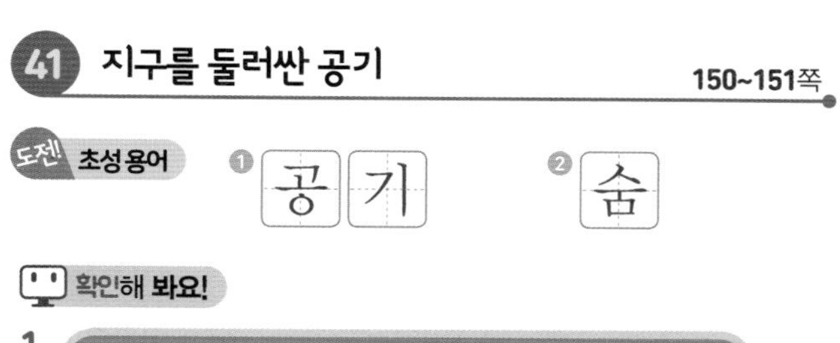

41 지구를 둘러싼 공기 150~151쪽

도전! 초성 용어 ❶ 공기 ❷ 숨

확인해 봐요!

1

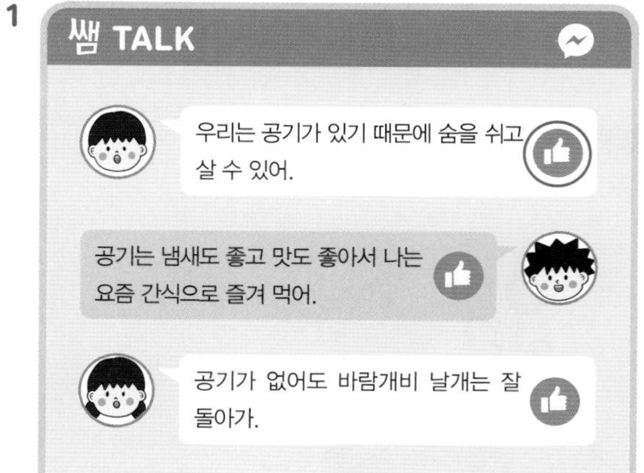

2 예 선풍기 바람을 쐴 수 있다.

42 달의 모습 152~153쪽

도전! 초성 용어 ❶ 충돌 ❷ 구덩이

확인해 봐요!

1

2

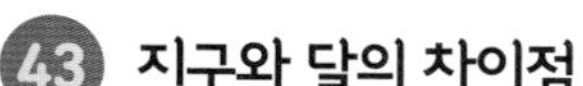

43 지구와 달의 차이점 154~155쪽

도전! 초성 용어 ❶ 지구 ❷ 표면

확인해 봐요!

1

	지구	달
공통점	둥근 공 모양이다.	
차이점	바다에 물이 있다. 다양한 생물이 살고 있다. 하늘이 파란색이다.	하늘이 검은색이다. 구름이 없다.

2

지구의 하늘 달의 하늘

Speed O X

- 156쪽 ×
- 157쪽 × / ○ / ×

교과서 확인 문제 158~159쪽

01 (둥근) 공
02 (1) 바다 (2) 사막
03 ㉠
04 ⑤
05 ㉠, ㉡
06 예 공기가 지구를 둘러싸고 있기 때문에 숨을 쉬면서 살 수 있다.
07 ②
08 서준
09 (1) ㉡, ㉣ (2) ㉠, ㉢
10 예 지구에는 달과 다르게 물과 공기가 있기 때문에 생물이 살 수 있다. 지구는 생물이 살기에 알맞은 온도지만, 달은 생물이 살기에 알맞은 온도가 아니다.

01 마젤란 탐험대의 출발지와 도착지가 같을 수 있었던 까닭은 지구의 모양이 둥글기 때문이다.

02 (1)은 바닷물이 있는 바다를 표현한 것이고, (2)는 모래가 많이 있는 사막을 표현한 것이다.

03 지도의 전체 칸 중에서 바다 칸의 수가 육지 칸의 수보다 22칸 더 많으므로, 바다가 육지보다 더 넓다는 것을 알 수 있다.

04 공기는 눈에 보이지 않고, 냄새나 맛이 느껴지지도 않지만 우리 주위를 둘러싸고 있다. 손으로 바람을 일으켜 보았을 때 공기를 느낄 수 있다.

05 공기를 이용하여 종이비행기 등을 날릴 수 있고, 수영장에서 공기를 넣은 튜브를 사용할 수 있다.

06 공기가 지구를 둘러싸고 있기 때문에 지구에서 생물이 숨을 쉬면서 살 수 있다.

07 달의 표면에서 다른 부분보다 어둡게 보이는 곳을 '달의 바다'라고 부르지만 실제로 이곳에 물이 있는 것은 아니며 달에는 생명체가 없다.

08 달 표면에는 우주 공간을 떠돌던 돌덩이가 충돌하여 만들어진 크고 작은 충돌 구덩이가 많다.

09 지구의 땅에서는 꽃이 피고 하늘에서는 구름을 볼 수 있지만, 달의 땅에서는 생물이 살 수 없고, 하늘에 구름이 없다.

10 지구에는 물과 공기가 있어서 생물이 숨을 쉬고 살아갈 수 있다. 또한 지구는 달과 다르게 생물이 살기에 알맞은 온도를 유지하고 있다.

44 흙이 만들어지는 과정 160~161쪽

❶ 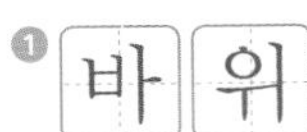

❷ 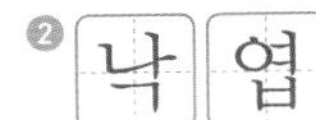

확인해 봐요!

1

시원 ➡ 돌이 부서져서 흙이 만들어지는 데는 아주 오랜 시간이 걸린다.

아랑 ➡ 바위틈에 물이 들어가 얼고 녹기를 반복하면 바위가 부서진다.

2

45 물에 의한 지표의 변화 162~163쪽

❶ 

❷ 

확인해 봐요!

1 이동하는지

2

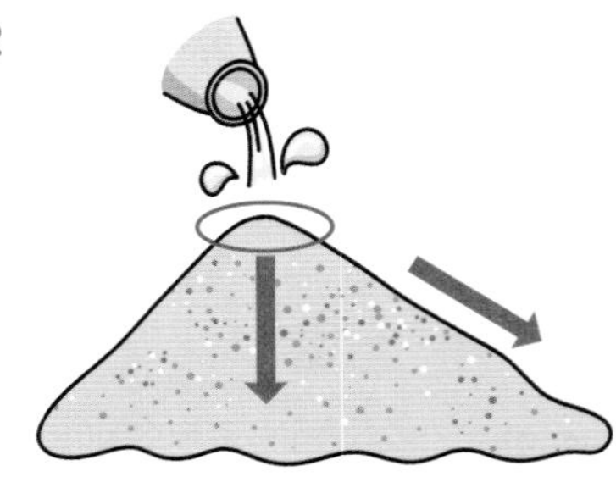
(화살표의 방향이 아래쪽을 향함.)

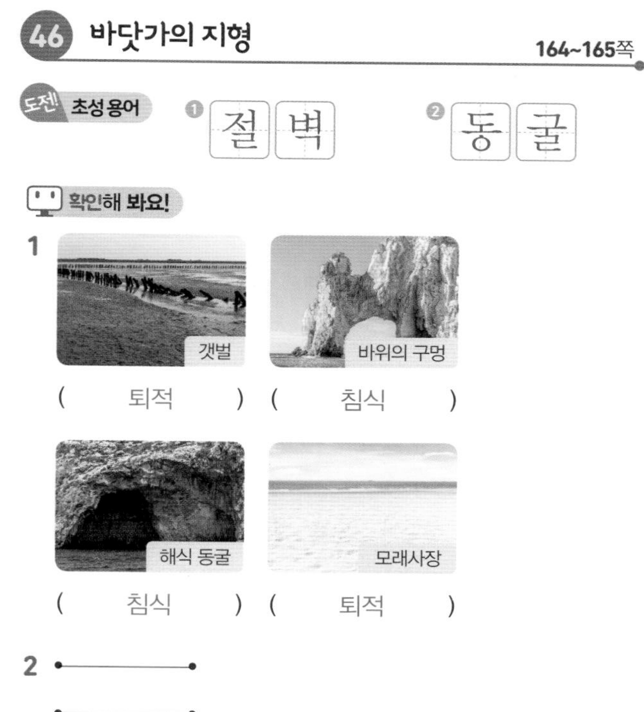

46 바닷가의 지형

164~165쪽

도전! 초성 용어 ❶ 절벽 ❷ 동굴

확인해 봐요!

1

(퇴적) (침식)

(침식) (퇴적)

2

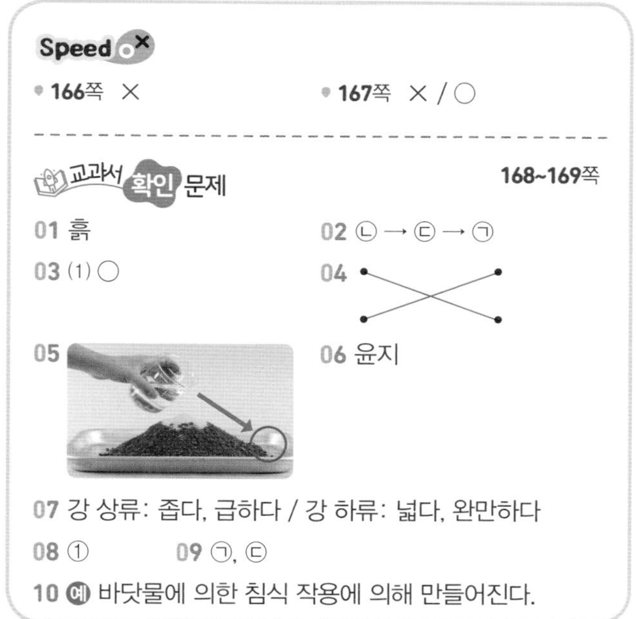

Speed ○×

• 166쪽 ×　　• 167쪽 × / ○

교과서 확인 문제　　168~169쪽

01 흙　　02 ㉡ → ㉢ → ㉠

03 (1) ○　　04

05　　06 윤지

07 강 상류: 좁다, 급하다 / 강 하류: 넓다, 완만하다

08 ①　　09 ㉠, ㉢

10 예 바닷물에 의한 침식 작용에 의해 만들어진다.

01 흙은 우리에게 먹을 것과 사는 곳을 제공한다. 또한 그릇과 같이 우리 생활에 필요한 각종 도구를 만드는 재료로 활용되기도 하기 때문에 소중한 흙을 잘 보존해야 한다.

02 바위가 공기, 물, 미생물 등의 작용으로 성분이 변하거나 잘게 부서지고, 작게 부서진 알갱이와 생물이 썩어 생긴 물질들이 섞여서 흙이 만들어진다.

03 운동장 흙은 화단 흙에 비해 색깔이 밝고, 알갱이의 크기가 크다. 알갱이의 크기가 큰 운동장 흙에서는 물이 잘 빠지기 때문에 비가 온 뒤에도 운동장에 물이 잘 고이지 않는다.

04 흐르는 물은 바위나 돌, 흙 등을 깎아 낮은 곳으로 운반해 쌓아 놓으면서 지표의 모습을 변화시킨다. 침식 작용은 지표의 바위나 돌, 흙 등이 깎여 나가는 것이고, 퇴적 작용은 물에 의해 운반된 돌이나 흙이 쌓이는 것이다.

05 흙 언덕의 위쪽에서 물을 흘려보내면 위쪽의 흙이 깎여 아래쪽으로 운반되어 쌓인다.

06 강물은 강 상류에 있는 바위를 깎고 운반한다. 이 과정에서 만들어진 모래가 강 하류에 쌓이기 때문에 강 상류보다 강 하류에 모래가 더 많다.

07 강 상류는 강 하류에 비해 강폭이 좁고 강의 경사가 급하다. 그렇기 때문에 강 상류에서는 바위를 많이 볼 수 있고, 강폭이 넓고 경사가 완만한 강 하류에서는 모래를 많이 볼 수 있다.

08 강폭이 매우 좁고 경사가 급한 곳은 강의 상류이다. 강의 상류에서는 ①과 같이 바위나 큰 돌을 많이 볼 수 있다.

강 상류의 모습　　강 하류의 모습

09 강에서 운반된 모래나 해안 침식으로 만들어진 모래가 퇴적되어 만들어진 모래사장은 주로 해수욕장으로 개발되고 있다.

10 가운데 구멍이 뚫린 바위나 해안가의 가파른 바위 절벽은 오랜 시간동안 바닷물에 의해 침식을 받아서 만들어진 지형이다.

47 지층이 만들어지는 과정 170~171쪽

① 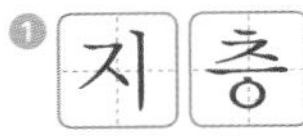

② 

확인해 봐요!

1 예 줄무늬가 보인다. 층마다 알갱이의 크기와 색깔이 다르다.

2

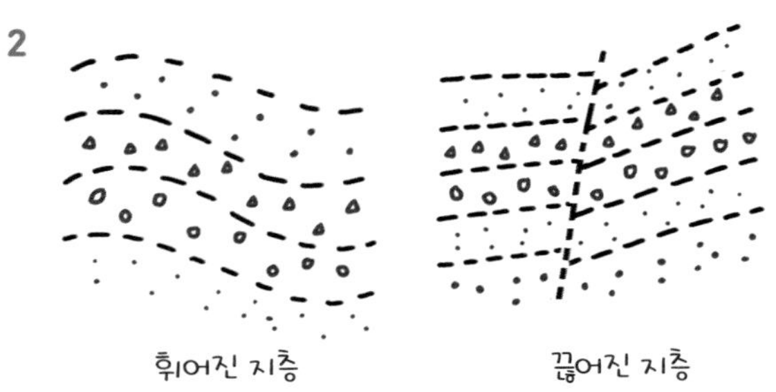

48 퇴적암이 만들어지는 과정 172~173쪽

① 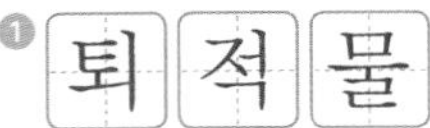

② 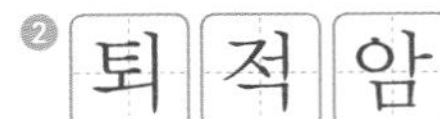

확인해 봐요!

1 만수, 동혁에 ○표

2

(알갱이 크기: 이암<사암<역암)

49 화석이 만들어지는 과정 174~175쪽

① 

② 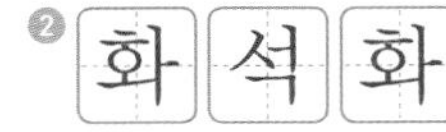

확인해 봐요!

1 과거에 육지였던 곳: ㉡, ㉢ / 과거에 바다였던 곳: ㉠

2

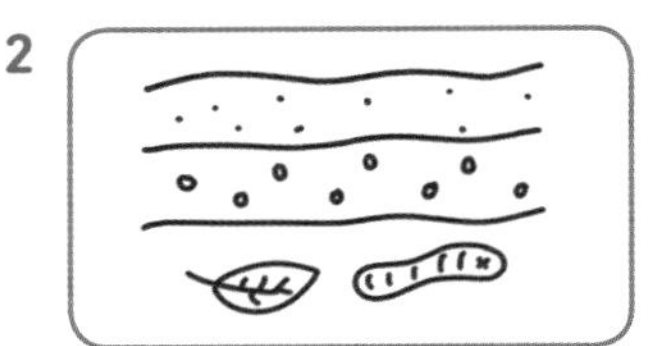

생물의 몸체 위에 퇴적물이 쌓임.

• 176쪽 ○ • 177쪽 ○ / ×

178~179쪽

01 ㉡
02 예 줄무늬가 보인다. 여러 개의 층으로 이루어져 있다.
03 (1) ㉤ (2) ㉠
04 ㉠ → ㉣ → ㉢ → ㉡
05 퇴적암
06 이암
07 (1) 역암 (2) 자갈, 모래 등
08 화석
09 ㉠ 퇴적물 ㉡ 단단
10 (1) 나뭇잎 (2) 조개

01 지층은 자갈, 모래, 진흙 등으로 이루어진 암석들이 층을 이루고 있는 것이다. 지층은 각 층마다 두께와 색깔이 조금씩 다르며 수평인 지층, 끊어진 지층, 휘어진 지층 등 모양이 다양하다.

02 지층의 공통점은 여러 개의 층으로 이루어져 있고, 줄무늬가 보이는 것이다. 차이점은 지층의 모양, 층의 두께와 색깔 등이 서로 다르다는 것이다.

03 지층은 일반적으로 아래에 있는 층이 먼저 쌓이므로 ㉤, ㉣, ㉢, ㉡, ㉠ 순서로 쌓인 것이다.

04 물이 운반한 자갈, 모래, 진흙 등이 쌓이고, 이러한 퇴적물들이 계속 쌓이면 먼저 쌓인 것들이 눌리면서 오랜 시간이 지나 단단한 지층이 만들어진다. 이 지층이 땅 위로 솟아오른 뒤 깎이면 보이게 되는 것이다.

05 퇴적물이 오랜 시간 동안 굳어져 만들어진 암석을 퇴적암이라고 한다.

06 이암은 만졌을 때 느낌이 부드러운 편이고, 알갱이의 크기가 눈으로 확인하기 어려울 정도로 매우 작은 특징이 있는 퇴적암이다.

07 이암, 사암, 역암은 암석을 이루는 알갱이의 크기에 따라 구분한다. 이암은 진흙과 같이 작은 알갱이로 되어 있고, 알갱이가 주로 모래인 사암은 알갱이의 크기가 중간 크기이며, 주로 자갈이나 모래 등으로 이루어진 역암은 알갱이의 크기가 가장 크다.

08 옛날에 살았던 생물의 몸체와 생물이 생활한 흔적이 암석이나 지층 속에 남아 있는 화석을 이용하여 옛날 생물의 생김새와 생활 모습, 화석이 발견된 지역의 당시 환경 등을 짐작할 수 있다.

09 화석이 만들어지려면 생물의 몸체 위에 퇴적물이 빠르게 쌓여야 한다. 동물의 뼈, 이빨, 껍데기, 식물의 잎, 줄기 등과 같이 단단한 부분이 있으면 화석으로 만들어지기 쉽다.

10 호수나 바다 밑에서 생물 위에 퇴적물이 계속해서 쌓이면, 단단한 지층이 만들어지고 그 속에 묻힌 생물이 화석으로 만들어진다. 이러한 화석을 통해 옛날 생물의 모습과 현재 생물의 모습을 알아보고 비교할 수 있다.

50 화산의 특징

180~181쪽

도전! 초성 용어 ❶ 화산 ❷ 마그마

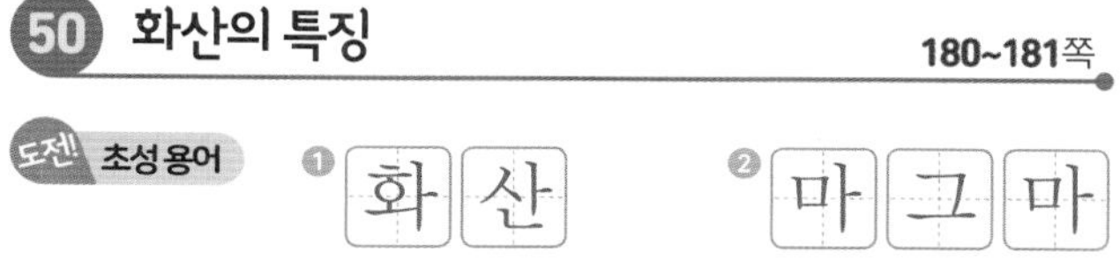

확인해 봐요!

1

2

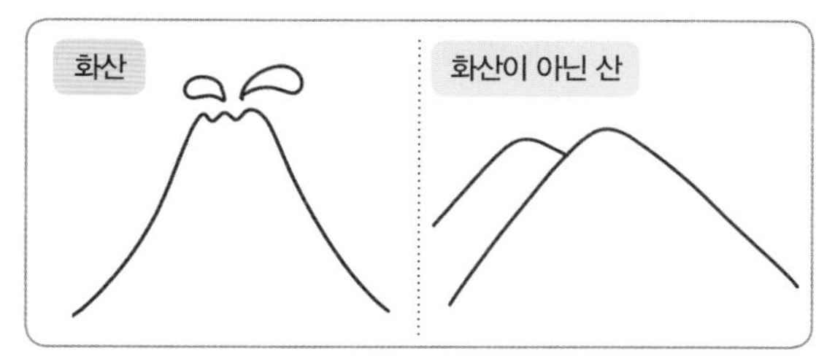

51 현무암과 화강암의 특징

182~183쪽

도전! 초성 용어 ❶ 화성암 ❷ 지표

확인해 봐요!

1

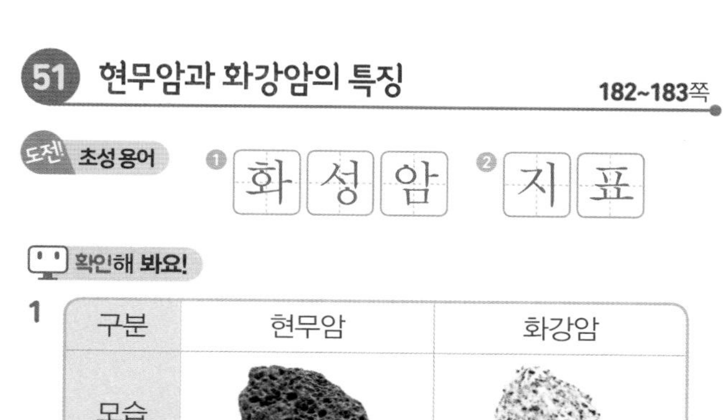

구분	현무암	화강암
모습		
공통점	예 화산 활동으로 만들어진 화성암이다.	
차이점	예 색깔이 어둡다.	예 색깔이 밝다.

2

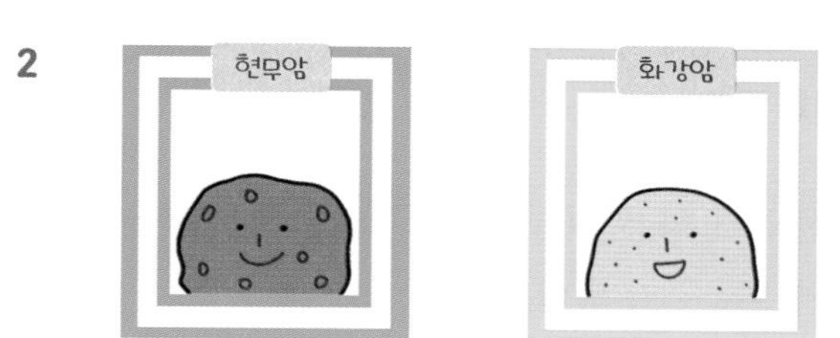

(현무암: 어두운색, 구멍이 있음. /
화강암: 밝은색, 작은 검은색 알갱이가 보임.)

52 지진이 발생하는 까닭

184~185쪽

도전! 초성 용어 ❶ 지진 ❷ 진동

확인해 봐요!

1

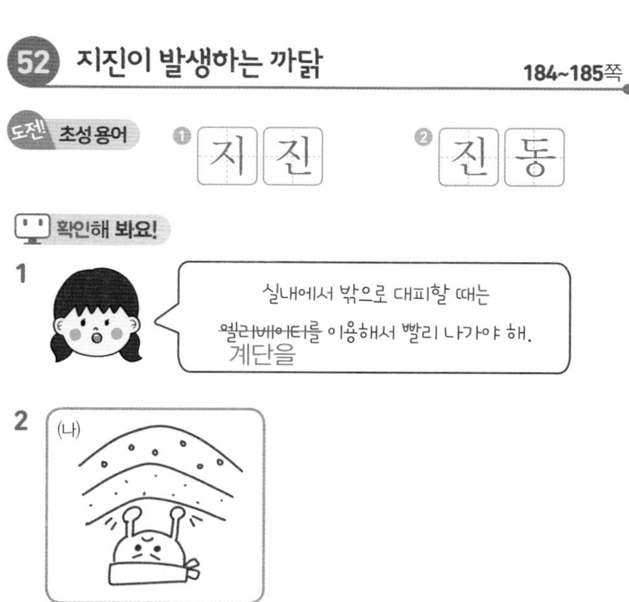

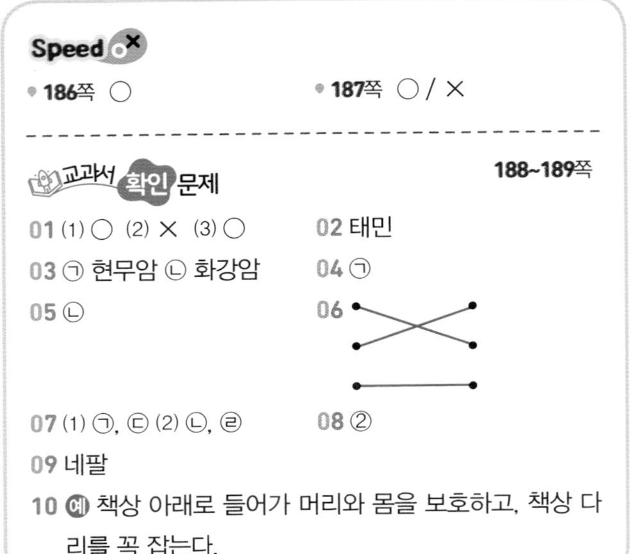

Speed O×

• 186쪽 ○　　• 187쪽 ○ / ×

교과서 확인 문제 188~189쪽

01 (1) ○ (2) × (3) ○　02 태민

03 ㉠ 현무암 ㉡ 화강암　04 ㉠

05 ㉡　06 (선 잇기)

07 (1) ㉠, ㉢ (2) ㉡, ㉣　08 ②

09 네팔

10 예 책상 아래로 들어가 머리와 몸을 보호하고, 책상 다리를 꼭 잡는다.

01 화산의 모양은 다양하며, 꼭대기에 움푹 파인 모양의 분화구가 있다.

02 화산은 땅속의 마그마가 분출하여 생긴 지형으로 마그마가 분출한 흔적이 있다. 화산마다 경사나 높이가 다르고, 화산재가 쌓여서 주변 지형보다 높다.

03 ㉠과 같이 지표면 가까이에서 빠르게 식어서 만들어지는 암석은 현무암이고, ㉡과 같이 땅속 깊은 곳에서 서서히 식어서 만들어지는 암석은 화강암이다.

04 마그마가 지표면 가까이에서 빠르게 식어서 만들어지는 현무암은 알갱이의 크기가 매우 작으며, 화산이 분출할 때 용암에서 가스 성분이 빠져나가 구멍이 생기기도 한다. 모든 현무암에 구멍이 있는 것은 아니며, 구멍이 없는 현무암도 있다.

05 화산 분출물은 화산이 분출할 때 나오는 물질이다. 화산에 따라 여러 가지 물질이 나오는 경우도 있고, 한 가지 물질이 나오는 경우도 있다. 화산재는 지름이 2 mm 이하로 매우 작으며 만지면 부드러운 느낌이 난다.

06 화산 분출 모형실험에서의 연기는 실제 화산의 화산 가스, 흐르는 마시멜로는 용암, 굳은 마시멜로는 화산 암석 조각과 비교할 수 있다.

07 화산 활동으로 생긴 화산재와 화산 가스의 영향으로 호흡기 질병 및 날씨의 변화가 나타나기도 한다. 화산재는 비행기 엔진을 망가뜨려 항공기 운항을 어렵게 하기도 하지만, 땅을 기름지게 하여 농작물이 자라는 데 도움을 주기도 한다. 땅속의 높은 열은 온천 개발이나 지열을 이용한 발전에 활용할 수 있다.

08 지진은 지표의 약한 부분이나 지하 동굴의 함몰, 화산 활동에 의해 발생하기도 한다. 지진의 세기를 나타내는 규모의 숫자가 클수록 강한 지진을 뜻한다. 규모가 작은 지진에서는 큰 피해가 발생하지 않기도 하지만, 규모가 큰 지진이 발생하면 사람이 다치고 건물과 도로가 무너지는 등 인명 및 재산 피해가 생길 수 있다. 우리나라에서도 규모 5.0 이상의 지진이 발생하기도 한다.

09 지진의 세기는 규모로 나타내며 숫자가 클수록 강한 지진이다. 규모 6.0의 대만, 규모 5.6의 일본에서 발생한 지진보다 규모 7.5의 지진이 발생한 네팔의 지진이 가장 강한 지진이다.

10 지진으로 건물이 흔들리는 동안에는 책상 밑에 들어가 몸을 보호하고, 흔들림이 줄어들면 선생님의 말씀에 따라 계단을 이용해 건물 밖의 안전한 장소로 대피한다.

과학탐구 토론 화학 비료 191쪽

생각 정리 ❶ 튼튼하게 ❷ 수확량 ❸ 토양

생각 쓰기 예 화학 비료는 과학이 준 혜택이다. 사람들이 건강을 지키기 위해 영양제나 약을 먹듯이, 식물도 영양분을 충분하게 공급해 줘야 잘 클 수 있다. 이러한 역할을 해 주는 것이 화학 비료다. 화학 비료의 사용을 통해 식물들이 잘 성장할 수 있게 되었고, 이는 사람들이 더 좋은 작물을 저렴한 가격에 얻을 수 있게 해 주었다. 물론 화학 비료로 인한 환경 오염 문제는 점차 심각해질 수 있다. 따라서 화학 비료를 무분별하게 사용하지 않고, 친환경적인 화학 비료 개발을 끊임없이 연구해야 과학이 준 혜택을 오래오래 누릴 수 있을 것이다.

초능력 비주얼씽킹 과학
정답과 풀이

청
력

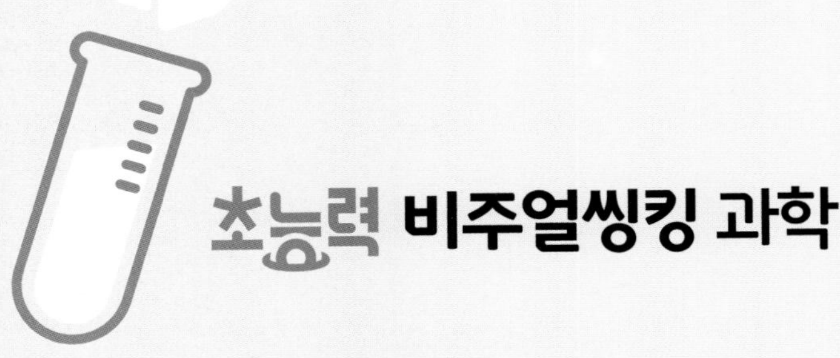
초능력 비주얼씽킹 과학